"十三五"职业教育规划教材

配套电子课件

液压与气压传动

米广杰　等编著

化学工业出版社
·北京·

本书内容包括认识液压传动、认识液压元件和基本回路、典型液压系统的分析、认识气压传动、典型气动系统分析，书中内容以工作任务为导向，项目为载体，每个任务基于完整的工作过程，可操作性强，并且图文并茂，便于理解和掌握。

本书可作为高职高专院校、成人高校的机械类、机电类等专业的教学用书，也可作为中等职业学校教材和技术工人的培训教材，还可供有关工程技术人员参考。

图书在版编目（CIP）数据

液压与气压传动/米广杰主编. —北京：化学工业出版社，2016.1（2018.6重印）
“十三五”职业教育规划教材
ISBN 978-7-122-25752-9

Ⅰ.①液… Ⅱ.①米… Ⅲ.①液压传动-高等职业教育-教材②气压传动-高等职业教育-教材 Ⅳ.①TH137 ②TH138

中国版本图书馆CIP数据核字（2015）第282496号

责任编辑：韩庆利　　文字编辑：张绪瑞
责任校对：边　涛　　装帧设计：张　辉

出版发行：化学工业出版社（北京市东城区青年湖南街13号　邮政编码100011）
印　　装：三河市延风印装有限公司
787mm×1092mm　1/16　印张12½　字数303千字　2018年6月北京第1版第2次印刷

购书咨询：010-64518888（传真：010-64519686）　售后服务：010-64518899
网　　址：http://www.cip.com.cn
凡购买本书，如有缺损质量问题，本社销售中心负责调换。

定　　价：27.00元

前言

本书是为贯彻教育部教学改革精神，以课程建设与改革作为提高教学质量的核心，按照职业岗位技能要求，以学生就业为导向，以市场用人标准为依据，紧密联系培养应用型人才的目标，坚持简化理论，注重实效，强化应用的原则精选内容，通过实践活动将液压与气动理论知识与相关实践结合起来，力求较好地符合学生的认知规律，突出基本理论和基本技能，培养学生的工程意识和职业素养，掌握专业基础知识和分析解决问题的能力。

全书共有5个学习情境，共19个任务，每个任务设有【任务目标】、【任务描述】、【知识准备】、【任务实施】和【知识拓展】等部分。学习情境1、学习情境2、学习情境4的内容选取以机床液压与气动系统为主要载体，通过拆装元件、基本回路的组建，分析组成、图形符号、工作原理及特点应用；学习情境3、学习情境5的内容为工程中常见典型液压与气动系统案例，通过识读液压与气动系统回路图，组建系统，分析工作过程，总结归纳系统特点。每个任务基于完整的工作过程，可操作性强，可以工作任务为导向，项目为载体，采取理实一体的教学模式，采用角色教学法、引导教学法、演示教学法、案例教学法进行教学与实践，建议在教学过程中，根据教学设施，合理选择。

本书由米广杰、赵春娥、李光梅、耿国卿、李琦、杨兆伟、侯加阳、李呈志、彭广耀、程春艳等参加编写，全书由米广杰统稿和定稿。

本书编写中，吸取并参考了众多专家、学者的教材、论文、设计手册等研究成果，刘永海教授对教材的建设提出了许多合理化建议，对此我们表示衷心的感谢。

本教材可供高职高专院校机械类、机电类专业师生使用，也可供成人教育机械类、机电类专业的师生使用和参考。

本书配套电子课件，可赠送给用书的院校和老师，如果需要，可登录www.cipedu.com.cn下载或联系QQ857702606索取。

由于编者水平所限，书中疏漏和欠妥之处，敬请读者批评指正。

编著者

目录

学习情境1

认识液压传动

任务1　机床工作台液压系统的认识

【任务目标】

1. 掌握机床工作台液压系统的基本工作原理，了解液压传动的系统组成。
2. 了解液压传动的发展与应用。
3. 了解液压传动的特点。

【任务描述】

观察、使用液压千斤顶了解液压传动的工作原理，分析机床往复运动工作台往返运动的工作过程，了解液压传动系统的组成与特点。

【知识准备】

流体传动可分为液体传动和气体传动。液压传动和液力传动均是以液体作为工作介质来进行能量传递的传动方式。液压传动主要是利用液体的压力能来传递能量；而液力传动则主要是利用液体的动能来传递能量。

1. 液压传动的工作原理

图 1-1-1 是液压千斤顶的工作原理图。大油缸 9 和大活塞 8 组成举升液压缸。杠杆手柄 1、小油缸 2、小活塞 3、单向阀 4 和 7 组成手动液压泵。如提起手柄使小活塞向上移动，小活塞下端油腔容积增大，形成局部真空，这时单向阀 4 打开，通过吸油管 5 从油箱 12 中吸油；用力压下手柄，小活塞下移，小活塞下腔压力升高，单向阀 4 关闭，单向阀 7 打开，下腔的油液经管道 6 输入举升油缸 9 的下腔，迫使大活塞 8 向上

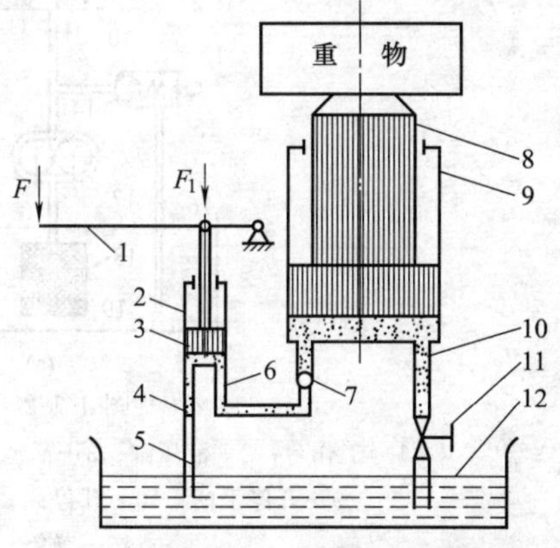

图 1-1-1　液压千斤顶工作原理图

1—杠杆手柄；2—小油缸；3—小活塞；4,7—单向阀；5—吸油管；6,10—管道；8—大活塞；9—大油缸；11—截止阀；12—油箱

移动，顶起重物。再次提起手柄吸油时，单向阀 7 自动关闭，使油液不能倒流，从而保证了重物不会自行下落。不断地往复扳动手柄，就能不断地把油液压入举升缸下腔，使重物逐渐地升起。如果打开截止阀 11，举升缸下腔的油液通过管道 10、截止阀 11 流回油箱，活塞在自重和外力作用下就向下移动。

通过对上面液压千斤顶工作过程的分析，可以初步了解到液压传动的基本工作原理。液压传动是利用有压力的油液作为传递动力的工作介质。压下杠杆时，小油缸 2 输出压力油，是将机械能转换成油液的压力能，压力油经过管道 6 及单向阀 7，推动大活塞 8 举起重物，是将油液的压力能又转换成机械能。大活塞 8 举升的速度取决于单位时间内流入大油缸 9 中油容积的多少。由此可见，液压传动是一个不同能量的转换过程。

从分析液压千斤顶的工作过程，可知液压传动的基本工作原理。

① 液压传动以液体为传递运动和动力的工作介质；

② 液压传动必须依靠密闭的容积（或密闭系统）内工作容积的变化传递能量；

③ 液压传动是一种能量转换装置，经过两次能量转换过程，先将机械能转换成液体的压力能，然后将便于输送的液体的压力能又转换成机械能。

2. 液压传动系统的组成

液压千斤顶是一种简单的液压传动装置。下面以图 1-1-2 所示机床往复运动工作台的液压传动系统为例，进一步了解液压传动系统应具备的基本性能和组成。

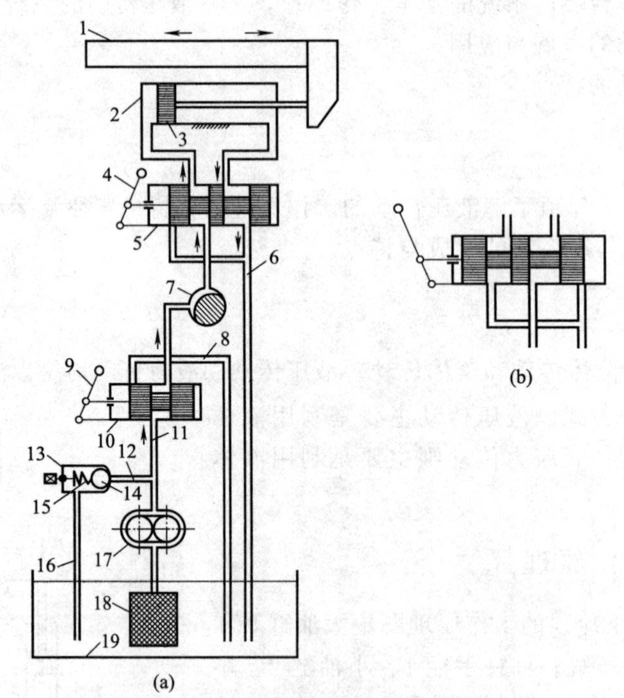

图 1-1-2 机床工作台液压系统工作原理图

1—工作台；2—液压缸；3—活塞；4—换向手柄；5—换向阀；6,8,16—回油管；7—节流阀；9—开停手柄；10—开停阀；11—压力管；12—压力支管；13—溢流阀；14—钢球；15—弹簧；17—液压泵；18—滤油器；19—油箱

从机床工作台液压系统可以看出，一个完整的、能够正常工作的液压系统，应该由以下五个主要部分组成。

（1）工作介质　工作介质指传递能量和信号的流体。在液压系统中通常用液压油作工作介质，同时还可起润滑、冷却和防锈的作用。

（2）能源装置　能源装置是指供给液压系统压力油，把机械能转换成液压能的装置。最常见的形式是液压泵（如图 1-1-2 中的液压泵 17）。

（3）执行装置　执行装置是指把液压能转换成机械能的装置。包括做直线运动的液压缸（如图 1-1-2 中的液压缸 2）和做回转运动的液压马达、摆动缸。它们又称为液压系统的执行元件。

（4）控制调节装置　控制调节装置是对系统中的压力、流量或流动方向进行控制或调节的装置。包括各种阀类元件（如图 1-1-2 中的换向阀 5、节流阀 7 、溢流阀 13 等）。

（5）辅助装置　除以上装置外的其他元器件都称为辅助装置，如油箱、油管、管接头、过滤器、蓄能器、压力计等，起连接、储油、过滤、储存压力能和测量油液压力等作用，它们对保证系统正常工作是必不可少的。

【任务实施】

1. 场地及设备

（1）场地　液压实训室、实训基地。

（2）设备　液压组合实训台、液压千斤顶及机床工作台液压系统。

2. 机床工作台液压系统工作过程

液压缸 2 固定在床身上，活塞连同活塞杆带动工作台 1 做往复运动。液压泵 17 由电动机驱动，从油箱 19 中吸油。油液经滤油器 18 被吸入液压泵输入系统。在图 1-1-2（a）所示状态下，压力油经开停阀 10、节流阀 7、换向阀 5 进入液压缸左腔，推动活塞使工作台向右移动。液压缸右腔的油经换向阀和回油管 6 排回油箱。改变换向阀阀芯工作位置［如图 1-1-2（b）所示状态］，则液压缸活塞反向向左移动。

工作台的移动速度是通过节流阀 7 来调节的。当节流阀开大时，进入液压缸的油量增多，工作台的移动速度增大；当节流阀关小时，进入液压缸的油量减小，工作台的移动速度减小。为克服移动工作台时所受到的各种阻力，液压泵输出油液的压力应能调整。根据不同工作情况，液压泵输出的油液压力由溢流阀 13 进行调整。一般由于电机转速一定，使液压泵单位时间内输出的油液体积也为定值，而输入液压缸的油液多少由节流阀 7 调节，因此液压泵输出的多余油液须经溢流阀 13 流回油箱 19。

为了克服移动工作台时所受到的各种阻力，液压缸必须产生一个足够大的推力，这个推力是由液压缸中的油液压力所产生的。要克服的阻力越大，缸中的油液压力越高；反之压力就越低。这种现象正说明了液压传动的一个基本原理——压力决定于负载。

3. 液压传动系统图的图形符号

图 1-1-2 所示的液压系统是一种半结构式的工作原理图。它直观性强、容易理解，当液压系统发生故障时，根据原理图检查十分方便，但难于绘制。为了简化液压原理图的绘制，国家标准（GB/T 786.1—1993）规定了“液压气动图形符号”，这些符号只表示元件的职能，连接系统的通路，不表示元件的结构和参数，也不表示元件在机器中的实际安装位置，并以元件的静止状态或零位状态表示。一般液压传动系统图均应按标准规定的图形符号绘

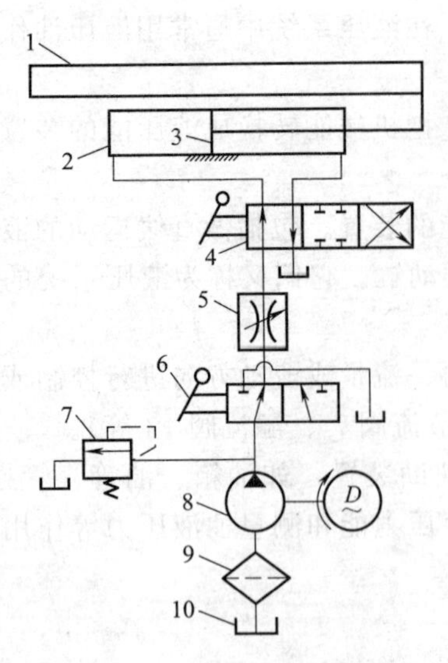

图 1-1-3　机床工作台液压系统的图形符号图
1—工作台；2—液压缸；3—活塞；4—换向阀；
5—节流阀；6—开停阀；7—溢流阀；
8—液压泵；9—滤油器；10—油箱

制，若某些元件无法用图形符号表示，或需着重说明系统中某一重要元件的结构和动作原理时，允许采用结构原理图表示。图 1-1-3 即为用图形符号绘制的图 1-1-2 所示的机床工作台液压系统工作原理图。

【知识拓展】

1. 液压传动技术的应用和发展

液压传动从 1795 年英国制造出世界上第一台水压机诞生，至今已有 200 多年的历史。19 世纪末，德国制造出液压龙门刨床，美国制成液压六角车床和磨床，但因当时缺乏成熟的液压元件以及受制造工艺水平的限制，液压传动技术的应用发展缓慢。二战期间，一些兵器由于采用了反应快、动作准、功率大的液压传动装置，大大提高了兵器的性能，同时推动了液压技术的发展。战后，液压传动技术迅速转向民用，在机械制造、工程建筑、交通运输、矿山冶金、航空航海、轻工、农林渔业等行业广泛地应用。20 世纪 60 年代后，随着原子能技术、空间技术、计算机技术的发展，液压技术的应用更加广泛。

目前，液压技术正在向高压、高速、高效、大流量、大功率、微型化、低噪声、经久耐用、高度集成化和模块化、高可靠性及污染控制的方向发展。同时，随着计算机辅助设计、计算机仿真和优化、微机控制等技术在液压元件和液压系统设计中的快速应用，又使液压技术的发展向更广阔的领域渗透，发展成为包括传动、控制和检测在内的一门完整的自动化技术。因此采用液压传动的程度已成为衡量一个国家工业技术水平的重要标志之一。

我国的液压技术行业最初在 20 世纪 50 年代开始生产各种通用液压元件，应用于机床和锻压设备上，后来又用于拖拉机和工程机械。自 1964 年从国外引进一些液压元件生产技术以及进行自行设计以来，现已形成了系列，并在各种机械设备上得到了广泛的使用。当前，我国经济发展迅猛，液压工业也和其他工业一样，发展很快。我国已自行设计和生产出许多新型系列产品，如插装式锥阀、电液比例阀、电液伺服阀、电液脉冲马达以及其他新型液压元件等。但由于过去基础薄弱，所生产的液压液压元件在品种与质量等方面和发达国家先进水平相比，还存在一定差距。可以预见，随着我国液压传动在各个工业领域的应用，液压技术将获得进一步发展，也将会越来越广泛。

2. 液压传动的优缺点

液压传动与机械传动、电气传动、气压传动相比较主要有以下优点。

① 相同功率的情况下，体积小、重量轻、结构紧凑、惯性小，可快速启动和频繁换向，能传递较大的力和转矩。

② 可在运行过程中方便地实现无级调速，且调速范围大，可达 100∶1 至 2000∶1。而其最低稳定转速可低至每分钟几转，可实现低速强力或低速大扭矩传动。

③ 传递运动均匀平稳、方便可靠，负载变化时速度较稳定。

④ 控制调节方便、省力，易于实现自动化。与电气控制或气动控制配合使用，能实现各种复杂的自动工作循环，而且可以实现远程控制或遥控。

⑤ 易于实现过载保护，同时液压元件可自行润滑，使用寿命较长。

⑥ 液压元件实现了标准化、通用化、系列化，便于设计制造和推广使用。

⑦ 液压传动系统元件之间用管路连接时，布置安装方便灵活。

液压传动的主要缺点。

① 液压系统存在泄漏和液体的可压缩性，影响运动的平稳性和准确性，使得液压传动不能保证严格的传动比。

② 对油温变化较敏感，运动件的速度不易保持稳定，同时对油液的清洁程度要求高。所以它不宜在温度变化很大的环境条件下工作。

③ 为减少泄漏，液压元件制造精度要求较高，加工工艺较复杂，因而成本造价较高。

④ 系统发生故障时，不易检查和排除。

⑤ 传动过程中需经两次能量转换，能量损失较大，因而传动效率较低，不宜于远距离传动。

总之，液压传动的优点是主要的，随着设计制造和使用水平的不断提高，有些缺点正在逐步加以克服。液压传动有着广泛的发展前景。

【思考与练习】

1. 什么是液压传动？简述其工作原理。

2. 液压系统由哪几部分组成？各组成部分的作用是什么？

3. 液压传动有哪些优缺点？最突出的优点是什么？目前最难解决的缺点是什么？

4. 根据图 1-1-3 画出液压泵、液压缸、溢流阀、节流阀、滤油器的图形符号。

任务2　机床工作台液压系统的液压油的选用

【任务目标】

1. 了解机床工作台液压系统中液压油的作用。

2. 掌握液压油的基本性质。

3. 掌握液压油的品种及选用。

【任务描述】

观察机床工作台液压系统常用液压油，清洗油箱、滤油器或更换油液、滤油器，了解液压油性质、特点和选用。

【知识准备】

在液压系统中，液压油是传递动力和运动的工作介质，同时起到润滑、冷却和防锈的作用。为了更好地理解液压传动原理、液压元件的结构及性能，合理设计、使用液压系统，必须了解液压油的基本性质，正确选择、使用和保养液压油。

液压油的性质主要有密度、可压缩性、黏性以及稳定性、抗氧化性、抗泡沫性、抗乳化性、防锈性、润滑性、相容性等。

1. 密度

单位体积液体的质量称为液体的密度。通常以 ρ 表示

$$\rho=\frac{m}{V} \tag{1-2-1}$$

式中 m——液体的质量，kg；

V——液体的体积，m^3；

ρ——液体的密度，kg/m^3。

密度随温度的上升而有所减小，随压力的提高而稍有增加，但变化量很小，可以忽略不计。一般液压油的密度为 $900kg/m^3$。

2. 可压缩性

液体受压力的作用而发生的体积减小变化称为液体的可压缩性。在一般液压系统中，液压油可压缩性很小，可认为油液是不可压缩的。但在压力变化很大的高压系统中或进行液压系统动态分析，以及远程控制的液压机构，必须考虑其压缩性，可参考相关手册。

另外，当液压油中混入空气时，其可压缩性将显著增加，将严重影响液压系统的工作性能，故在液压系统中应尽量减少油液中的气体及其他易挥发物质（如汽油、煤油、乙醇、苯等）的含量。

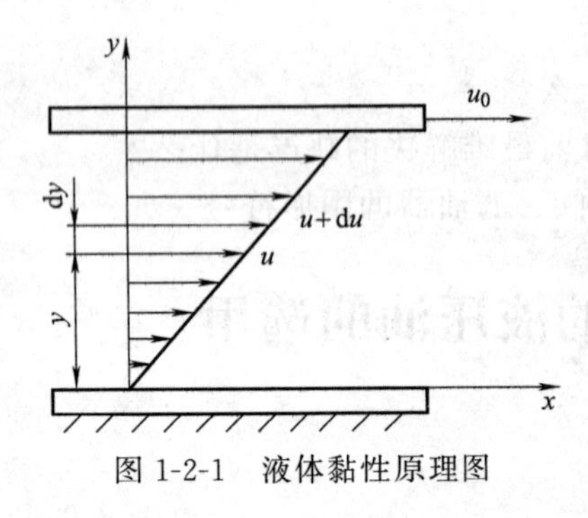

图 1-2-1 液体黏性原理图

3. 黏性

液体在外力作用下流动时，分子间的内聚力会阻止分子间的相对运动而产生一种内摩擦力，这一特性称为液体的黏性。它是液体的重要物理性质，也是选择液压油的主要依据。

液体只在流动时才会呈现黏性。如图 1-2-1 所示，若两平行平板间充满液体，下平板固定不动，上平板以速度 u_0 向右平动，由于液体的黏性作用，紧靠着下平板的液体层速度为零，紧靠上平板的液体层速度为 u_0，而中间各层液体速度则根据它与下平板间的距离，从上到下按递减规律近似呈线性分布。

实验表明，液体流动时相邻液层间的内摩擦力 F 与液层接触面积 A、液层间相对运动速度梯度 du/dy 成正比，即

$$F=\mu A\frac{du}{dy} \tag{1-2-2}$$

式中，μ 为比例常数，称为黏性系数或动力黏度。

若以 τ 表示内摩擦切应力，即液层间在单位面积上的内摩擦力，则有

$$\tau=\frac{F}{A}=\mu\frac{du}{dy} \tag{1-2-3}$$

上式又称为牛顿液体内摩擦定律。

由式（1-2-3）可知，在静止液体中，因速度梯度 $du/dy=0$，内摩擦力为 0，所以流体在静止状态不呈现黏性。

液体黏性的大小用黏度来表示，常用的黏度有三种，即动力黏度、运动黏度和相对

黏度。

（1）动力黏度 表征流动液体内摩擦力大小的黏性系数，又称为绝对黏度，用μ表示。即

$$\mu=\frac{F}{A\frac{du}{dy}}=\frac{\tau}{\frac{du}{dy}} \tag{1-2-4}$$

由上式可知，动力黏度μ的物理意义是：液体在单位速度梯度下流动时，相互接触液层间内摩擦力。

动力黏度μ的法定计量单位为Pa·s（帕·秒）或N·s/m^2。

在CGS中，动力黏度μ的单位为dyn·s/cm^2，又称P（泊）。

$$1\text{Pa}\cdot\text{s}=10\text{P}=10^6\text{cP(厘泊)}$$

（2）运动黏度 动力黏度μ与其密度ρ的比值，称为运动黏度，用ν表示，即

$$\nu=\frac{\mu}{\rho} \tag{1-2-5}$$

运动黏度ν无明确的物理意义。因为在其单位中只有长度与时间的量纲，类似于运动学的量，所以称为运动黏度。

运动黏度ν的法定单位是m^2/s。

在CGS中，运动黏度ν为cm^2/s，又称St（斯）。

$$1\text{m}^2/\text{s}=10^4\text{cm}^2/\text{s(St)}=10^6\text{cSt(厘斯)}$$

工程上常用运动黏度ν表示油液的黏度等级。液压油的牌号用在40℃温度时运动黏度平均值表示，例如N32号液压油，指这种油在40℃时的运动黏度平均值为32cSt。我国的液压油旧牌号则是采用按50℃时运动黏度的平均值表示的。液压油新旧牌号对照见表1-2-1。

表1-2-1 常用液压油的牌号和黏度

ISO 3448-92 黏度等级	GB/T 3141—1994 黏度等级（现牌号）	40℃的运动黏度 /cSt	1983—1990年的 过渡牌号	1982年以前 相近的旧牌号
ISO VG15	15	13.5～16.5	N15	10
ISO VG22	22	19.8～24.2	N22	15
ISO VG32	32	28.8～35.2	N32	20
ISO VG46	46	41.4～50.6	N46	30
ISO VG68	68	61.2～74.8	N68	40
ISO VGI00	100	90～110	N100	60

（3）相对黏度 相对黏度又称条件黏度。因动力黏度与运动黏度都难以直接测量，工程上常用一些简便方法测定液体的相对黏度。相对黏度根据测量条件的不同，各国采用的单位各不相同，如中国、德国等采用恩氏黏度°E；美国采用赛氏黏度SSU；英国采用雷氏黏度R。

恩氏黏度°E用恩式黏度计测定，即将200cm^{3}被测液体装入黏度计的容器内，加热液体均匀升温到温度t℃，液体由容器底部ϕ2.8mm的小孔流尽所需要的时间t_1与流出同体积20℃蒸馏水所需时间t_2（通常平均值t_2=51s）的比值，称为被测液体在这一温度t℃时的恩氏黏度°E，即

$$°\text{E}=\frac{t_1}{t_2} \tag{1-2-6}$$

一般以20℃、40℃、50℃、100℃作为测定恩氏黏度的标准温度，对应得到的恩氏黏度分别用$°E_{20}$、$°E_{40}$、$°E_{50}$和$°E_{100}$表示。

工程上通常先测出液体的恩氏黏度，再根据关系式或用查表法，换算出动力黏度或运动黏度。

当$1.35 \leqslant °E \leqslant 3.2$时

$$\nu=\left(8°E-\frac{8.64}{°E}\right)\times10^{-6}\ (m^2/s) \tag{1-2-7}$$

当$°E>3.2$时

$$\nu=\left(7.6°E-\frac{4}{°E}\right)\times10^{-6}\ (m^2/s) \tag{1-2-8}$$

(4) 调合油的黏度　选择适合黏度的液压油，对液压系统的工作性能起着重要的作用。但有时能得到的油液产品的黏度不合要求，在此种情况下可把同一型号两种不同黏度的油液按适当的比例混合起来使用，称为调合油。调合油的黏度可用下面经验公式计算。

$$°E=\frac{\alpha_1 °E_1+\alpha_2 °E_2-c(°E_1-°E_2)}{100} \tag{1-2-9}$$

式中　$°E_1$，$°E_2$——混合前两种油液的恩氏黏度，取$°E_1>°E_2$；

$°E$——调合后油的恩氏黏度；

α_1，α_2——参与调合的两种油液各占的百分数（$\alpha_1+\alpha_2=100\%$）；

c——实验系数，见表1-2-2。

表1-2-2　实验系数c的值

α_1	10	20	30	40	50	60	70	80	90
α_2	90	80	70	60	50	40	30	20	10
c	6.7	13.1	17.9	22.1	25.5	27.9	28.2	25	17

(5) 黏度与压力的关系　液体所受的压力增加其分子间的距离将减小，内聚力增加，黏度也略随之增大。不同的油液有不同的黏度压力变化关系，这种关系称为油液的黏压关系。液体的黏度与压力的关系可表示为

$$\nu_p=\nu(1+0.003p) \tag{1-2-10}$$

式中　ν_p——压力为p时液体的运动黏度；

ν——压力为101.33kPa时液体的运动黏度；

p——液体所受的压力。

在液压系统中，当压力不高且变化不大时，压力对黏度的影响较小，一般可忽略不计。当压力较高（大于10^7Pa）或压力变化较大时，应考虑压力对黏度的影响。

(6) 黏度与温度的关系　油液的黏度对温度的变化十分敏感，温度升高时黏度下降。液体的黏度随温度变化的性质称为黏温特性。

如图1-2-2所示为常用几种国产液压油的黏温特性曲线。由图可见，温度对黏度影响较大。

油液黏度的变化直接影响液压系统的性能和泄漏量，因此希望黏度随温度的变化越小越好。它可用黏度指数VI来表示，它表示被试油和标准油黏度随温度变化程度比较的相对值。VI值大表示黏温特性平缓，即油的黏度受温度影响小，因而性能好；反之则差。一般的液压油要求VI值在90以上，精制的液压油或掺有添加剂的液压油VI值可达100以上。

4. 其他特性

液压油的其他性质，如稳定性、抗氧化性、抗泡沫性、抗乳化性、防锈性、润滑性以及

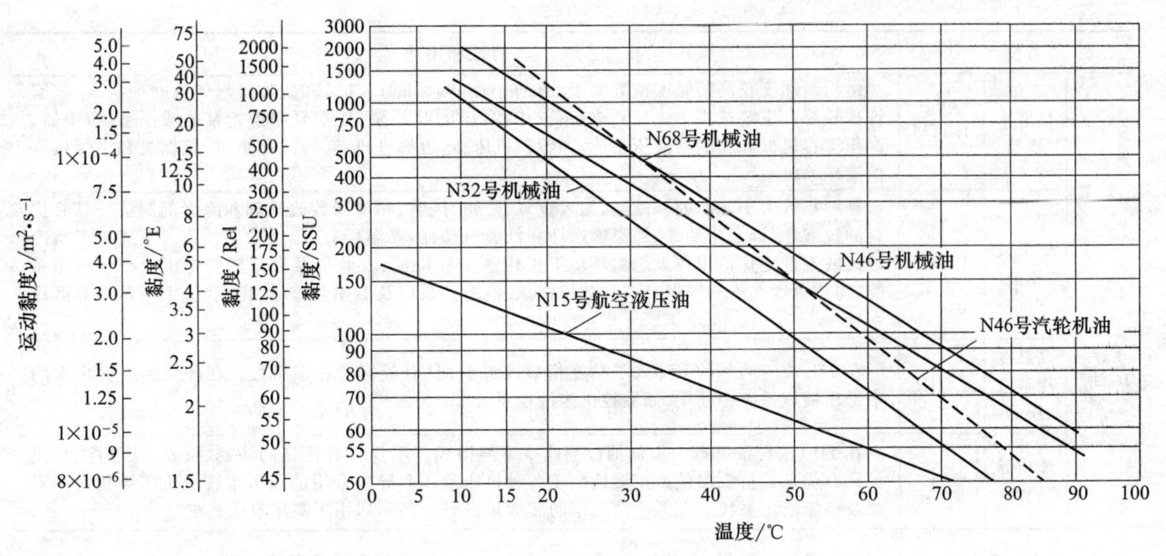

图 1-2-2 典型液压油的黏度-温度特性曲线

相容性（主要指对所接触的金属、密封材料、涂料等作用程度）等，它们对液压传动系统的工作性能有重要影响。这些性质可以在精炼的矿物油中加入各种添加剂来获得，不同品种的液压油有不同的指标，具体应用时可参阅油类产品手册。

【任务实施】

1. 场地及设备

（1）场地　液压实训室、实训基地。

（2）设备　常用透明瓶装油液标本、滤油器、清洗工具。

2. 认识液压油的种类

了解液压油液的种类，正确、合理地选择使用液压油液，对保证液压油液对液压系统适应各种环境条件和工作状况的能力，延长系统和元件的寿命，提高设备运转的可靠性，防止事故发生等方面都有重要影响。

液压油的品种很多，主要分为三大类：矿油型、合成型和乳化型。

矿油型液压油主要品种有通用液压油、抗磨液压油、低温液压油、高黏度指数液压油、液压导轨油及其他专用液压油。这类液压油是以机械油为原料，精炼后按需要加入适当添加剂而成，润滑性能好，应用广泛，但抗燃性较差，在一些高温、易燃、易爆的工作场合，为了安全起见，应该在液压系统中使用难燃性的合成型和乳化型，如水-乙二醇、磷酸酯等合成液或水包油、油包水等乳化液。液压油的主要品种、性质及使用范围见表 1-2-3。

表 1-2-3　液压油的主要品种、性质及使用范围

类别	名称	代号	特性和用途
矿油型	普通液压油	L-HL	由精制深度较高的中性基础油，加入抗氧和防锈添加剂制成。它的使用时间比机械油可延长一倍以上，具有较好的橡胶密封适应性。主要用于对润滑油无特殊要求，环境温度在0℃以上的中、低压液压系统及各类机床的轴承箱、齿轮箱、低压循环系统的润滑

续表

类别	名称	代号	特性和用途
矿油型	抗磨液压油	L-HM	由精制深度较高的黏度指数大于95的中性基础油加入抗氧剂、防锈剂和抗磨剂制成，抗磨性比较好。主要适用于-15℃重负荷，中、高压的叶片泵、柱塞泵和齿轮泵的液压系统；中压、高压工程机械和车辆的液压系统，如数控机床、隧道掘进机、履带式起重机、挖掘机和采煤机等的液压系统
	低温液压油	L-HV	黏度指数大于130的基础油，加入抗氧、防锈、抗磨、黏度指数改进剂和降凝剂制成。具有优良的抗磨性、低温流动性、低温输送性和低温启动性，黏温性好，温度敏感性小。主要用于寒冷地区或温度变化范围较大恶劣环境下工作的工程机械、农业机械和车辆的中压或高压液压系统，使用温度在-30℃以上。如数控机床、电缆井泵以及船舶起重机、挖掘机、大型吊车等液压系统
	高黏度指数液压油	L-HR	在HL液压油基础上加入了黏度指数改进剂，具有较好的黏温特性。在环境温度变化大的中低压液压系统中使用，如数控机床液压系统
	液压导轨油	L-HG	在HM液压油基础上添加油性剂或减摩剂构成。不仅具有优良的防锈、抗氧、抗磨性能，而且具有优良的抗黏温性。主要适用于各种机床液压和导轨合用的润滑系统或机床导轨润滑系统及机床液压系统。在低速情况下防爬效果良好。但不适用于高压液压系统
	全损耗系统用油	L-HH	不含任何添加剂的矿物油。因安定性差、易起泡，在液压设备中使用寿命短，虽已列入分类之中，但在液压系统中已不使用，主要用于机械润滑
	汽轮机油	L-TSA	精制深度较高的基础油加添加剂，改善抗氧化、抗泡沫等性能，为汽轮机专用油，可用于一般液压系统代用油
乳化型	水包油乳化液	L-HFA	难燃，黏温特性好，有一定的防锈能力，润滑性差，易泄漏。用于有抗燃要求、油液用量大且泄漏严重的系统
	油包水乳化液	L-HFB	既有石油型液压油的抗磨、防锈性能，又具有抗燃性，用于有抗燃要求的中压系统
合成型	水-乙二醇合成液	L-HFC	通常为含乙二醇或其他聚合物的水溶液，难燃，黏温特性和抗蚀性好，可在-20～50℃使用。缺点是价格高，润滑性差，密度大。适用于冶金和煤矿等行业有抗燃要求的低压和中压液压系统
	磷酸酯合成液	L-HFDR	以各种无水的磷酸酯作基础油加入各种添加剂而制成，难燃，润滑抗磨性和抗氧化性好，但黏温性和低温性较差，对丁腈橡胶和氯丁橡胶的适应性不好，使用温度为-20～100℃。缺点是价格昂贵(为液压油的5～8倍)；有毒性。与多种密封材料(如丁腈橡胶)的相容性很差，而与丁基胶、乙丙胶、氟橡胶、硅橡胶、聚四氟乙烯等均可相容适用于冶金、火力发电、燃气轮机等有抗燃要求的高温高压的液压系统

3. 液压油的选用

正确合理地选择液压油液，对液压系统适应各种工作环境，延长系统和元件的寿命，提高系统的稳定性、可靠性都有重要的影响。

(1) 选用原则　选择液压油液方法主要有三方面。

① 列出液压系统对系统油液性能的要求，如黏度、工作压力、工作温度、可压缩性、抗燃性、润滑性、毒性等容许范围，以及技术经济性。

② 从液压元件的生产厂产品样本或说明书中获得对液压油液的推荐材料，并考虑液压油与液压系统密封材料的适应性。尽可能选出符合或基本符合上述要求的液压油液品种。

③ 综合、权衡、调整各方面的要求和参数，决定采用合适的、经济的液压油液。

(2) 选择油液品种　在通常情况下，应从工作压力、温度、工作环境、液压系统及元件结构和材质、经济性等几个方面综合考虑和判断。

① 工作压力　液压系统的工作压力一般以其主油泵额定或最大压力为标志。如表1-2-4所示。

表 1-2-4　按液压系统和油泵工作压力选液压油品种

压力/MPa	<8	8～16	>16
品种	L-HH、L-HL 叶片泵用 HM	L-HL、L-HM、L-HV	L-HM、L-HV

② 工作温度　液压系统的工作温度一般以液压油的工作温度为标志。如表 1-2-5 所示。

表 1-2-5　按液压油工作温度选液压油

液压油工作温度/℃	−10～90	<−10	>90
液压油品种	L-HH、L-HL、L-HM	L-HR、L-HV、L-HS（优质的 L-HL、L-HM 在−25～−10℃可用）	选用优质的 L-HM、L-HV、L-HS

③ 泵阀结构特点　液压油的润滑抗磨性对三大泵类的减摩效果，叶片泵最好，柱塞泵次之，齿轮泵较差。故凡是以叶片泵为主油泵的液压系统，不论其压力大小，常选用抗磨液压油 HM。

液压系统阀的精度越高，要求所用的液压油清洁度也越高。如对有电液伺服阀的闭环液压系统要用清洁度高的清净液压油。对有电液脉冲马达的开环系统要求用数控机床液压油。此两种油可分别由高级抗磨液压油 HM 和高级低凝液压油 HV 代用。

（3）选择黏度等级　液压油的黏度对液压系统工作的稳定性、可靠性、效率、温升及磨损有显著影响。黏度过大，使液体流动阻力增加，功率损失大，液压泵吸油困难；黏度过小，则使泄漏增加，容积效率降低，功率损失增加，环境污染。在具体选用时，一般在温度、压力较高及工作部件速度较低时，可采用黏度较高的液压油液，反之宜采用黏度较低的液压油液。

在液压系统的元件中，泵的转速最高、压力较大、温度较高。因此，一般根据液压泵的要求来确定工作介质的黏度，见表 1-2-6 液压泵用油黏度范围及推荐用油。

表 1-2-6　液压泵用油黏度范围及推荐用油

泵型		黏度/cSt 系统工作温度/℃ 5～40	黏度/cSt 系统工作温度/℃ 40～80	适用液压油种类和黏度牌号
叶片泵	7MPa 以下	30～50	40～75	HM 液压油、N32、N46、N68
叶片泵	7MPa 以上	50～70	55～90	HM 液压油、N46、N68、N100
螺杆泵		30～50	40～80	HL 液压油、N32、N46、N68
齿轮泵		30～70	95～165	HL 液压油、高压时用 HM 液压油、N32、N46、N68、N100、N150
径向柱塞泵		30～50	65～240	
轴向柱塞泵		40～75	70～170	

注：$1cSt=1\times10^{-6}m^2/s$。

4. 液压油的使用

① 液压系统运行前应按有关规定严格冲洗，使用中按规定要求更换新油。评定油液是否劣化，一是采取现场抽样，观察油液颜色、气味、有无沉淀物，与新油进行比较的定性方法；二是将油样送往实验室，用定量的方法评定。另外，应注意如液压传动装置在运转中的声音有异常，应及时对油液进行评定。

② 保持液压系统清洁，密封良好，防止泄漏和尘土、杂物和水的侵入。因此，应定期给油箱放水，定期清洗液压系统。

③ 控制好液压油的温度。油温过高，油液氧化变质，产生各种生成物；过低，黏度过

高使装置无法启动或发生气蚀。一般液压系统的油温，应控制在10～50℃。

【知识拓展】

液压油的污染与控制

液压油是保证液压系统的工作性能和液压元件的使用寿命的重要条件。油液污染将会影响系统的正常工作和使元件过度的磨损，甚至会造成设备的故障。有关资料表明，现场70%～80%液压系统的工作不稳定和出现故障都与液压油的污染有关，因此控制液压油的污染是十分重要的。

(1) 液压油被污染的原因

① 液压系统的液压元件以及管道、油箱在制造、储存、运输、安装、维修过程中，带入的砂粒、铁屑、磨料、焊渣、锈片和灰尘等，在系统使用前未清洗干净而残留下来的残留物所造成的液压油液污染。

② 在液压系统工作过程中外界的砂粒、空气、水滴等，通过往复伸缩的活塞杆、油箱的通气孔和注油孔等进入液压油里。另外在检修时，环境周围的污染物如灰尘、棉绒等进入液压油里。

③ 液压传动系统在工作过程中所产生的金属微粒、密封材料磨损颗粒、涂料剥离片、水分、气泡及油液变质后的胶状物等所造成的液压油液污染。

(2) 液压油液被污染后对液压传动系统所造成的主要危害

① 固体颗粒和胶状生成物堵塞过滤器，使液压泵吸油不畅、运转困难，产生噪声；堵塞阀类元件的小孔或缝隙，使阀类元件动作失灵，从而造成液压系统的故障。

② 微小固体颗粒会加剧液压元件有相对滑动零件表面的磨损，降低元件的使用寿命，影响液压元件正常工作。同时，也会划伤密封件，使系统泄漏流量增加。

③ 空气和水分的混入液压油会降低润滑能力，并加速氧化变质；产生气蚀，使液压元件加速损坏；使液压传动系统出现振动、爬行等现象。

(3) 防止油液污染的措施

造成液压油污染的原因多而复杂，要彻底解决液压油的污染问题是很困难的。行之有效的办法是将液压油的污染度控制在某一限度以内。对液压油的污染控制工作主要是从两个方面着手：一是防止污染物侵入液压系统；二是把已经侵入的污染物从系统中清除出去。污染控制要贯穿于整个液压系统的设计、制造、安装、使用和维护等各个阶段。

① 保持液压油在使用前清洁。防止液压油在运输和保管过程受到外界污染，加入液压系统时必须将其静放数天后经过滤使用。

② 做好液压系统在组装前、后清洁。液压元件在组装过程中必须严格清洗，液压系统在组装前、后都应用系统工作中使用的油液彻底进行清洗。拆装元件应在无尘区进行。

③ 保持液压油在工作中清洁。尽量避免液压油在工作过程中受到环境污染，采用密封油箱，通气孔上加空气滤清器，防止空气、水分、尘土和磨料的侵入，经常检查并定期更换密封件和蓄能器的胶囊。

④ 采用合适的滤油器。这是控制液压油污染的重要手段。应根据设备的要求，在液压系统中选用不同的过滤方式、不同的精度和不同的结构的滤油器，并要定期检查和清洗滤油器和油箱。

⑤ 控制液压油的工作温度。采取水冷、风冷等适当的措施，控制系统的工作温度，防

止液压油氧化变质，产生各种生成物，缩短它的使用期限。一般液压系统的工作温度最好控制在65℃以下，机床液压系统则应控制在55℃以下。

⑥ 定期检查和更换液压油。定期对系统的液压油进行抽样检查，发现不符合要求，应及时更换。更换新油前，必须对整个液压系统进行彻底清洗。

【思考与练习】

1. 何谓液体的黏性？黏性的大小通常的表示方法有哪些？
2. 黏温特性指的是什么？
3. 说明常用液压油的种类及选用。

任务3 机床工作台液压系统中的压力和流量

【任务目标】

1. 了解液体静压力的性质及静力学方程。
2. 掌握压力的表示方法。
3. 了解动力学方程及应用。

【任务描述】

分析计算机床工作台液压系统中压力、流量，总结归纳应用力学知识解决实际问题的一般方法。

【知识准备】

液压传动是以液体作为工作介质进行能量传递的。研究液体平衡和运动的力学规律，有助于正确理解液压传动的基本原理，同时这些内容也是液压系统分析设计、计算和正确使用维护液压传动装置的理论基础。

1. 液体的静压力及其性质

液体静力学是研究液体处于相对平衡状态下的力学规律及其实际应用。相对平衡是指液体内部各个质点之间没有相对位移，此时液体不显示黏性。液体内部无剪切应力，而只有法向应力，即静压力。

(1) 液体静压力　当液体相对静止时，液体单位面积上所受的法向力称为压力。它在物理学中称为压强，但在液压传动中习惯称为压力，压力通常用 p 表示。

$$p=\frac{F}{A} \tag{1-3-1}$$

压力的单位为 Pa（N/m^2）。由于 Pa 单位太小，工程使用不便，因而常采用 kPa（千帕）和 MPa（兆帕），$1MPa=10^3 kPa=10^6 Pa$。目前国际上仍常用的单位为巴（bar），$1bar=10^5 Pa=0.1MPa$。

(2) 液体静压力的性质

① 液体的压力沿着内法线方向作用于承压面。

② 静止液体内任一点处所受到的静压力在各个方向上的大小都相等。

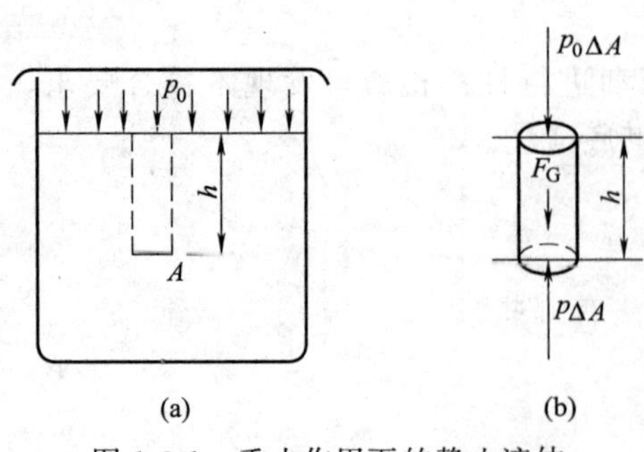

图 1-3-1　重力作用下的静止液体

(3) 液体静力学基本方程　在重力作用下的静止液体，其受力情况如图 1-3-1 (a) 所示。液体内部任取一点 A，假想从液面向下垂直切去一个小液柱为研究对象，设小液柱的底面积为 ΔA，高为 h，如图 1-3-1 (b) 所示。由于小液柱处于平衡状态，则 A 点所受的压力为

$$p\Delta A = p_0\Delta A + \rho gh\Delta A$$

$$p = p_0 + \rho gh \tag{1-3-2}$$

式中　g——重力加速度；

p_0——作用于液面上的压力，Pa；

ρ——液体密度，kg/m^3；

h——该点至液面的垂直距离，m。

式 (1-3-2) 即为液体静力的基本方程，由此可知：

① 静止液体内任一点处的压力由两部分组成，一部分是液面上的压力 p_0，另一部分是该点以上液体自重对该点的压力 ρgh。

② 静止液体内的压力随液体深度 h 的增加而呈线性规律分布。

③ 液体中深度相同的各点压力相等，由压力相等的点组成的面称为等压面。在重力作用下静止液体中的等压面是一个水平面。

(4) 静压传递原理　由式 (1-3-2) 可知，静止液体中任一点的压力都包含了液面上的压力 p_0，由此可得出结论：在密闭容器中，由外力施加于静止液体表面所产生的压力将以等值同时传递到液体内部所有各点。这就是静压力传递原理，即帕斯卡原理。

在液压传动系统中，由外力产生的压力通常比液体自重产生的压力大得多。因此，根据式 (1-3-2) 可认为液压系统中静止液体内部各点的压力处处相等。即

$$p = p_0 = \frac{F}{A}$$

由此可见，液压系统中液体内的压力是由外界负载作用形成的，即液压系统中的工作压力决定于负载。这是液压传动中一个重要的概念。

(5) 压力的表示方法及单位

① 压力的表示方法　压力的表示方法有两种。以绝对真空作为基准所表示的压力，称为绝对压力。以大气压力作为基准所表示的压力，称为相对压力。由于作用于物体上的大气压一般自成平衡，所以在分析时，往往只考虑外力而不再考虑大气压。因此绝大多数的测压仪表测得的压力均为高于大气压的那部分压力，即相对压力，故相对压力也称表压力。

绝对压力与相对压力的关系为

绝对压力＝相对压力＋大气压力

当绝对压力小于大气压时，相对压力为负值，称为真空度。即

真空度＝大气压－绝对压力

由此可知，当以大气压为基准计算压力时，基准以上的正值是表压力，基准以下的负值就是真空度。绝对压力、相对压力和真空度的相互关系如图 1-3-2 所示。

② 压力单位　压力法定单位为 Pa (N/m^2)。在工程上采用压力单位工程大气压 at (kgf/cm^2)、标准大气压 (atm)、水柱高 (mmH_2O) 或汞柱高 (mmHg) 等，在液压技术中，目前还采用的压力单位有巴 (bar)。各种压力单位之间的换算关系见表 1-3-1。

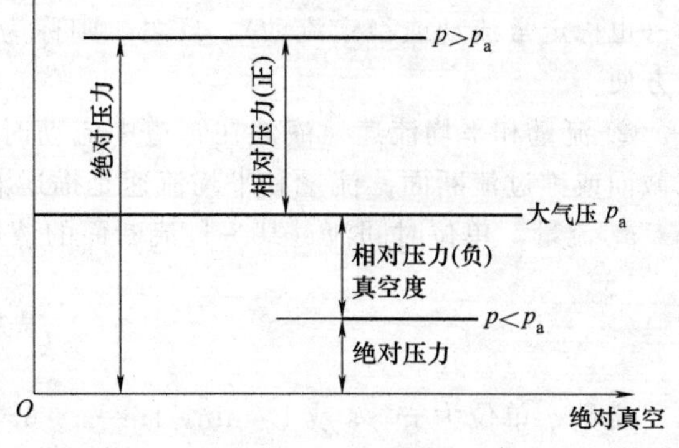

图 1-3-2 绝对压力、相对压力和真空度

（6）液体对固体壁面的作用力　在液压传动中，略去液体自重产生的压力，液体中各点的静压力是均匀分布的，且垂直作用于受压表面。

如图 1-3-3（a）所示，当承受压力的表面为平面时，液体对该平面的总作用力 F 为液体的压力 p 与受压面积 A 的乘积，其方向与该平面相垂直。如压力油作用在直径为 D 的柱塞上，则有

$$F = pA = p\pi D^2/4 \qquad (1\text{-}3\text{-}3)$$

表 1-3-1　各种压力单位的换算关系

帕 /Pa	巴 /bar	千克力/厘米² /(kgf/cm²)	工程大气压 /at	标准大气压 /atm	毫米水柱 /mmH₂O	毫米汞柱 /mmHg
1×10^5	1	1.01972	1.01972	0.986923	1.01972×10^4	7.50062×10^2

当承受压力的表面为曲面时，由于压力总是垂直于承受压力的表面，所以作用在曲面上各点的力相等但不平行。作用在曲面上的液压作用力在某一方向上的分力等于静压力与曲面在该方向投影面积的乘积。图 1-3-3（b）、（c）为球面和锥面所受液压作用力分析图。球面和锥面在垂直方向受力 F 等于曲面在垂直方向的投影面积 A 与压力 p 相乘，即

$$F = pA = p\pi d^2/4 \qquad (1\text{-}3\text{-}4)$$

式中　d——承压部分曲面投影圆的直径。

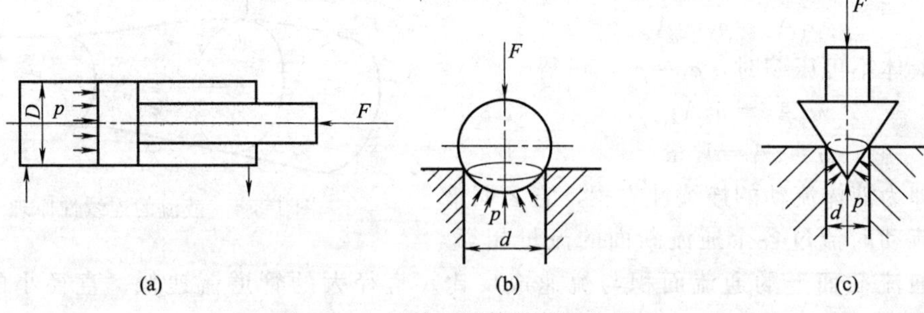

图 1-3-3　液体对固体壁面的作用力

2. 液体动力学

在液压传动系统工作中，液压油处于流动状态。液体动力学研究液体在外力作用下的运动规律，即研究作用于液体上的力与液体运动间的关系。对液压流体力学我们只分析研究平均作用力和运动之间的关系。液流的连续性方程、伯努利方程和动量方程是液体动力学的三个基本方程，它们是刚体力学中的质量守恒、能量守恒及动量守恒原理在流体力学中的具体应用。本任务主要讨论连续性方程、伯努利方程。

（1）基本概念

① 理想液体与恒定流动　实际液体具有黏性和可压缩性，复杂化。为使工程问题的研究简化，假想液体为无黏性又不可压缩的理想液体。

液体流动时，若液体中任一点处的压力、流速和密度都不随时间而变化，则称为恒定流动（也称定常流动或稳定流动），反之，则称为非恒定流动。恒定流动与时间无关，研究比较方便。

② 流量和平均流速　液体在管道中流动时，通常将垂直于液体流动方向的截面称为通流截面或称过流断面。流量和平均流速是描述液体流动的主要参数。

a. 流量　单位时间流过某一过流断面的液体体积称为流量，用 q 表示

$$q=\frac{V}{t} \tag{1-3-5}$$

流量 q 单位为 m^3/s 或 L/min，$1m^3/s=6\times10^4$ L/min。

b. 平均流速　由于液体都具有黏性，液体在管中流动时，在同一截面上各点的流速是不相同的，为方便计算，引入一个平均流速概念，即假设过流断面上各点的流速均匀分布，流速是指液流在单位时间内流过过流断面的液体体积，通常用 v 表示，即

$$v=\frac{q}{A} \tag{1-3-6}$$

单位为 m/s 或 m/min。

在液压传动系统中，液压缸工作时，活塞运动的速度就等于缸内液体的平均流速。根据公式（1-3-6）可知，输入液压缸的流量决定了活塞的运动速度的大小。

（2）流量连续性方程　连续性方程是质量守恒定律在液体力学中的一种表达形式。设液体在图 1-3-4 所示的管道中作恒定流动，若任取两个通流截面 1、2，其截面积分别为 A_1、A_2，此两断面上的密度和平均速度为 ρ_1、v_1 和 ρ_2、v_2。根据质量守恒定律，在同一时间内流过两个断面的液体质量相等，即

$$\rho_1 v_1 A_1=\rho_2 v_2 A_2$$

假定液体不可压缩时，$\rho_1=\rho_2$，可得

$$v_1 A_1=v_2 A_2 \tag{1-3-7}$$

$$q=vA=\text{常量} \tag{1-3-8}$$

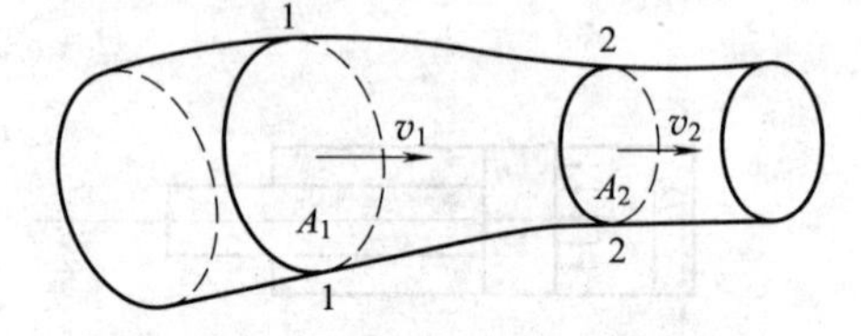

图 1-3-4　液流的连续性原理

上式即为液体流动的连续性方程，它表明液体在管中流动时流过各个通流断面的流量相等，因而任一通流截面上的通流面积与流速成反比。直径大的管道流速低，直径小的管道流速快。

（3）液体流动状态　实际液体具有黏性，是产生流动阻力的根本原因。液体流动有两种不同的流动状态——层流和紊流。

液体在管中的流动状态与管内液体的平均流速 v、管道水力直径 d 及液体的运动黏度 ν 有关。上述三个因数所组成的一个无量纲数称为雷诺数，用 Re 表示。

$$Re=\frac{vd}{\nu} \tag{1-3-9}$$

由式（1-3-9）可知，液流的雷诺数如相同，它的流动状态也相同。液体从层流变为紊流时的雷诺数大于由紊流变为层流时的雷诺数，前者称上临界雷诺数，后者称下临界雷诺数。工程中以下临界雷诺数 Re_{cr} 作为液流状态判断依据，若 $Re<Re_{cr}$ 液流为层流；$Re\geqslant Re_{cr}$ 液流为紊流。常见管道的液流的临界雷诺数，见表 1-3-2。

表 1-3-2 常见管道的临界雷诺数

管道的材料与形状	临界雷诺数 Re_{cr}	管道的材料与形状	临界雷诺数 Re_{cr}
光滑的金属圆管	2000～2320	带槽装的同心环状缝隙	700
橡胶软管	1600～2000	带槽装的偏心环状缝隙	400
光滑的同心环状缝隙	1100	圆柱形滑阀阀口	260
光滑的偏心环状缝隙	1000	锥状阀口	20～100

雷诺数是液流的惯性力对黏性力的无因次比。当雷诺数较大时，说明惯性力起主导作用，液体处于紊流状态；当雷诺数小时，说明黏性力起主导作用，液体处于层流状态 。液体在管道中流动时，若为紊流，其能量损失较大；若为层流，其能量损失较小。因此，在液压传动系统中，应尽量使液体在管道中为层流状态。

(4) 伯努利方程　伯努利方程是能量守恒定律在流体力学中的一种表达形式。

① 理想液体的伯努力方程　如图 1-3-5 所示为一液流管道，假定其为理想液体恒定流动，根据能量守恒定律在同一管道内各个截面处的总能量都相等。取两通流截面Ⅰ-Ⅰ、Ⅱ-Ⅱ，距离基准线分别为 h_1、h_2，流速分别 v_1、v_2，压力分别为 p_1、p_2，根据能量守恒定律则有

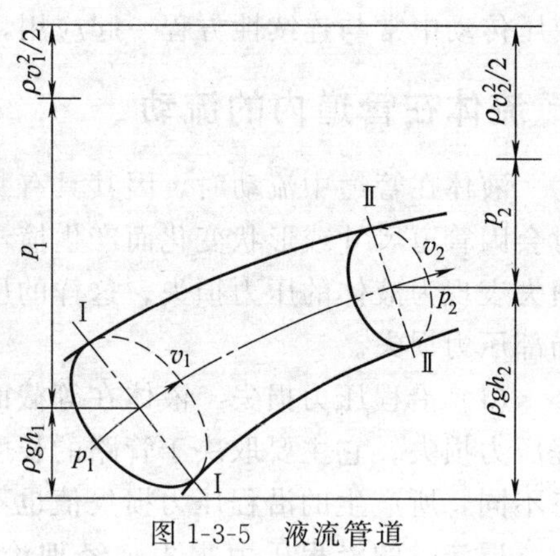

图 1-3-5　液流管道

$$p_1+\rho gh_1+\frac{\rho v_1^2}{2}=p_2+\rho gh_2+\frac{\rho v_2^2}{2} \tag{1-3-10a}$$

或为

$$\frac{p_1}{\rho g}+h_1+\frac{v_1^2}{2g}=\frac{p_2}{\rho g}+h_2+\frac{v_2^2}{2g}=\text{常数} \tag{1-3-10b}$$

式中　$p/\rho g$——单位质量液体的压力能；

h——单位质量液体的位能；

$v^2/2g$——单位质量液体的动能。

上式称为理想液体的伯努利方程，表明在密闭管道内作恒定流动的理想液体具有三种形式的能量即压力能、位能和动能，在沿管道流动过程中在任意截面处三种能量的总和为常数，且三种能量之间可以相互转化。

② 实际液体伯努利方程　由于实际液体有黏性，在管道中流动时，会产生内摩擦力，消耗能量；管道形状和局部尺寸骤变，会使液流产生扰动，造成能量损失。另外由于实际流速在管道通流断面上分布是不均匀的，用平均流速 v 计算动能时，必然会产生偏差，需要引入动能修正系数来补偿偏差。因此，实际液体的伯努利方程为

$$\frac{p_1}{\rho g}+h_1+\frac{\alpha_1 v_1^2}{2g}=\frac{p_2}{\rho g}+h_2+\frac{\alpha_2 v_2^2}{2g}+p_w \tag{1-3-11}$$

式中　p_w——单位质量液体的能量损失；

α——动能修正系数，紊流时取 $\alpha=1$，层流时取 $\alpha=2$。

应用伯努利方程时必须注意：流体不可压缩作恒定流动，流体上作用的质量力只有重力；所选两个截面需顺流方向选取（否则 p_w 为负值)，且应选在缓变的通流截面上；截面

中心在基准面以上时，h 取正值，反之取负值，通常选取特殊位置的水平面作为基准面。

在液压传动系统中，管路中的压力常为十几到几百个大气压，而多数情况下油液流速不超过 6m/s，管路安装高度不超过 5m。因此，系统中的动能和位能相对压力能可忽略不计，伯努利方程（1-3-11）可简化为

$$p_1 - p_2 = \Delta p = \rho g p_w \tag{1-3-12}$$

伯努利方程揭示了液体流动过程中的能量变化规律，是流体力学中重要的基本方程。在液压传动中常与连续性方程一起应用，求解系统中的压力和速度。

3. 流体在管道内的流动

液体在管道中流动时，因其具有黏性而产生摩擦力，故有能量损失。另外，液体在流动时会因管道尺寸或形状变化而产生撞击和出现旋涡，也会造成能量损失。在液压管路中能量损失表现为液体的压力损失。这样的压力损失可分为两种，一种是沿程压力损失，另一种是局部压力损失。

（1）沿程压力损失　液体在等截面直管中流动时因黏性摩擦而产生的压力损失，称为沿程压力损失。它主要取决于管路的长度、管道的内径、液体的流速和黏度等。液体的流动状态不同，所产生的沿程压力损失值也不同。液体在圆管中层流流动在液压传动中最为常见。

层流时的沿程压力损失：经理论推导和实验证明，沿程压力损失 Δp_λ 可用以下公式计算

$$\Delta p_\lambda = \lambda \frac{l}{d} \times \frac{\rho v^2}{2} \tag{1-3-13}$$

式中　λ——沿程阻力系数。对圆管层流，其理论值 $\lambda = 64/Re$。考虑到实际圆管截面可能有变形，以及靠近管壁处的液层可能冷却，阻力略有加大。实际计算时，对金属管应取 $\lambda = 75/Re$，对橡胶管应取 $\lambda = 80/Re$；

l——油管长度，m；

d——油管内径，m；

ρ——液体的密度，kg/m^3；

v——液流的平均流速，m/s。

（2）局部压力损失　液体流经管道的阀口、弯管、接头、突变截面以及过滤网等局部装置时，会形成旋涡、脱流，液体质点产生相互撞击而造成能量损失，使液流的方向和大小发生剧烈的变化，所引起的压力损失称为局部压力损失。由于其流动状况极为复杂，影响因素较多，局部压力损失值不易从理论上进行分析计算。因此，一般是先用实验来确定局部压力损失的阻力系数，再按公式计算局部压力损失值。

局部压力损失 Δp_ζ 的计算公式为

$$\Delta p_\zeta = \zeta \frac{\rho v^2}{2} \tag{1-3-14}$$

式中　ζ——局部阻力系数，由实验求得，各种局部结构的 ζ 值可查有关手册；

v——液流在该局部结构处的平均流速。

（3）阀的压力损失　液体流过各种阀类元件时，因阀内通道结构复杂，往往液体要经过多个不同阻力系数的变径通道或弯曲通道，再用该公式（1-3-14）计算比较困难。因此，对已系列化生产的阀类元件，在额定流量下的最大压力损失 Δp_e 值都作了严格的规定，液体流过各种阀类的局部压力损失计算常用下列经验公式

$$\Delta p_v = \Delta p_e \left(\frac{q_{vs}}{q_{ve}}\right)^2 \tag{1-3-15}$$

式中　Δp_e——阀在额定流量下允许的最大压力损失（查液压元件产品样本或有关手册）；

q_{ve}——阀的额定流量；

q_{vs}——通过阀的实际流量；

（4）管路系统中的总压力损失与效率　管路系统中的总压力损失等于所有沿程压力损失和所有局部压力损失与流经各种阀的压力损失之和，即

$$\sum \Delta p = \sum \Delta p_\lambda + \sum \Delta p_\zeta + \sum \Delta p_v \tag{1-3-16}$$

应用上式进行计算时，各阻力区间应有足够的距离，因为当液体流过一个局部阻力区，要在直管中流过一段距离才能稳定，否则其局部阻力系数可能比正常情况时大 2～3 倍，阻力损失将大大增加。所以一般要求两个相邻的局部阻力区的距离应大于 10～20 倍的直管内径。

液压传动系统中的压力损失，绝大部分转变为热能，造成油温升高，泄漏增多，使液压传动效率降低，甚至影响系统的工作性能。因此应注意布置管路时尽量缩短管道长度，减少管路弯曲和截面的突变，提高管内壁的加工质量，适当增大管径，减少流速，合理选用阀类元件等措施，以减少压力损失，提高系统效率。

【任务实施】

1. 场地及设备

（1）场地　液压实训室、实训基地。

（2）设备　液压组合实训台、液压工作滑台。

2. 连续方程的运用

分析图 1-3-6 液压缸活塞的运动速度及油液在进、回油管中的速度。

液压泵输入液压缸流量 $q=25\text{L/min}$，液压缸活塞直径 $D=50\text{mm}$，活塞杆直径 $d=30\text{mm}$，$d_1=d_2=15\text{mm}$。

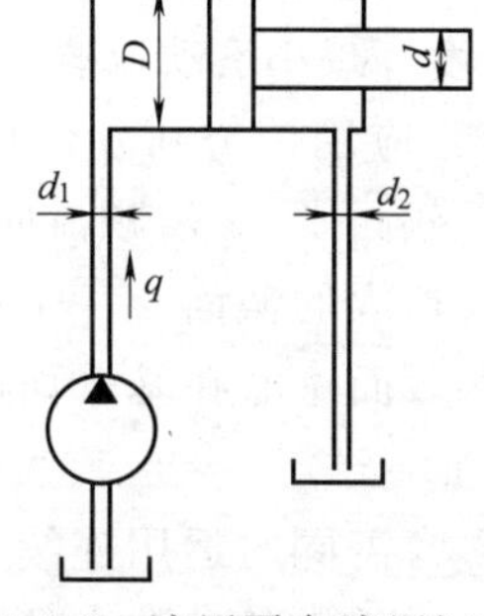

图 1-3-6　液压泵向液压缸供油

① 因为进油管和回油管被活塞隔开，计算进、回油管的流速时，不能直接应用连续方程。

② 由液压泵输入液压缸流量 q，可得到

进油管流速　$v_1 = \dfrac{q}{A_1} = \dfrac{4q}{\pi d_1^2} = \dfrac{4 \times 25 \times 10^3}{\pi \times 1.5^2} = 14147\text{cm/min} \approx 2.4\text{m/s}$

活塞的运动速度　$v = \dfrac{q}{A} = \dfrac{4q}{\pi D^2} = \dfrac{4 \times 25 \times 10^3}{\pi \times 5^2} = 1273\text{cm/min} \approx 0.21\text{m/s}$

③ 由连续方程可得到回油管流速

$$v \frac{\pi(D^2 - d^2)}{4} = v_2 \frac{\pi d_2^2}{4}$$

$$v_2 = v \frac{D^2 - d^2}{d_2^2} = 0.21 \times \frac{5^2 - 3^2}{1.5_2^2} = 1.5\text{m/s}$$

上述分析比较表明，应用连续方程液体必须是连续的。液体在管路中的流速与通流截面

成反比，即通流截面大，速度低；通流截面小，速度高。

3. 机床工作台液压泵吸油高度对泵工作性质的影响

分析如图 1-3-7 所示装置即液压泵的吸油过程。

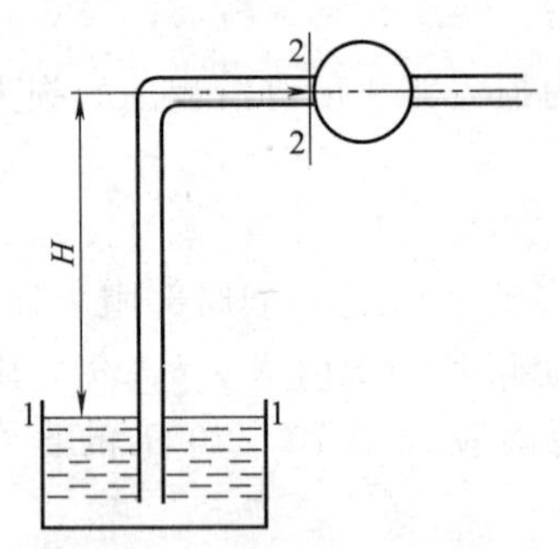

图 1-3-7　泵的吸油过程示意图

(1) 以油箱液面为基准面 1-1 截面，泵的进油口处管道截面为 2-2 截面，列伯努利方程

$$\frac{p_1}{\rho g}+h_1+\frac{\alpha_1 v_1^2}{2g}=\frac{p_2}{\rho g}+h_2+\frac{\alpha_2 v_2^2}{2g}+p_w$$

式中，$p_1=p_a$、$h_1=0$、$v_1=0$、$h_2=H$，代入上式可写成

$$p_a-p_2=\rho\frac{\alpha_2 v_2^2}{2}+\rho gH+\rho g p_w$$

因为 p_2 是泵进口处绝对压力，故 p_a-p_2 为泵的进油口处的真空度。由上式可知，泵吸油口处的真空度由三部分组成，即 $\rho\alpha_2 v_2^2/2$、ρgH 和 $\rho g p_w$。当泵安装高度高于液面时，即 $H>0$，则 $\rho\frac{\alpha_2 v_2^2}{2}+\rho gH+\rho g p_w>0$，则 $p_2<p_a$，此时，泵的进口处绝对压力小于大气压力，形成真空，油液在大气压力的作用下被泵吸入液压系统。当泵的安装高度在液面之下，H 为负值，油自行流入泵内。

由上述情况分析可知，泵的吸油高度越小，泵越容易吸油，在一般情况下，为便于安装和维修，泵多安装在油箱液面以上，形成的真空吸油。但工作时真空度也不能太大，因为，当 p_2 低于油液的空气分离压时，空气就要析出，形成空穴现象，产生噪声和振动，影响液压泵和系统的工作性能。为避免真空度过大，应限制 v_2、H 和 p_w。一般采用较大吸油管径，减少管路长度，减小液动流速 v_2 和管路压力损失 p_w，限制泵的安装高度，一般 $H<0.5$m。

(2) 应用伯努利方程必须注意以下几点。

① 截面 1、2 需顺流向选取（否则 p_w 为负值），且应选在缓变的过流断面上。

② 选取的截面，一个在所求参数的截面上，另一个在已知截面上。

③ 截面中心在基准面以上时，h 取正值；反之取负值。通常选取特殊位置的水平面作为基准面。

④ 常需同时运用连续方程、静压力方程，以减少未知量。

⑤ 方程中的参数必须取相同标准。

【知识拓展】

1. 液压冲击

在液压系统中，由于某种原因，液体压力在瞬间会突然升高，产生很高的峰值的现象称为液压冲击。当极快地换向或关闭液压回路时，致使液流速度急速地改变（变向或停止），由于流动液体的惯性或运动部件的惯性，会使系统内的压力发生突然升高或降低，这种现象称为液压冲击。

液压冲击产生的压力峰值往往比正常工作压力高好几倍，常引起液压系统的振动和冲击噪声，从而损坏元件、密封、管件等，导致严重泄漏，降低使用寿命，有时还会引起某些液压元件如压力继电器、顺序阀等的误动作，特别在高压、大流量系统中，其破坏性更加严重。因此，必要时要作最大压力峰值的估算。

引起液压冲击的原因：

① 液流通道迅速关闭或液流迅速换向，液流速度的大小或方向突然变化时，液流的惯性而引起；

② 运动的工作部件突然制动或换向时，由工作部件的惯性引起；

③ 某些液压元件动作失灵或不灵敏，使系统压力升高而引起。

减小液压冲击的措施：

① 减缓关闭阀门和运动部件的换向制动时间，当阀门关闭和运动部件换向制动时间大于 0.3s 时，可显著减小冲击波的强度；

② 限制管中油液流速和运动部件速度在适当范围内，如机床液压系统，将管道中的液体流速限制在 5.0m/s 以下，运动部件速度一般小于 10m/min；

③ 加大管内径采用橡胶软管，可以减小冲击波的传播速度；

④ 在冲击源前设置蓄能器，以减小冲击波传播的距离；

⑤ 在系统中装置安全阀，可起卸载作用。

2. 空穴现象

在液压系统中，如果某一处的压力低于大气压的某个数值时，原溶解于液体中的空气将游离出来形成大量气泡，这一压力值称为空气分离压。若压力继续降到相应温度的饱和蒸汽压时，油液将沸腾汽化而产生大量气泡。这些气泡混杂在油液中，产生空穴，使原来充满管道或液压元件中的油液成为不连续状态，这种现象称为空穴现象（也称气穴现象）。气穴现象会造成流量和压力的脉动，引起振动和噪声；气穴现象产生出的大量气泡，还会聚集在管道的最高处或通流的狭窄处如阀口形成气塞，使油流不畅。气泡在高压区破裂时，会产生局部的高温高压，元件表面受到高温高压的作用，会发生氧化侵蚀而剥落破坏产生气蚀现象。当液流速度过高时，液压泵吸油口处的真空度过大，绝对压力低于空气分离压时，也会发生气穴现象。

为防止产生空穴和气蚀现象，可采取下述措施。

① 减小流经节流小孔、缝隙处的压力降，一般希望小孔前后的压力比 $p_1/p_2<3.5$；

② 正确设计液压泵的结构参数，特别是吸油管路应有足够的管径，尽量避免管道急弯，滤网应及时清洗或更换，管接头处应密封良好；

③ 整个系统管路应尽可能做到平直，而且配置要合理；

④ 允许最大吸油高度的计算，可以用空气分离压来代替泵吸油口的绝对压力。空气分离压一般取 0.02～0.03MPa。

⑤ 液压元件采用抗气蚀能力强大的金属材料，降低表面粗糙度。

【思考与练习】

1. 液体压力如何形成？常用的压力单位是什么？

2. 什么叫大气压力、相对压力、绝对压力和真空度？它们之间有什么关系？液压系统中压力指的是什么压力？

3. 某液压系统压力表的读数为 49×10Pa ，这是什么压力？它的绝对压力又是多少？

4. 什么是层流和紊流？用什么来判断液体的流动状态？雷诺数有什么物理意义？

5. 理想液体的伯努利方程的物理意义是什么？

6. 液体流动中为什么会有压力损失？压力损失有哪几种？其值与哪些因素有关？

7. 为什么减缓阀门的关闭速度可以降低液压冲击？

8. 如题8图所示，已知水深 $H=10\text{m}$，截面 $A_1=0.02\text{m}^2$，截面 $A_2=0.04\text{m}^2$，求孔口的出流流量以及点2处的表压力（取 $\alpha=1$，不计损失）。

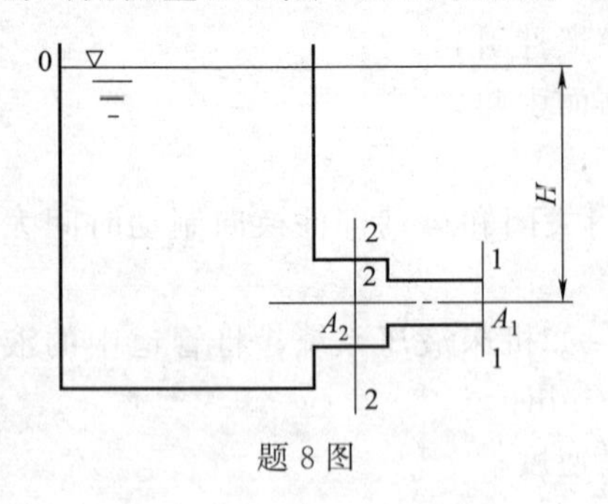

题8图

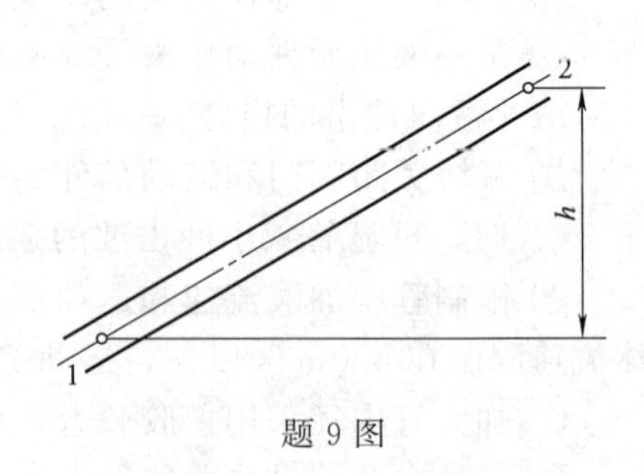

题9图

9. 如图所示一倾斜管道其长度为 $L=20\text{m}$，$d=10\text{mm}$，两端的高度差为 $h=15\text{m}$。当液体密度为 $\rho=900\text{kg/m}^3$，运动黏度 $\nu=45\times10^{-6}\text{m}^2/\text{s}$，1处 $p_1=4.5\times10^5\text{Pa}$，2处 $p_2=2.5\times10^5\text{Pa}$ 时在管道中流动液体的流动方向和流量。

10. 图示液压泵从油箱吸油。液压泵排量 $V=72\text{cm}^3/\text{r}$，转速 $n=1500\text{r/min}$，油液黏度 $\nu=40\times10^{-4}\text{m}^2/\text{s}$，密度 $\rho=900\text{kg/m}^3$。吸油管长度 $l=6\text{m}$，吸油管直径 $d=30\text{mm}$，在不计局部损失时试求为保证泵吸油口真空度不超过 $0.4\times10^5\text{Pa}$ 液压泵吸油口高于油箱液面的最大值 H，并回答此 H 是否与液压泵的转速有关。

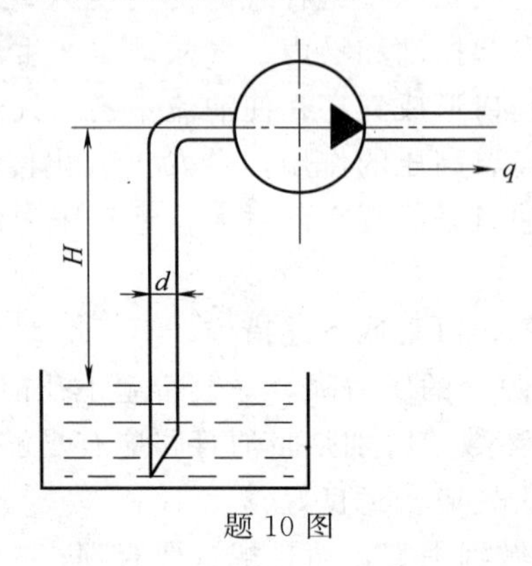

题10图

学习情境2

认识液压元件和基本回路

任务1　机床液压系统动力元件的认识

【任务目标】

1. 掌握液压泵的结构组成、特点、工作原理，掌握常用液压元件的应用场合和选用原则方法。

2. 掌握常用液压泵选用方法，了解常见的故障及维修方法。

【任务描述】

正确拆装机床液压系统典型齿轮泵、叶片泵，观察分析结构组成、特点，掌握液压泵工作原理，能合理选用。

【知识准备】

液压泵是液压系统的动力元件，它由原动机驱动，把输入的机械能转换成为油液的压力能，再以压力、流量的形式输入到系统中去，它是液压系统的动力源。

1. 液压泵的工作原理和分类

(1) 液压泵的工作原理　液压泵都是依靠密封容积变化的原理来进行工作的，图2-1-1所示的是一单柱塞液压泵的工作原理图，图中柱塞2装在缸体3中形成一个密封容积a，柱塞在弹簧4的作用下始终压紧在偏心轮1上。原动机驱动偏心轮1旋转使柱塞2作往复运动，使密封容积a的大小发生周期性的交替变化。当a由小变大时就形成部分真空，使油箱中油液在大气压作用下，经吸油管顶开单向阀6进入油腔a而实现吸油；反之，当a由大变小时，a腔中吸满的油液将顶开单向阀5流入系统而实现压油。这样液压泵就将原动机输入的机

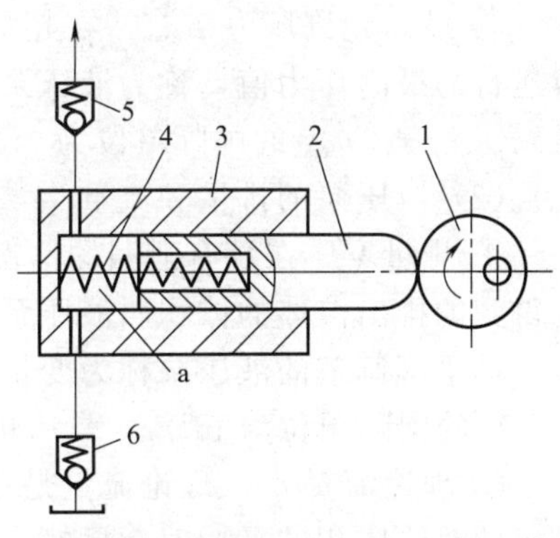

图2-1-1　液压泵工作原理图
1—偏心轮；2—柱塞；3—缸体；
4—弹簧；5,6—单向阀

械能转换成液体的压力能，原动机驱动偏心轮不断旋转，液压泵就不断地吸油和压油。

（2）液压泵的特点

① 具有若干个密封且又可以周期性变化的空间。液压泵输出流量与此空间的容积变化量和单位时间内的变化次数成正比，与其他因素无关。这是容积式液压泵的一个重要特性。

② 油箱内液体的绝对压力必须恒等于或大于大气压力。这是容积式液压泵能够吸入油液的外部条件。因此，为保证液压泵正常吸油，油箱必须与大气相通，或采用密闭的充压油箱。

③ 具有相应的配流机构，将吸油腔和排油腔隔开，保证液压泵有规律地、连续地吸、排液体。液压泵的结构原理不同，其配油机构也不相同。如图 2-1-1 中的单向阀 5、6 就是配流机构。

（3）分类　液压泵按其结构形式不同可分为叶片泵、齿轮泵、柱塞泵、螺杆泵等；按其输出流量能否改变，又可分为定量泵和变量泵；按其工作压力不同还可分为低压泵、中压泵、中高压泵和高压泵等；按输出液流的方向，又有单向泵和双向泵之分。

液压泵的类型很多，其结构不同，但是它们的工作原理相同，都是依靠密闭容积的变化来工作的，因此都称为容积式液压泵。

常用的液压泵的图形符号如图 2-1-2 所示

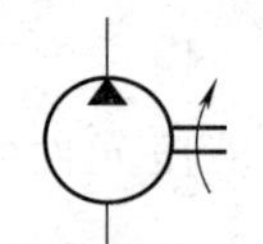

(a) 单向定量泵

(b) 单向变量泵

(c) 双向定量泵

(d) 双向变量泵

图 2-1-2　液压泵图形符号

2. 液压泵的主要性能参数

（1）液压泵的压力

① 工作压力 p　液压泵工作时输出油液的实际压力称为工作压力 p。其数值取决于负载的大小。

② 额定压力 p_n　液压泵在正常工作条件下，按试验标准规定连续运转的最高压力称为液压泵的额定压力。

③ 最高允许压力 p_{max}　在超过额定压力的条件下，根据试验标准规定，允许液压泵短暂运行的最高压力值，称为液压泵的最高允许压力。

p、p_n、p_{max}的国际单位为 N/m^2、Pa，常用单位为 MPa。

（2）液压泵的排量和流量

① 排量 V　在没有泄漏的情况下，液压泵每转一周，由其密封容积几何尺寸变化计算而得到的排出液体的体积叫液压泵的排量。

排量可调节的液压泵称为变量泵；排量为常数的液压泵则称为定量泵。

V 的国际单位为 m^3/r，常用单位为 mL/r。

② 理论流量 q_t　理论流量是指在不考虑液压泵的泄漏流量的情况下，在单位时间内所排出的液体体积的平均值。显然，如果液压泵的排量为 V，其主轴转速为 n，则该液压泵的理论流量 q_t 为

$$q_t = Vn \tag{2-1-1}$$

③ 实际流量 q　液压泵在某一具体工况下，单位时间内所排出的液体体积称为实际流量，它等于理论流量 q_t 减去泄漏流量 Δq，即

$$q=q_t-\Delta q \tag{2-1-2}$$

④ 额定流量 q_n　液压泵在正常工作条件下，按试验标准规定（如在额定压力和额定转速 n 下）必须保证的流量。

q_t、q、q_n的国际单位为 m^3/s，常用单位为 L/min。

n 的国际单位为 r/s，常用单位为 r/min。

（3）液压泵的功率 P

① 液压功率与压力及流量的关系　功率是指单位时间内所做的功，在液压缸系统中，忽略其他能量损失，当进油腔的压力为 p，流量为 q，活塞的面积为 A，则液体作用在活塞上的推力 $F=pA$，活塞的移动速度 $v=q/A$，所以液压功率为

$$P=Fv=\frac{pAq}{A}=pq \tag{2-1-3}$$

由上式可见，液压功率 P 等于液体压力 p 与液体流量 q 的乘积。

② 泵的输入功率 P_i　原动机（如电动机等）对泵的输出功率即为泵的输入功率，它表现为原动机输出转矩 T 与泵输入轴转速 ω（$\omega=2\pi n$）的乘积。即

$$P_i=2\pi nT \tag{2-1-4}$$

③ 泵的输出功率 P_o　P_o为泵实际输出液体的压力 p 与实际输出流量 q 的乘积。即

$$P_o=pq \tag{2-1-5}$$

P_i、P_o的国际单位为 W，常用单位为 kW。

T 的国际单位为 N·m。

（4）液压泵的效率 η

① 液压泵的容积效率 η_V　η_V 为泵的实际流量 q 与理论流量 q_t 之比。即

$$\eta_V=\frac{q}{q_t}=\frac{q}{Vn} \tag{2-1-6}$$

② 液压泵的机械效率 η_m　由于泵在工作中存在机械损耗和油液黏性引起的摩擦损失，所以液压泵的实际输入转矩 T_i 必然大于理论转矩 T_t，其机械效率为 η_m 为泵的理论转矩 T_t 与实际输入转矩的 T_i 比值。即

$$\eta_m=\frac{T_t}{T_i} \tag{2-1-7}$$

③ 液压泵的总效率 η　η 为泵的输出功率 P_o与输入功率 P_i 之比。即

$$\eta=\frac{P_o}{P_i} \tag{2-1-8}$$

不计能量损失时，泵的理论功率 $P_t=pq_t=2\pi nT_t$，所以

$$\eta=\frac{P_o}{P_i}=\frac{pq}{2\pi nT_i}=\frac{pq_t\eta_V}{2\pi nT_i}=\eta_V\eta_m \tag{2-1-9}$$

（5）液压泵所需电动机功率的计算　在液压系统设计时，如果已选定了泵的类型，并计算出了所需泵的输出功率 P_o，则可用公式 $P_i=P_o/\eta$ 计算泵所需的输入功率 P_i。

以上各计算公式，单位均采用国际单位，使用常用单位的应统一化成国际单位代入计算。

例如，已知某液压系统所需泵输出油的压力为 4.5MPa，流量为 10L/min，泵的总效率

为0.7，则泵所需要的输入功率 P_i 应为

$$P_i=\frac{P_o}{\eta}=\frac{pq}{\eta}=4.5\times10^6(\mathrm{Pa})\times10\times\frac{10^{-3}}{60}(\mathrm{m^3/s})/0.7=1.07\times10^3(\mathrm{W})=1.07(\mathrm{kW})$$

这样，即可从电动机产品样本中查取功率为1.1kW的电动机。

【任务实施】

1. 场地与设备

（1）场地　液压实训室，实训基地。

（2）设备　齿轮泵、叶片泵等液压泵，各类型5台，拆装工具。

2. 齿轮泵的认识

齿轮泵是一种常用的液压泵，它的主要特点是结构简单，制造方便，价格低廉，体积小，重量轻，自吸性好，对油液污染不敏感，工作可靠；其主要缺点是流量和压力脉动大，噪声大，排量不可调。齿轮泵被广泛地应用于采矿设备、冶金设备、建筑机械、工程机械、农林机械等各个行业。

齿轮泵按照其啮合形式的不同，有外啮合和内啮合两种，其中外啮合齿轮泵应用较广，而内啮合齿轮泵则多为辅助泵。下面以外啮合CB-B齿轮泵为例来分析齿轮泵。

（1）外啮合齿轮泵的组成　齿轮泵的外形结构如图2-1-3（a）所示，CB-B齿轮泵的内部结构如图2-1-3（b）所示，它是分离三片式结构，三片是指泵盖4、8和泵体7。泵的前后盖和泵体由两个定位销17定位，用六个螺钉固紧。主动齿轮6用键5固定在主动轴12上并由电动机带动旋转。

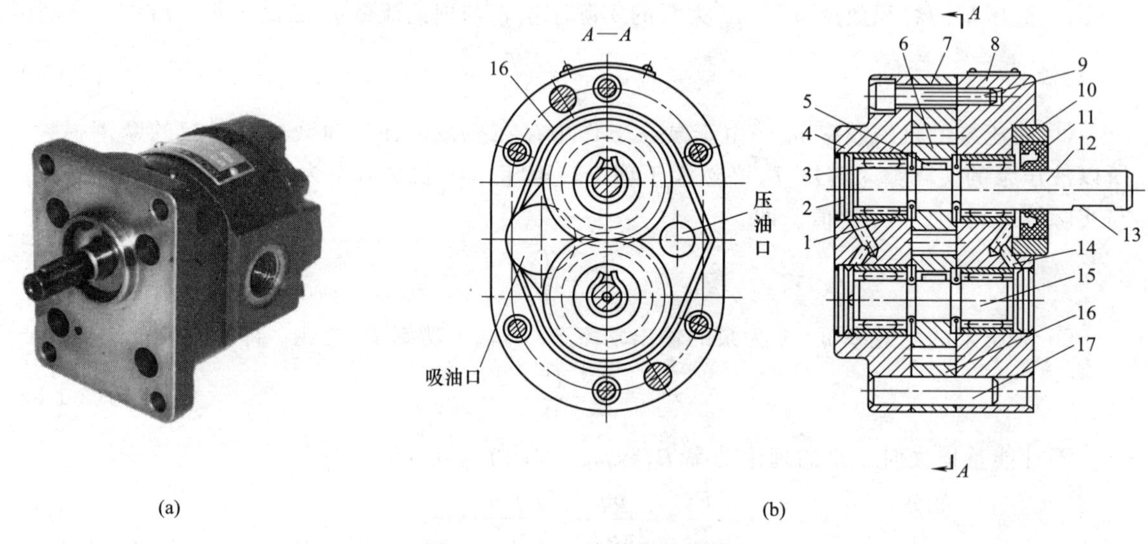

图2-1-3　CB-B齿轮泵的结构

1—轴承外环；2—堵头；3—滚子；4—后泵盖；5,13—键；6—齿轮；7—泵体；8—前泵盖；9—螺钉；10—压环；11—密封环；12—主动轴；14—泄油孔；15—从动轴；16—泄油槽；17—定位销

（2）CB-B型齿轮泵拆装分析（见图2-1-4）

① 拆卸步骤

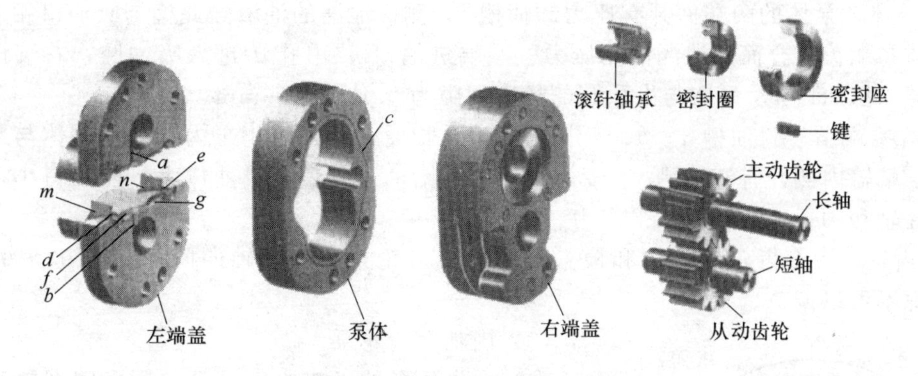

图 2-1-4 CB-B型齿轮泵拆装零件图

a. 松开紧固螺钉，分开左、右端盖，取出密封圈；

b. 从泵体中取出主动齿轮及轴、从动齿轮及轴；

c. 分解端盖与轴承、齿轮与轴、端盖与油封。此步可不做。

② 装配要领 装配顺序与拆卸相反。

③ 拆装注意事项

a. 如果有拆装流程示意图，请参考该图进行拆与装；

b. 仅有元件结构图或根本没有结构图的，拆装时应记录元件及解体零件的拆卸顺序和方向；

c. 拆卸下来的零件，尤其泵体内的零件，要做到不落地，不划伤，不锈蚀等；

d. 拆装个别零件需要专用工具，如拆轴承需要用轴承起子，拆卡环需要用内卡钳等；

e. 在需要敲打某一零件时，请用铜棒，切忌用铁或钢棒；

f. 拆卸（或安装）一组螺钉时，用力要均匀；

g. 安装前要给元件去毛刺，用煤油清洗然后晾干，切忌用棉纱擦干；

h. 检查密封有无老化现象，如果有，请更换新的；

i. 安装时不要将零件装反，注意零件的安装位置，有些零件有定位槽孔，一定要对准；

j. 安装完毕，检查现场有无漏装元件。

(3) 外啮合齿轮泵的工作原理分析

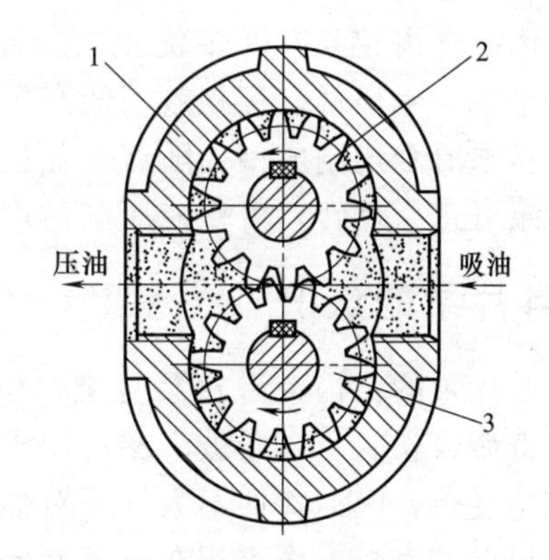

图 2-1-5 外啮合齿轮泵的工作原理和结构

1—泵体；2—主动齿轮；3—从动齿轮

外啮合齿轮泵的工作原理和结构如图 2-1-5 所示。外啮合齿轮泵主要由主动齿轮 2、从动齿轮 3，驱动轴，泵体 1 及端盖等主要零件构成。泵体内相互啮合的主、从动齿轮 2 和 3 与两端盖及泵体一起构成密封工作容积，齿轮的啮合点将左、右两腔隔开，形成了吸、压油腔，当齿轮按图示方向旋转时，右侧吸油腔内的轮齿脱离啮合，密封工作腔容积不断增大，形成部分真空，油液在大气压力作用下从油箱经吸油管进入吸油腔，并被旋转的轮齿带入左侧的压油腔。左侧压油腔内的轮齿不断进入啮合，使密封工作腔容积减小，油液受到挤压被排往系统，这就是齿轮泵的吸油和压油过程。

(4) 主要结构分析（图 2-1-4）

① 泵体　泵体的两端面开有压力卸荷槽 c，侧面泄漏的油液经此槽与吸油口相通，用来降低泵体与端盖结合面间泄漏油的压力。左端进油口 m 由孔 d 进入吸油腔，右端排油口腔由孔 e 通入排油口 n。泵体与齿顶圆的径向间隙为 0.13～0.16mm。

② 左右端盖　封油槽 a、b，此槽与吸油口相通，用来防止泵内油液从泵体与泵盖接合面外泄。端盖内侧开有卸荷槽 f、g，用来消除困油。端盖上吸油口大，压油口小，用来减小作用在轴和轴承上的径向不平衡力。

③ 齿轮　两个齿轮的齿数和模数都相等，齿轮与端盖间轴向间隙为 0.03～0.04mm，轴向间隙不可以调节。

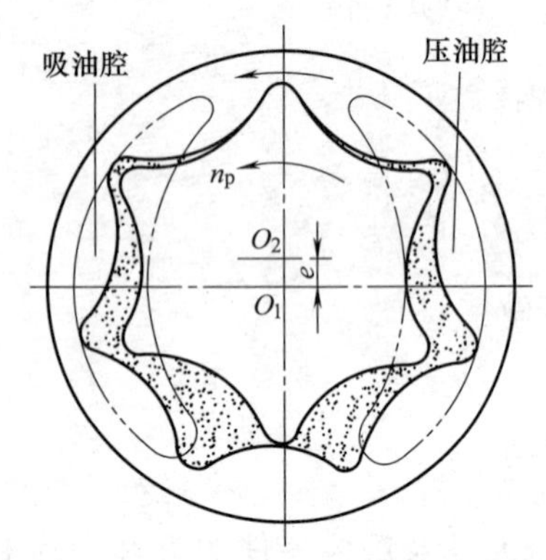

图 2-1-6　内啮合齿轮泵的工作原理

(5) 内啮合齿轮泵

内啮合齿轮泵的工作原理也是利用齿间密封容积的变化来实现吸油压油的。图 2-1-6 所示是内啮合齿轮泵的工作原理。

它是由配油盘（前、后盖）、外转子（从动轮）和偏心安置在泵体内的内转子（主动轮）等组成。内、外转子相差一齿，图中内转子为六齿，外转子为七齿，由于内外转子是多齿啮合，这就形成了若干密封容积。内转子带动外转子作同向旋转。这时，由内转子齿顶和外转子齿谷间形成的密封容积（图中阴线部分），随着转子的转动密封容积就逐渐扩大，于是就形成局部真空，油液被吸入密封腔，当封闭容积达到最大时吸油完毕。当转子继续旋转时，充满油液的密封容积便逐渐减小，油液受挤压，于是通过另一配油窗口将油排出，压油完毕。内转子每转一周，由内转子齿顶和外转子齿谷所构成的每个密封容积，完成吸、压油各一次，当内转子连续转动时，即完成了液压泵的吸排油工作。

内啮合齿轮泵的外转子齿形是圆弧，内转子齿形为短幅外摆线的等距线，故又称为内啮合摆线齿轮泵，也叫转子泵。

内啮合齿轮泵有许多优点，如结构紧凑，体积小，零件少，转速可高达 10000r/min，运动平稳，噪声低，容积效率较高等。缺点是流量脉动大，转子的制造工艺复杂等，目前已采用粉末冶金压制成型。随着工业技术的发展，摆线齿轮泵的应用将会愈来愈广泛；内啮合齿轮泵可正、反转，可作液压马达用。

3. 叶片泵的认识

叶片泵的结构较齿轮泵复杂，但其工作压力较高，且流量脉动小，工作平稳，噪声较小，寿命较长。所以它被广泛应用于机械制造中的专用机床、自动线等中低液压系统中，但其结构复杂，吸油特性不太好，对油液的污染也比较敏感。

根据各密封工作容积在转子旋转一周吸、排油液次数的不同，叶片泵分为两类，即完成一次吸、排油液的单作用叶片泵和完成两次吸、排油液的双作用叶片泵。单作用叶片泵多为变量泵，工作压力最大为 7.0MPa，双作用叶片泵均为定量泵，一般最大工作压力亦为 7.0MPa，结构经改进的高压叶片泵最大的工作压力可达 16.0～21.0MPa。

(1) 双作用叶片泵　双作用叶片泵的结构如图 2-1-7 所示。它由前泵体 6 和后泵体 7，左右配油盘 1、5，定子 4，转子，叶片，传动轴 3 等组成，右配油盘 5 的右侧与高压油腔相通，使配油盘与定子端面紧密配合，对转子端面间隙自动补偿。

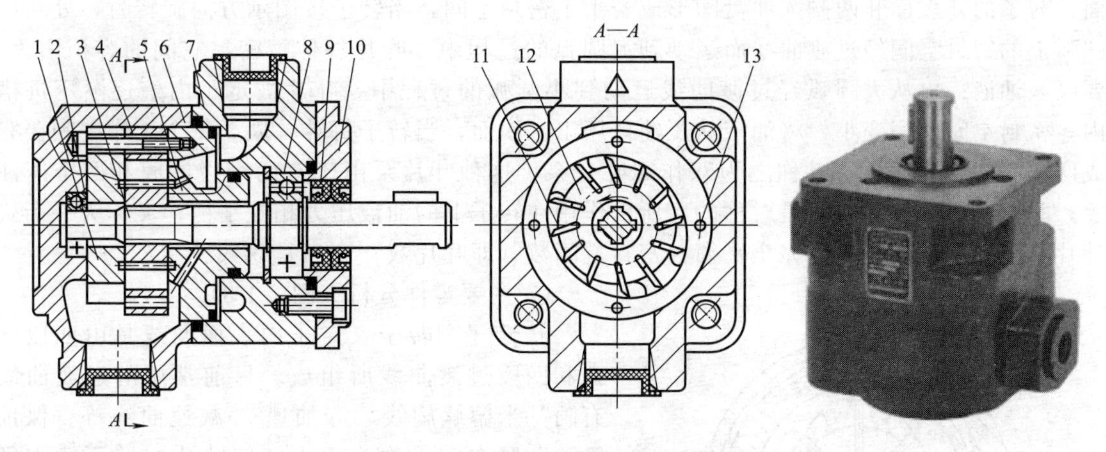

图 2-1-7　双作用叶片泵的典型结构

1,5—配油盘；2,8—轴承；3—传动轴；4—定子；6—前泵体；7—后泵体；9—密封圈；10—盖板；11—叶片；12—转子；13—定位销

① YB1 型叶片泵拆装分析（见图 2-1-8）

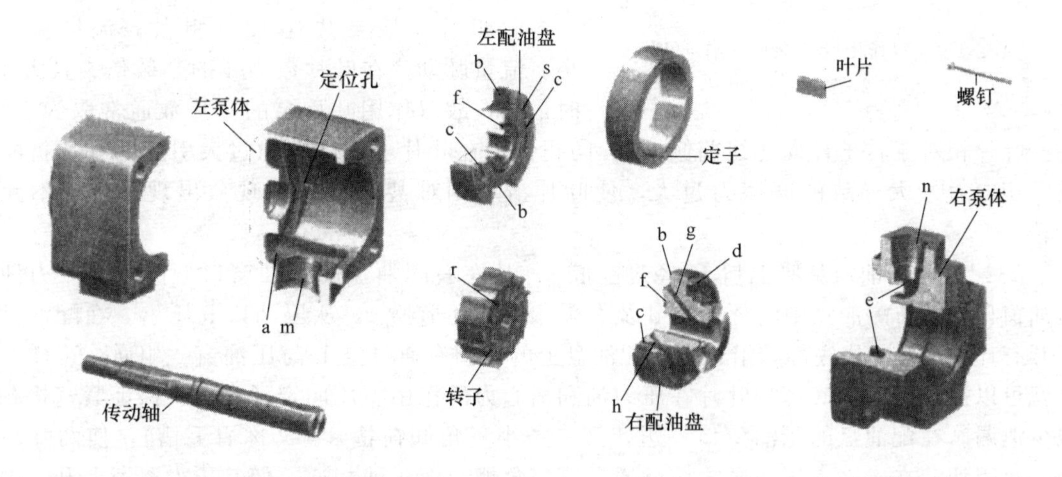

图 2-1-8　YB1 型叶片泵的零件图

拆卸步骤：

a. 卸下固定螺钉，拆开泵体；

b. 取出右配油盘；

c. 取出转子和叶片；

d. 取出定子，再取下左配油盘。

拆卸后清洗、检验、分析。

装配要领：与拆卸顺序相反。

拆装注意事项参考齿轮泵拆装注意事项。

② 双作用叶片泵的工作原理分析　如图 2-1-9 所示，泵由定子 1、转子 2、叶片 3 和配油盘（图中未画出）等组成。定子和转子是同心的，定子内表面是由两段长半径圆弧、两段短半径圆弧和四段过渡曲线组成，近似为椭圆柱形。当转子转动时，叶片在离心力和（建压后）根部压力油的作用下，在转子槽内作径向移动而压向定子内表面，由叶片、定子的内表

面、转子的外表面和两侧配油盘间形成若干个密封空间，当转子按图示方向旋转时，处在小圆弧上的密封空间经过渡曲线而运动到大圆弧的过程中，叶片外伸，密封空间的容积增大，要吸入油液；再从大圆弧经过渡曲线运动到小圆弧的过程中，叶片被定子内壁逐渐压进槽内，密封空间容积变小，将油液从压油口压出。因而，当转子每转一周，每个工作空间要完成两次吸油和压油，所以称之为双作用叶片泵，这种叶片泵由于有两个吸油腔和两个压油腔，并且各自的中心夹角是对称的，所以作用在转子上的油液压力相互平衡，又称为平衡式叶片泵。为了要使径向力完全平衡，密封空间数（即叶片数）应当是双数。

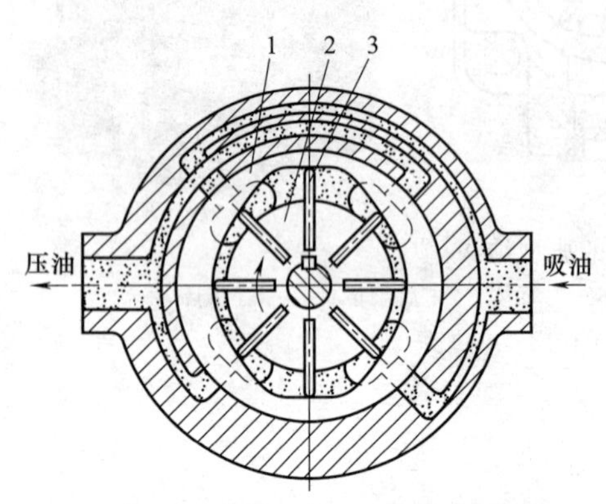

图 2-1-9　双作用叶片泵的工作原理

1—定子；2—转子；3—叶片

③ 主要零件分析（图 2-1-8）

a. 定子和转子　定子内表面曲线是由四段圆弧和四段过渡曲线所组成。目前常用的过渡曲线有阿基米德螺旋线，等加速-等减速曲线等。保证叶片贴紧在定子内表面上，使叶片在转子槽中径向运动时速度和加速度的变化均匀，过渡曲线接点处圆滑过渡，以避免冲击、噪声和磨损。定子和转子的外表面是圆柱面。转子中心固定，径向开有 12 条槽可以安置叶片。

b. 叶片　该泵共有 12 个叶片，流量脉动较小。流量脉动率在叶片数为 4 的整数倍、且大于 8 时最小，故双作用叶片泵的叶片数通常取为 12 或 16。叶片相对于转子径向连线前倾 13°，防止作用在叶片上的切向力过大引起的叶片折断以及因切向力过大导致的摩擦力过大，使叶片滑动困难甚至卡死的现象出现。转子不允许反转。

c. 配流盘　油液从吸油口 m 经过空腔 a，从左右配油盘的吸油窗口 b 吸入，压力油从压油窗口 c 经右配油盘中的环形槽 d 及右泵体中的环形槽 e，从压油口 n 压出。在配油盘端面开有环槽 f 与叶片底部 r 相通，右配油盘上的环槽有通过空 h 与压油窗 c 相通。这样压力油就可以进入到叶片底部，叶片在压力油和离心力的作用下压向定子表面，保证紧密接触以减少泄漏。在配油盘的压油窗口一边，开一条小三角卸荷槽 s（又称眉毛槽），使两叶片之间的封闭油液在未进入压油区之前就通过该三角槽与液压油相通，使其压力逐渐上升，因而减缓了流量和压力脉动，降低了噪声。从转子两侧泄漏的油液，通过传动轴与右配油盘的间隙，从 g 孔流回吸油腔 b。

（2）单作用叶片泵

① 单作用叶片泵的工作原理分析　单作用叶片泵的工作原理如图 2-1-10 所示，单作用叶片泵由转子 1、定子 2、叶片 3 和端盖等组成。定子具有圆柱形内表面，定子和转子间有偏心距。叶片装在转子槽中，并可在槽内滑动，当转子回转时，由于离心力的作用，使叶片紧靠在定子内壁，这样在定子、转子、叶片和两侧配油盘间就形成若干个密封的工作空间，当转子按图示的方向回转时，在图的右部，叶片逐渐伸出，叶片间的工作空间逐渐增大，从吸油口吸油，这是吸油腔。在图的左部，叶片被定子内壁逐渐压进槽内，工作空间逐渐缩小，将油液从压油口压出，这是压油腔，在

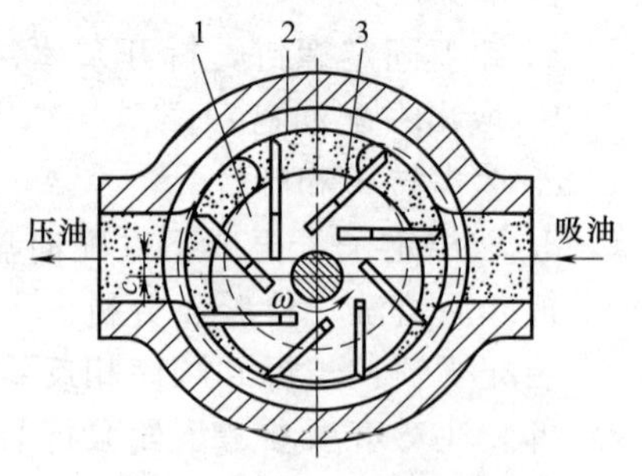

图 2-1-10　单作用叶片泵的工作原理

1—转子；2—定子；3—叶片

吸油腔和压油腔之间，有一段封油区，把吸油腔和压油腔隔开。

叶片泵在转子每转一周，每个工作空间完成一次吸油和压油，因此称为单作用叶片泵。转子不停地旋转，泵就不断地吸油和排油。

② 单作用叶片泵的结构特点

a. 改变定子和转子之间的偏心便可改变流量。偏心反向时，吸油压油方向也相反。

b. 处在压油腔的叶片顶部受到压力油的作用，该作用要把叶片推入转子槽内。为了使叶片顶部可靠地和定子内表面相接触，压油腔一侧的叶片底部要通过特殊的沟槽和压油腔相通。吸油腔一侧的叶片底部要和吸油腔相通，这里的叶片仅靠离心力的作用顶在定子内表面上。

c. 由于转子受到不平衡的径向液压作用力，所以这种泵一般不宜用于高压。

d. 为了更有利于叶片在惯性力作用下向外伸出，而使叶片有一个与旋转方向相反的倾斜角，称后倾角，一般为24°。

(3) 限压式变量叶片泵　限压式变量叶片泵是单作用叶片泵，根据前面介绍的单作用叶片泵的工作原理，改变定子和转子间的偏心距 e，就能改变泵的输出流量，限压式变量叶片泵能借助输出压力的大小自动改变偏心距 e 的大小来改变输出流量。当压力低于某一可调节的限定压力时，泵的输出流量最大；压力高于限定压力时，随着压力增加，泵的输出流量线性地减少，其工作原理如图2-1-11所示。泵的出口经通道7与活塞6相通。在泵未运转时，定子2在弹簧9的作用下，紧靠活塞4，并使活塞4靠在螺钉5上。这时，定子和转子有一偏心量 e_0，调节螺钉5的位置，便可改变 e_0。当泵的出口压力 p 较低时，则作用在活塞4上的液压力也较小，若此液压力小于上端的弹簧作用力，当活塞的面积为 A、调压弹簧的刚度为 k_s、预压缩量为 x_0 时，有

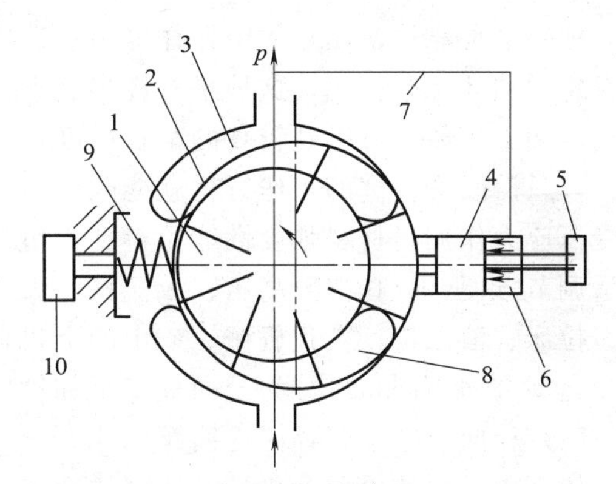

图2-1-11　限压式变量叶片泵的工作原理

1—转子；2—定子；3—压油窗口；4—活塞；5—螺钉；6—活塞腔；7—通道；8—吸油窗口；9—调压弹簧；10—调压螺钉

$$pA < k_s x_0 \tag{2-1-10}$$

此时，定子相对于转子的偏心量最大，输出流量最大。随着外负载的增大，液压泵的出口压力 p 也将随之提高，当压力升至与弹簧力相平衡的控制压力 p_B 时，有

$$p_B A = k_s x_0 \tag{2-1-11}$$

当压力进一步升高，使 $pA > k_s x_0$，这时，若不考虑定子移动时的摩擦力，液压作用力就要克服弹簧力推动定子向左移动，随之泵的偏心量减小，泵的输出流量也减小。p_B 称为泵的限定压力，即泵处于最大流量时所能达到的最高压力，调节调压螺钉10，可改变弹簧的预压缩量 x_0 即可改变 p_B 的大小。

设定子的最大偏心量为 e_0，偏心量减小时，弹簧的附加压缩量为 x，则定子移动后的偏心量 e 为

$$e = e_0 - x \tag{2-1-12}$$

这时，定子上的受力平衡方程式为

$$pA=k_s(x_0+x) \quad (2\text{-}1\text{-}13)$$

将式（2-1-11）代入式（2-1-12）可得

$$e=e_0-A(p-p_B)/k_s \quad p\geqslant p_B \quad (2\text{-}1\text{-}14)$$

式（2-1-14）表示了泵的工作压力与偏心量的关系，由式可以看出，泵的工作压力愈高，偏心量就愈小，泵的输出流量也就愈小，且当 $p=k_s(e_0+x_0)/A$ 时，泵的输出流量为零，控制定子移动的作用力是将液压泵出口的压力油引到柱塞上，然后再加到定子上去，这种控制方式称为外反馈式。

这种泵被广泛用于要求执行元件有快速、慢速和保压阶段的中低压系统中，有利于节能和简化回路。

4. 柱塞泵的认识

柱塞泵是靠柱塞在缸体中作往复运动造成密封容积的变化来实现吸油与压油的液压泵，与齿轮泵和叶片泵相比，这种泵有许多优点。首先，构成密封容积的零件为圆柱形的柱塞和缸孔，加工方便，可得到较高的配合精度，密封性能好，在高压工作仍有较高的容积效率；第二，只需改变柱塞的工作行程就能改变流量，易于实现变量；第三，柱塞泵中的主要零件均受压应力作用，材料强度性能可得到充分利用。由于柱塞泵压力高，结构紧凑，效率高，流量调节方便，故在需要高压、大流量、大功率的系统中和流量需要调节的场合，如龙门刨床、拉床、液压机、工程机械、矿山冶金机械、船舶上得到广泛的应用。柱塞泵按柱塞的排列和运动方向不同，可分为径向柱塞泵和轴向柱塞泵两大类。

（1）径向柱塞泵　径向柱塞泵的组成及工作原理如图 2-1-12 所示，柱塞 1 径向排列装在缸体 2 中，缸体由原动机带动连同柱塞 1 一起旋转，所以缸体 2 一般称为转子，柱塞 1 在离心力的（或在低压油）作用下抵紧定子 4 的内壁，当转子按图示方向回转时，由于定子和转子之间有偏心距 e，柱塞绕经上半周时向外伸出，柱塞底部的容积逐渐增大，形成部分真空，因此便经过衬套 3 上的油孔从配油孔 5 和吸油口 b 吸油，衬套 3 是压紧在转子内，并和转子一起回转；当柱塞转到下半周时，定子内壁将柱塞向里推，柱塞底部的容积逐渐减小，向配油轴的压油口 c 压油，当转子回转一周时，每个柱塞底部的密封容积完成一次吸压油，转子连续运转，即完成压吸油工作。配油轴固定不动，油液从配油轴上半部的两个孔 a 流入，从下半部两个油孔 d 压出，为了进行配油，配油轴和衬套 3 接触的一段加工出上下两个

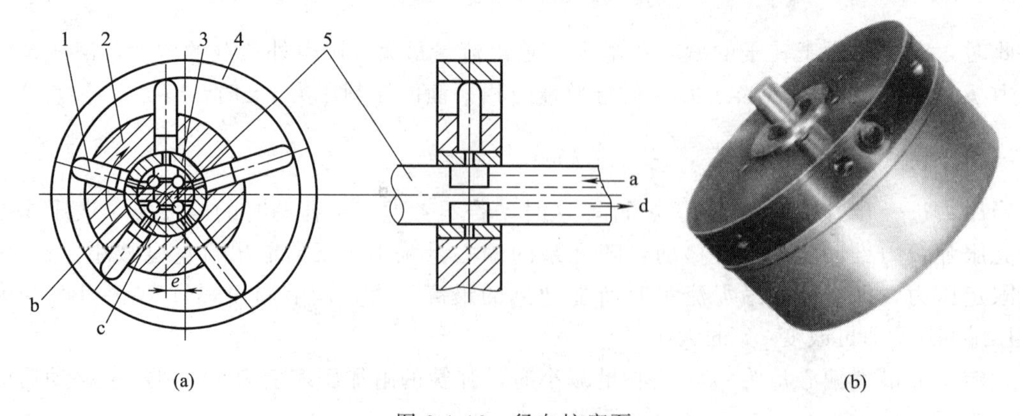

图 2-1-12　径向柱塞泵

1—柱塞；2—缸体；3—衬套；4—定子；5—配油轴

缺口，形成吸油口 b 和压油口 c，留下的部分形成封油区。封油区的宽度应能封住衬套上的吸压油孔，以防吸油口和压油口相连通，但尺寸也不能大得太多，以免产生困油现象。

（2）轴向柱塞泵

① 轴向柱塞泵的工作原理　轴向柱塞泵是将多个柱塞配置在一个共同缸体的圆周上，并使柱塞中心线和缸体中心线平行的一种泵。轴向柱塞泵有两种形式，即直轴式（斜盘式）和斜轴式（摆缸式）。

如图 2-1-13（a）所示为直轴式轴向柱塞泵的工作原理，这种泵主体由缸体 1、配油盘 2、柱塞 3 和斜盘 4 组成。柱塞沿圆周均匀分布在缸体内。斜盘轴线与缸体轴线倾斜一角度，柱塞靠机械装置或在低压油作用下压紧在斜盘上（图 2-1-13 中为弹簧），配油盘 2 和斜盘 4 固定不转，当原动机通过传动轴使缸体转动时，由于斜盘的作用，迫使柱塞在缸体内作往复运动，并通过配油盘的配油窗口进行吸油和压油。如图 2-1-13 中所示回转方向，当缸体转角在 $\pi \sim 2\pi$ 范围内，柱塞向外伸出，柱塞底部缸孔的密封工作容积增大，通过配油盘的吸油窗口吸油；在 $0 \sim \pi$ 范围内，柱塞被斜盘推入缸体，使缸孔容积减小，通过配油盘的压油窗口压油。缸体每转一周，每个柱塞各完成吸、压油一次，如改变斜盘倾角 γ，就能改变柱塞行程的长度，即改变液压泵的排量，改变斜盘倾角方向，就能改变吸油和压油的方向，即成为双向变量泵。图 2-1-13（b）所示为直轴式轴向柱塞泵。

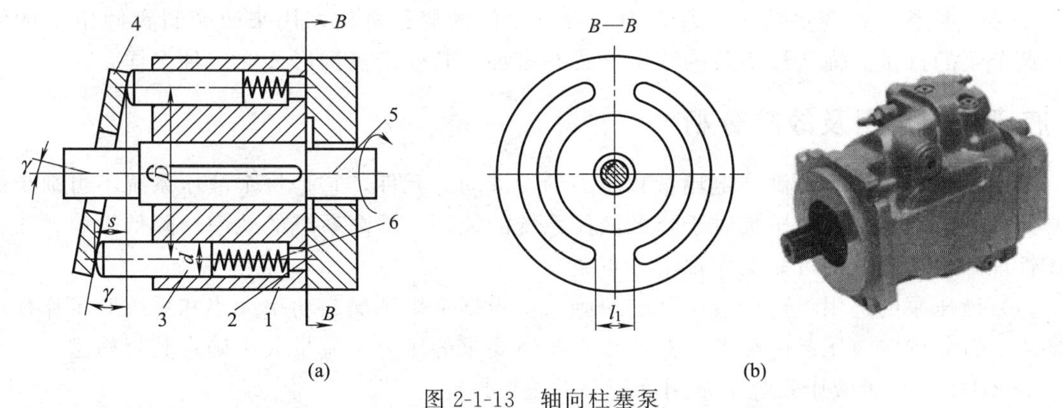

图 2-1-13　轴向柱塞泵

1—缸体；2—配油盘；3—柱塞；4—斜盘；5—传动轴；6—弹簧

斜轴式轴向柱塞泵的缸体轴线相对传动轴轴线成一倾角，传动轴端部用万向铰链、连杆与缸体中的每个柱塞相联结，当传动轴转动时，通过万向铰链、连杆使柱塞和缸体一起转动，并迫使柱塞在缸体中作往复运动，借助配油盘进行吸油和压油。这类泵的优点是变量范围大，泵的强度较高，但和上述直轴式相比，其结构较复杂，外形尺寸和重量均较大。

轴向柱塞泵的优点是：结构紧凑、径向尺寸小，惯性小，容积效率高，目前最高压力可达 40MPa，甚至更高，一般用于工程机械、压力机等高压系统中，但其轴向尺寸较大，轴向作用力也较大，结构比较复杂。

由于柱塞在缸体孔中运动的速度不是恒速的，因而输出流量是有脉动的，当柱塞数为奇数时，脉动较小，且柱塞数多脉动也较小，因而一般常用的柱塞泵的柱塞个数为 7、9 或 11。

② 轴向柱塞泵的结构特点

a. 缸体端面间隙的自动补偿　由图 2-1-13（a）可见，使缸体压紧配流盘端面的作用力，除弹簧 6 的推力外，还有柱塞孔底部台阶面上所受的液压力，此液压力比弹簧力大得多，而且随泵的工作压力增大而增大。由于缸体始终受力紧贴着配油盘，就使端面间隙得到了自动补偿，提高了泵的容积效率。

b. 滑履结构　在斜盘式轴向柱塞泵中，一般都在柱塞头部装一滑履（见图 2-1-14），二者之间为球面接触。而滑履与斜面之间又以平面接触，从而改善了柱塞工作的受力状况。并且由于各相对运动表面之间通过小孔引入压力油，实现可靠的润滑，故大大降低了相对运动零件表面的磨损，就有利于泵在高压下工作。

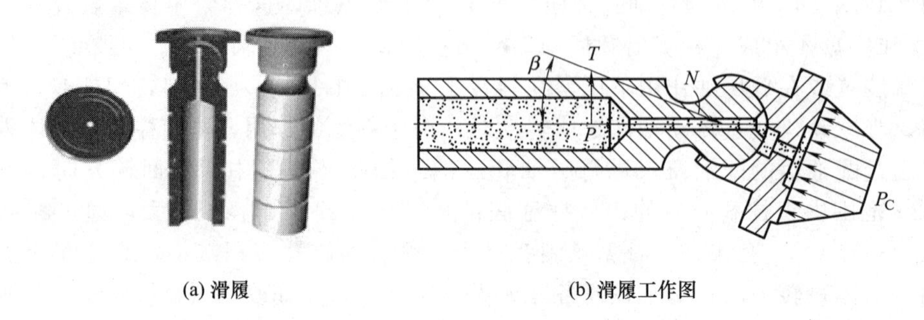

(a) 滑履　(b) 滑履工作图

图 2-1-14　滑履结构

c. 变量机构　在变量轴向柱塞泵中均设有专门的变量机构，用来改变斜盘倾角 γ 的大小以调节泵的排量。轴向柱塞泵的变量方式有多种，其变量机构形式亦多种多样。

5. 液压泵的选用及故障分析

液压泵是液压系统提供一定流量和压力的油液动力元件，它是每个液压系统不可缺少的核心元件，合理地选择液压泵对于降低液压系统的能耗、提高系统的效率、降低噪声、改善工作性能和保证系统的可靠工作都十分重要。

（1）液压泵的选用　选择液压泵的原则是：根据主机工况、功率大小和系统对工作性能的要求，首先确定液压泵的类型，然后按系统所要求的压力、流量大小确定其规格型号。

表 2-1-1 列出了液压系统中常用液压泵的主要性能。

表 2-1-1　各类液压泵的选用

项目 / 类型	齿轮泵	双作用叶片泵	限压式变量叶片泵	轴向柱塞泵	径向柱塞泵	螺杆泵
工作压力/MPa	＜20	6.3～21	≤7	20～35	10～20	＜10
转速范围/(r/min)	300～700	500～4000	500～2000	600～6000	700～1800	1000～18000
容积效率	0.70～0.95	0.80～0.95	0.80～0.90	0.90～0.98	0.85～0.95	0.75～0.95
总效率	0.60～0.85	0.75～0.85	0.70～0.85	0.85～0.95	0.75～0.92	0.70～0.85
功率质量比	中等	中等	小	大	小	中等
流量脉动率	大	小	中等	中等	中等	很小
自吸特性	好	较差	较差	较差	差	好
对油的污染敏感性	不敏感	敏感	敏感	敏感	敏感	不敏感
噪声	人	小	较人	人	人	很小
寿命	较短	较长	较短	长	长	很长
单位功率造价	最低	中等	较高	高	高	较高
应用范围	机床、工程机械、农机、航空、船舶、一般机械	机床、注塑机、液压机、起重运输机械、工程机械、飞机	机床、注塑机	工程机械、锻压机械、起重运输机械、冶金机械、船舶、飞机	机床、液压机、船舶机械	精密机床、精密机械、食品、化工、石油、纺织等机械

一般来说，由于各类液压泵各自突出的特点，其结构、功用和运转方式各不相同，因此应根据不同的使用场合选择合适的液压泵。一般在机床液压系统中，往往选用双作用叶片泵和限压式变量叶片泵；而在筑路机械、港口机械以及小型工程机械中往往选择抗污染能力较强的齿轮泵；在负载大、功率大的场合往往选择柱塞泵。

（2）液压泵的故障分析　见表 2-1-2。

表 2-1-2　液压泵的故障分析

故障现象	故障分析	排除方法
不出油、输油量不足、压力上不去	1. 电动机转向不对 2. 吸油管或过滤器堵塞 3. 轴向间隙或径向间隙过大 4. 连接处泄漏，混入空气 5. 油液黏度太大或油液温升太高	1. 检查电动机转向 2. 疏通管道，清洗过滤器，换新油 3. 检查更换有关零件 4. 紧固各连接处螺钉，避免泄漏，严防空气混入 5. 正确选用油液，控制温升
噪声严重、压力波动厉害	1. 吸油管及过滤器堵塞或过滤器容量小 2. 吸油管密封处漏气或油液中有气泡 3. 泵与联轴节不同心 4. 油位低 5. 油温低或黏度高 6. 泵轴承损坏	1. 清洗过滤器使吸油管通畅，正确选用过滤器 2. 在连接部位或密封处加点油，如噪声减小，拧紧接头或更换密封圈；回油管口应在油面以下，与吸油管要有一定距离 3. 调整同心 4. 加油液 5. 把油液加热到适当的温度 6. 检查(用手触感)泵轴承部分温升
泵轴颈油封漏油	漏油管道液阻过大，使泵体内压力升高到超过油封许用的耐压值	检查柱塞泵泵体上的泄油口是否用单独油管直接接通油箱。若发现把几台柱塞泵的泄漏油管并联在一根同直径的总管后再接通油箱，或者把柱塞泵的泄油管接到总回油管上，则应予改正。最好在泵泄漏油口接一个压力表，以检查泵体内的压力，其值应小于 0.08MPa

【思考与练习】

1. 液压传动中常用的液压泵分为哪些类型？

2. 什么是容积式液压泵？它的实际工作压力大小取决于什么？

3. 容积式液压泵的工作原理是什么？

4. 如果与液压泵吸油口相通的油箱是完全封闭的，不与大气相通，液压泵能否正常工作？

5. 什么是泵的排量、流量？什么是泵的容积效率、机械效率？

6. 外啮合齿轮泵有哪些优缺点？低压齿轮泵、中高压齿轮泵和高压齿轮泵的压力范围各是多少？

7. 齿轮泵的困油现象是怎么引起的？对其正常工作有何影响？如何解决？

8. 齿轮泵的径向力不平衡是怎样产生的？会带来什么后果？消除径向力不平衡的措施有哪些？

9. 说明叶片泵的工作原理。双作用叶片泵和单作用叶片泵各有什么优缺点？

10. 叶片泵为什么能得到最广泛的应用？目前所用中压叶片泵、中高压叶片泵和高压叶片泵的额定压力范围各是多少？

11. 限压式变量叶片泵适用于什么场合？有何优缺点？

12. 径向柱塞泵和轴向柱塞泵各有什么优缺点？各适用于什么场合？

13. 各类液压泵中，哪些能实现单向变量或双向变量？画出定量泵和变量泵的符号。

14. 已知液压泵转速为 1000r/min，排量为 160mL/r，额定压力为 30MPa，实际输出流量为 150L/min，泵的总效率为 0.87，求：

（1）泵的理论流量；

（2）泵的容积效率和机械效率；

（3）额定工况下驱动液压泵所需的电动机功率。

15. 已知某液压泵的输出压力为 5MPa，排量为 10mL/r，机械效率为 0.95，容积效率为 0.9，转速为 1200r/min，求：

（1）液压泵的总效率；

（2）液压泵输出功率；

（3）电动机驱动功率。

任务 2　机床液压系统执行元件的认识

【任务目标】

1. 了解常用液压缸和液压马达的结构组成及工作原理。
2. 掌握常用液压缸的选用方法，了解常见的故障及维修方法。

【任务描述】

拆装机床液压系统单作用活塞缸，观察分析结构组成、特点、工作原理，合理选用。

【知识准备】

液压执行元件是将液压泵提供的液压能转变为机械能的能量转换装置，它包括液压缸和液压马达。其中实现直线往复运动的叫液压缸，实现连续旋转运动的叫液压马达。

1. 液压缸的种类及特点

液压缸又称为油缸，它是液压系统中的一种执行元件，其功能就是将液压能转变成直线往复式的机械运动。

液压缸按其结构形式，可以分为活塞缸、柱塞缸和摆动缸三类。活塞缸和柱塞缸实现往复运动，输出推力和速度，摆动缸则能实现小于 360°的往复摆动，输出转矩和角速度。液压缸除单个使用外，还可以几个组合起来或和其他机构组合起来，以完成特殊的功用。

液压缸的种类很多，其详细分类见表 2-2-1。

表 2-2-1　常见液压缸的种类及特点

名称			图形	特点
活塞式液压缸	单杆	单作用		活塞单向作用，依靠弹簧使活塞复位
		双作用		活塞双向作用，左、右移动速度不等，差动连接时，可提高运动速度
	双杆			活塞左、右运动速度相等

续表

名称		图形	特点
柱塞式液压缸	单柱塞		柱塞单向作用，依靠外力使柱塞复位
	双柱塞		双柱塞双向作用
摆动式液压缸	单叶片		输出转轴摆动角度小于300°
	双叶片		输出转轴摆动角度小于150°
其他液压缸	增力液压缸		当液压缸直径受到限制而长度不受限制时，可获得大的推力
	增压液压缸	A B	由两种不同直径的液压缸组成，可提高B腔中的液压力
	伸缩液压缸		由两层或多层液压缸组成，可增加活塞行程
	多位液压缸	A	活塞A有三个确定的位置
	齿条液压缸		活塞经齿条带动小齿轮，使它产生旋转运动

2. 液压马达的种类和特点

液压马达是把液体的压力能转换为机械能的装置，从原理上讲，液压泵可以作液压马达用，液压马达也可作液压泵用。但事实上同类型的液压泵和液压马达虽然在结构上相似，但由于两者的工作情况不同，使得两者在结构上也有某些差异，因此很多类型的液压马达和液压泵不能互逆使用。

液压马达按其结构类型来分可以分为齿轮式、叶片式、柱塞式等形式。也可按液压马达的额定转速分为高速和低速两大类。额定转速高于500r/min的属于高速液压马达，额定转速低于500r/min的属于低速液压马达。

高速液压马达的基本形式有齿轮式、螺杆式、叶片式和轴向柱塞式等。高速液压马达的主要特点是转速高、转动惯量小，便于启动和制动。通常高速液压马达输出转矩不大（仅几十牛·米到几百牛·米），所以又称为高速小转矩马达。

低速液压马达的基本形式是径向柱塞式，低速液压马达的主要特点是排量大、体积大、转速低（可达每分钟几转甚至零点几转）、输出转矩大（可达几千牛·米到几万牛·米），所以又称为低速大转矩液压马达。

液压马达的图形符号如图2-2-1所示。

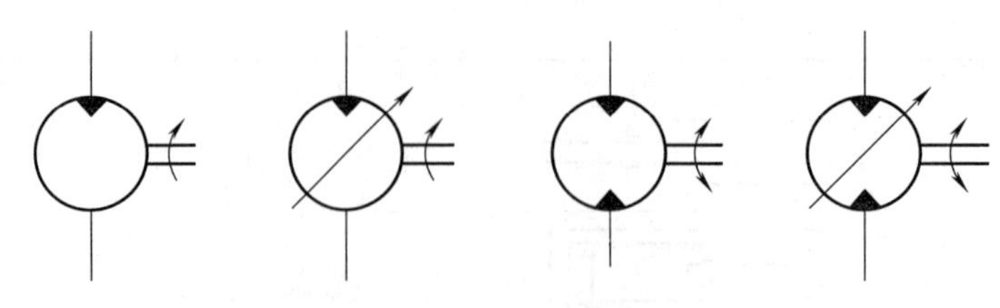

图 2-2-1　液压马达图形符号

【任务实施】

1. 场地与设备

（1）场地　液压实训室、实训基地。

（2）设备　机床工作台液压系统、液压系统实训台、活塞式液压缸，各 5 台，拆装工具。

2. 活塞式液压缸的认识

活塞式液压缸可分为单杆式和双杆式两种结构，其固定方式有缸体固定和活塞杆固定。

（1）单杆活塞缸的结构组成　图 2-2-2 为单杆活塞缸结构。活塞的一侧有伸出杆，两腔的有效工作面积不相等。当向缸两腔分别供油，供油压力和流量相同时，活塞（或缸体）在两个方向的推力和运动速度不相等。

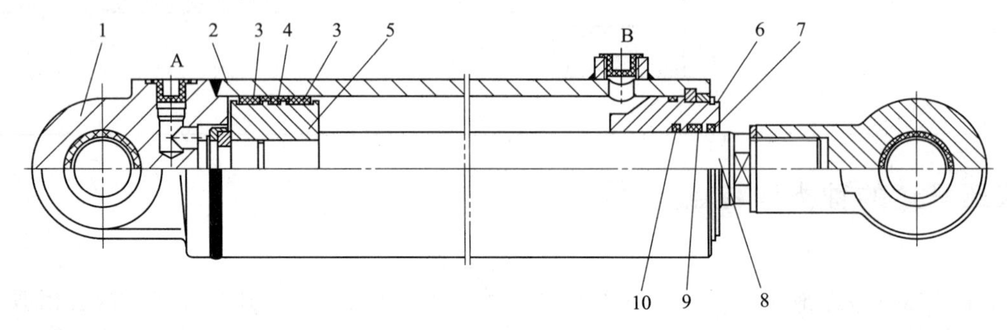

图 2-2-2　单杆活塞式液压缸结构

1—端盖；2—缸筒；3—支撑环；4,9,10—密封圈；5—活塞；6—导向槽；7—防尘圈；8—活塞杆

（2）单杆活塞缸的拆装分析

拆装步骤：

① 将液压缸两端的端盖与缸筒连接螺栓取下，依次取下端盖、活塞组件、端盖与缸筒端面之间的密封圈、缸筒。观察其具体结构。然后再进行分解端盖、活塞组件等。

② 活塞组件由活塞、活塞杆、密封元件及其连接件组成。拆除连接件（连接件有螺母、半环、锥销等多种，依具体情况而定），依次取下活塞、活塞杆及密封元件。

③ 端盖上常有缓冲装置。缓冲装置主要由可调节流螺钉和单向阀组成。

装配顺序与拆卸相反。

拆装注意事项：同液压泵的拆装。

（3）单杆活塞缸的原理分析　单杆活塞液压缸拆装零件图如图 2-2-3 所示。

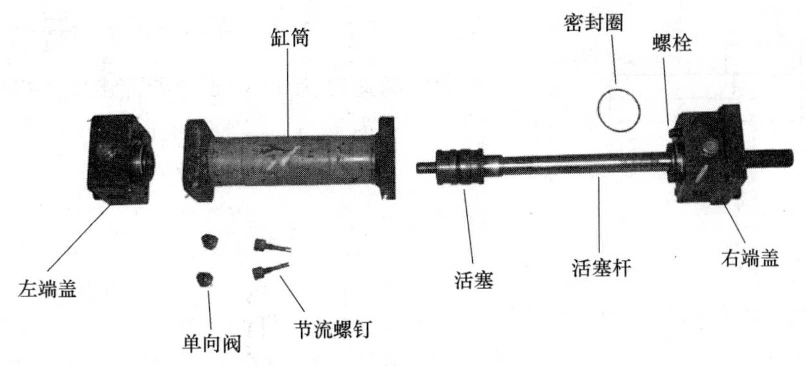

图 2-2-3 液压缸拆装零件图

① 当无杆腔进压力油，有杆腔回油［图 2-2-4（a）］时，活塞推力 F_1 和运动速度 v_1 分别为

$$F_1 = A_1 p = \frac{\pi}{4} D^2 p \tag{2-2-1}$$

$$v_1 = \frac{q}{A_1} = \frac{4q}{\pi D^2} \tag{2-2-2}$$

②当有杆腔进压力油，无杆腔回油［图 2-2-4（b）］时，活塞推力 F_2 和运动速度 v_2 分别为

$$F_2 = A_2 p = \frac{\pi}{4}(D^2 - d^2) p \tag{2-2-3}$$

$$v_2 = \frac{q}{A_2} = \frac{4q}{\pi(D^2 - d^2)} \tag{2-2-4}$$

式中 A_1——缸无杆腔有效工作面积；

A_2——缸有杆腔有效工作面积。

由上述公式比较可知，即无杆腔进压力油工作时，推力大，速度低；有杆腔进压力油工作时，推力小，速度高。因此，各种金属切削机床、压力机、注塑机、起重机的液压系统常用单杆活塞缸来实现一个方向有较大负荷但运行速度较低，另一个方向为空载快速退回的往复运动。

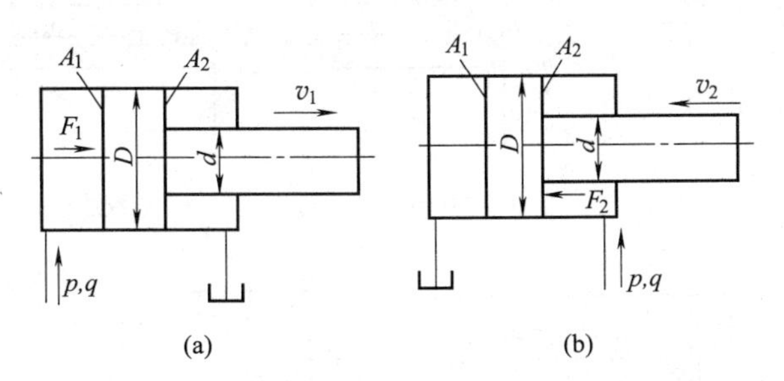

图 2-2-4 单杆活塞缸

③ 差动连接。单杆液压缸两腔同时通入压力油时，如图 2-2-5 所示，由于无杆腔工作面积比有杆腔工作面积大，活塞向右的推力大于向左的推力，故其向右移动。液压缸的这种连接方式称为差动连接。

差动连接时，活塞的推力 F_3 为

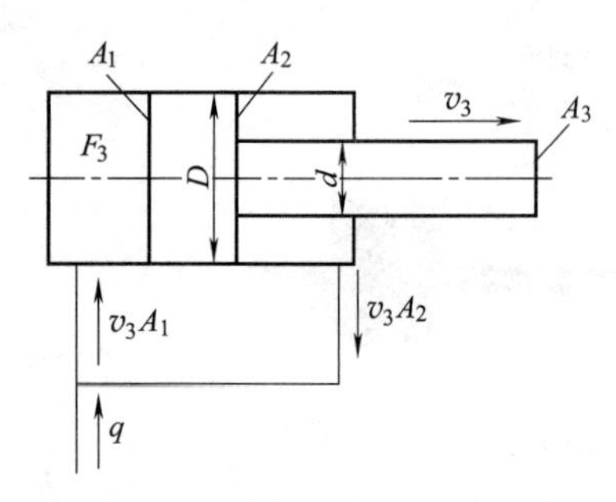

图 2-2-5　单杆活塞的差动连接

$$F_3 = A_1 p - A_2 p = A_3 p = \frac{\pi d^2}{4} p \qquad (2\text{-}2\text{-}5)$$

若活塞的速度为 v_3，则无杆腔的进油量为 $v_3 A_1$，有杆腔的出油量为 $v_3 A_2$，因而有下式

$$v_3 A_1 = q + v_3 A_2$$

故

$$v_3 = \frac{q}{A_1 - A_2} = \frac{q}{A_3} = \frac{4q}{\pi d^2} \qquad (2\text{-}2\text{-}6)$$

比较式（2-2-2）、式（2-2-6）可知，$v_3 > v_1$；比较式（2-2-1）、式（2-2-5）可知，$F_3 < F_1$。这说明单杆活塞差动连接时，能使运动部件获得较高的速度和较小的推力。因此，单杆活塞缸还常用在需要实现“快进（差动连接）→工进（无杆腔进压力油）→快退（有杆腔进压力油）”工作循环的组合机床等设备的液压系统中。这时，通常要求“快进”和“快退”的速度相等，即 $v_3 = v_2$。由式（2-2-4）、式（2-2-6）知 $A_3 = A_2$，即 $D = \sqrt{2} d$（或 $d = 0.71D$）。

（4）主要结构分析

① 缸筒和缸盖　一般来说，缸筒和缸盖的结构形式和其使用的材料有关。工作压力 $p <$ 10MPa 时，使用铸铁；$p <$ 20MPa 时，使用无缝钢管；$p >$ 20MPa 时，使用铸钢或锻钢。图2-2-6所示为缸筒和缸盖的常见结构形式。图 2-2-6（a）所示为法兰连接式，结构简单，容易加工，也容易装拆，但外形尺寸和重量都较大，常用于铸铁制的缸筒上。图 2-2-6（b）所示为半环连接式，它的缸筒壁部因开了环形槽而削弱了强度，为此有时要加厚缸壁，它容易加工和装拆，重量较轻，常用于无缝钢管或锻钢制的缸筒上。图 2-2-6（c）所示为螺纹连接式，它的缸筒端部结构复杂，外径加工时要求保证内外径同心，装拆要使用专用工具，它的外形尺寸和重量都较小，常用于无缝钢管或铸钢制的缸筒上。图 2-2-6（d）所示为拉杆连接式，结构的通用性大，容易加工和装拆，但外形尺寸较大，且较重。图 2-2-6（e）所示为焊接连接式，结构简单，尺寸小，但缸底处内径不易加工，且可能引起变形。

② 活塞与活塞杆　可以把短行程的液压缸的活塞杆与活塞做成一体，这是最简单的形

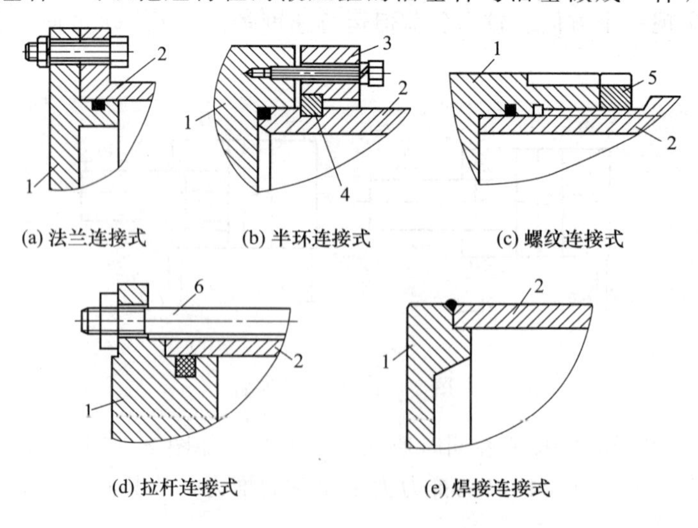

图 2-2-6　缸筒和缸盖结构

1—缸盖；2—缸筒；3—压板；4—半环；5—防松螺母；6—拉杆

式。但当行程较长时，这种整体式活塞组件的加工较费事，所以常把活塞与活塞杆分开制造，然后再连接成一体。图 2-2-7 所示为几种常见的活塞与活塞杆的连接形式。

图 2-2-7（a）所示为活塞与活塞杆之间采用螺母连接，它适用于负载较小、受力无冲击的液压缸中。螺纹连接虽然结构简单，安装方便可靠，但在活塞杆上车螺纹将削弱其强度。图 2-2-7（b）和（c）所示为卡环式连接方式。图 2-2-7（b）中活塞杆 5 上开有一个环形槽，槽内装有两个半环 3 以夹紧活塞 4，半环 3 由轴套 2 套住，而轴套 2 的轴向位置用弹簧卡圈 1 来固定。图 2-2-7（c）中的活塞杆，使用了两个半环 4，它们分别由两个密封圈座 2 套住，半圆形的活塞 3 安放在密封圈座的中间。图 2-2-7（d）所示是一种径向销式连接结构，用锥销 1 把活塞 2 固连在活塞杆 3 上。

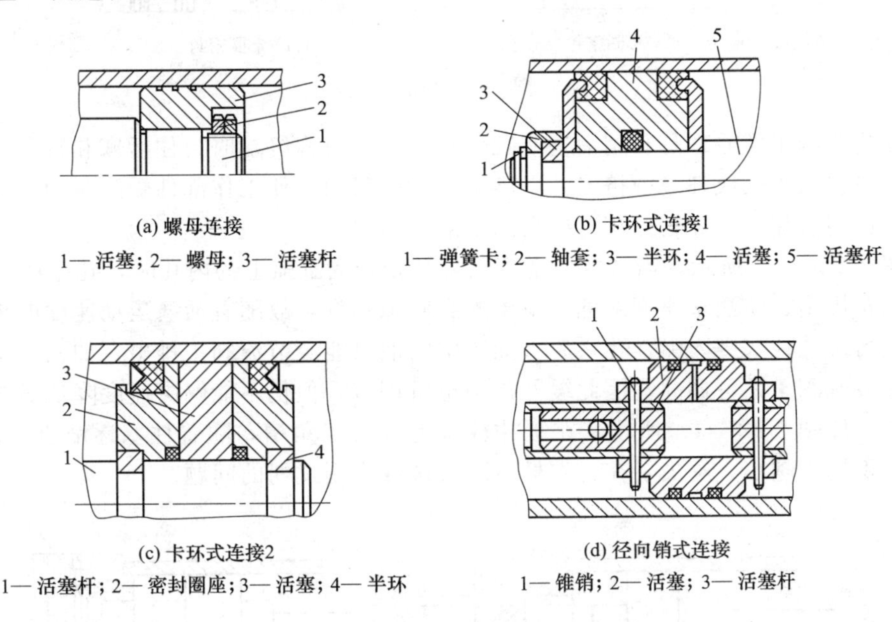

(a) 螺母连接
1— 活塞；2— 螺母；3— 活塞杆

(b) 卡环式连接1
1— 弹簧卡；2— 轴套；3— 半环；4— 活塞；5— 活塞杆

(c) 卡环式连接2
1— 活塞杆；2— 密封圈座；3— 活塞；4— 半环

(d) 径向销式连接
1— 锥销；2— 活塞；3— 活塞杆

图 2-2-7　常见的活塞组件结构形式

③ 密封装置　液压缸中常见的密封装置如图 2-2-8 所示。图 2-2-8（a）所示为间隙密封，它依靠运动间的微小间隙来防止泄漏。为了提高这种装置的密封能力，常在活塞的表面上制出几条细小的环形槽，以增大油液通过间隙时的阻力。它的结构简单，摩擦阻力小，可耐高温，但泄漏大，加工要求高，磨损后无法恢复原有能力，只有在尺寸较小、压力较低、相对运动速度较高的缸筒和活塞间使用。图 2-2-8（b）所示为摩擦环密封，它依靠套在活塞上的摩擦环（尼龙或其他高分子材料制成）在 O 形密封圈弹力作用下贴紧缸壁而防止泄漏。这种材料效果较好，摩擦阻力较小且稳定，可耐高温，磨损后有自动补偿能力，但加工要求高，装拆较不便，适用于缸筒和活塞之间的密封。图 2-2-8（c）、图 2-2-8（d）所示为密封圈（O 形圈、V 形圈等）密封，它利用橡胶或塑料的弹性使各种截面的环形圈贴紧在静、动配合面之间来防止泄漏。它结构简单，制造方便，磨损后有自动补偿能力，性能可靠，在缸筒和活塞之间、缸盖和活塞杆之间、活塞和活塞杆之间、缸筒和缸盖之间都能使用。

对于活塞杆外伸部分来说，由于它很容易把脏物带入液压缸，使油液受污染，使密封件磨损，因此常需在活塞杆密封处增添防尘圈，并放在向着活塞杆外伸的一端。

④ 缓冲装置　液压缸一般都设置缓冲装置，特别是对大型、高速或要求高的液压缸，为了防止活塞在行程终点时和缸盖相互撞击，引起噪声、冲击，则必须设置缓冲装置。

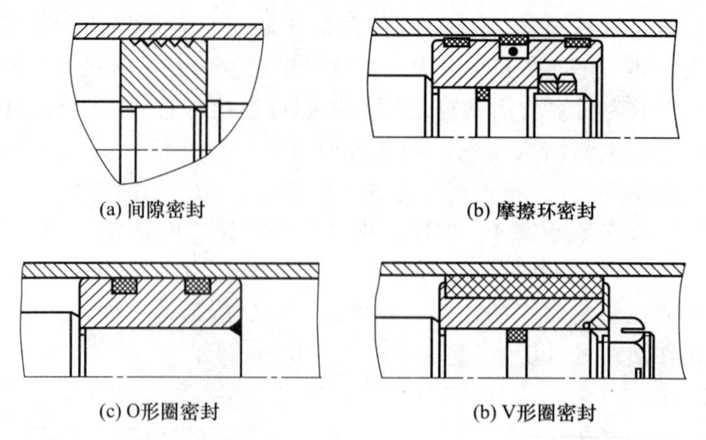

(a) 间隙密封　(b) 摩擦环密封

(c) O形圈密封　(b) V形圈密封

图 2-2-8　密封装置

缓冲装置的工作原理是利用活塞或缸筒在其走向行程终端时封住活塞和缸盖之间的部分油液，强迫它从小孔或细缝中挤出，以产生很大的阻力，使工作部件受到制动，逐渐减慢运动速度，达到避免活塞和缸盖相互撞击的目的。

如图 2-2-9（a）所示，当缓冲柱塞进入与其相配的缸盖上的内孔时，孔中的液压油只能通过间隙 δ 排出，使活塞速度降低。由于配合间隙不变，故随着活塞运动速度的降低，起缓冲作用。当缓冲柱塞进入配合孔之后，油腔中的油只能经节流阀 1 排出，如图 2-2-9（b）所示。由于节流阀 1 是可调的，因此缓冲作用也可调节，但仍不能解决速度降低后缓冲作用减弱的缺点。如图 2-2-9（c）所示，在缓冲柱塞上开有三角槽，随着柱塞逐渐进入配合孔中，其节流面积越来越小，解决了在行程最后阶段缓冲作用过弱的问题。

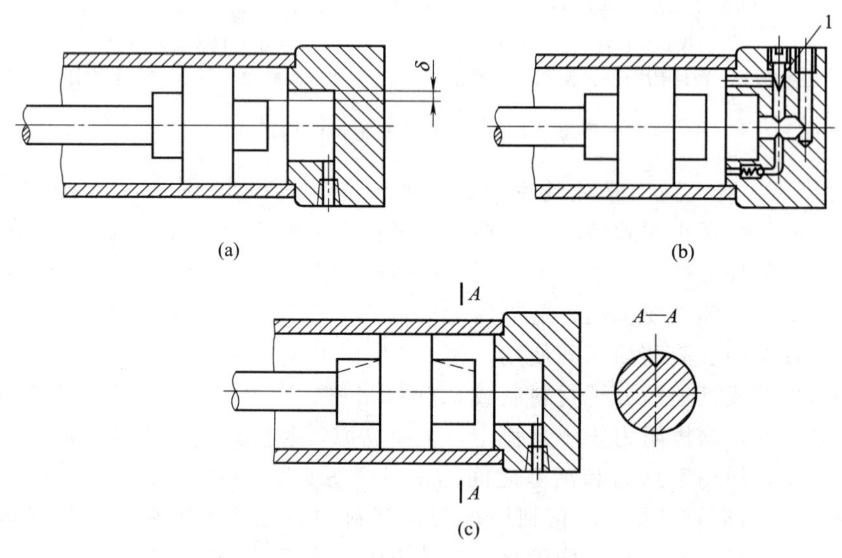

(a)　(b)

(c)

图 2-2-9　液压缸的缓冲装置

1—节流阀

⑤ 排气装置　液压缸在安装过程中或长时间停放重新工作时，液压缸里和管道系统中会渗入空气，为了防止执行元件出现爬行、噪声和发热等不正常现象，需把缸中和系统中的空气排出。一般可在液压缸的最高处设置进出油口把气带走，也可在最高处设置如图 2-2-10（a）所示的放气孔或专门的放气阀，见图 2-2-10（b）、（c）。

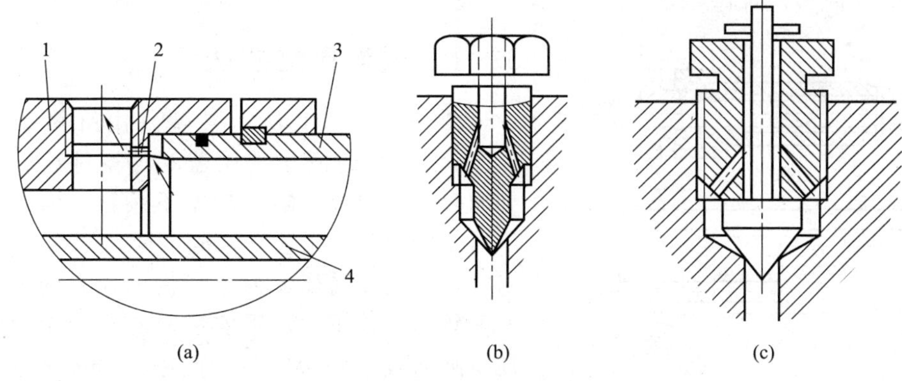

图 2-2-10 放气装置

1—缸盖；2—放气小孔；3—缸体；4—活塞杆

（5）双杆活塞缸

图 2-2-11 为双杆活塞缸原理图。其活塞的两侧都有伸出杆；当两活塞杆直径相同，缸两腔的供油压力和流量都相等时，活塞（或缸体）两个方向的运动速度和推力都相等。因此，这种液压缸常用于要求往复运动速度和负载相同的场合，如各种磨床。

图 2-2-11（a）为缸体固定式结构简图。当缸的左腔进压力油，右腔回油时，活塞带动工作台向右移动；反之活塞带动工作台向左移动。当活塞的有效行程为 l 时，工作台的运动范围为 $3l$，一般用于小型设备的液压系统。

图 2-2-11（b）为活塞固定式结构简图。液压油经空心活塞杆的中心孔及其活塞处的径向孔进、出液压缸，当缸的左腔进压力油，右腔回油时，缸体带动工作台向左移动；反之，缸体带动工作台向右移动。其运动范围为 $2l$，常用于大、中型设备的液压系统。

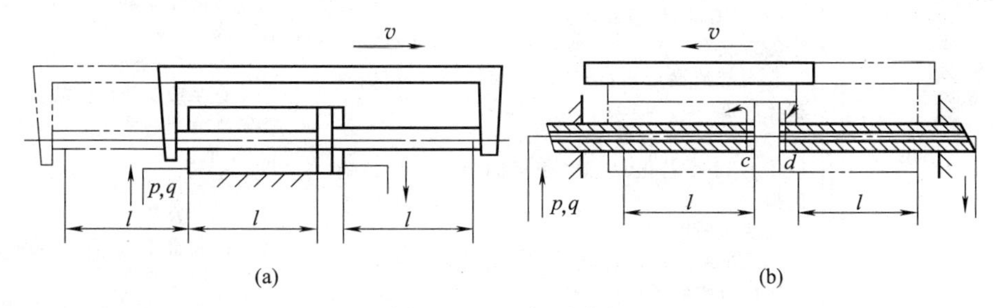

图 2-2-11 双杆活塞缸

双杆活塞缸的推力和速度可按下式计算

$$F=Ap=\frac{\pi}{4}(D^2-d^2)p \tag{2-2-7}$$

$$v=\frac{q}{A}=\frac{4q}{\pi(D^2-d^2)} \tag{2-2-8}$$

式中 A——液压缸有效工作面积；

F——液压缸的推力；

v——活塞（或缸体）的运动速度；

p——进油压力；

q——进入液压缸的流量；

D——液压缸内径；

d——活塞杆直径。

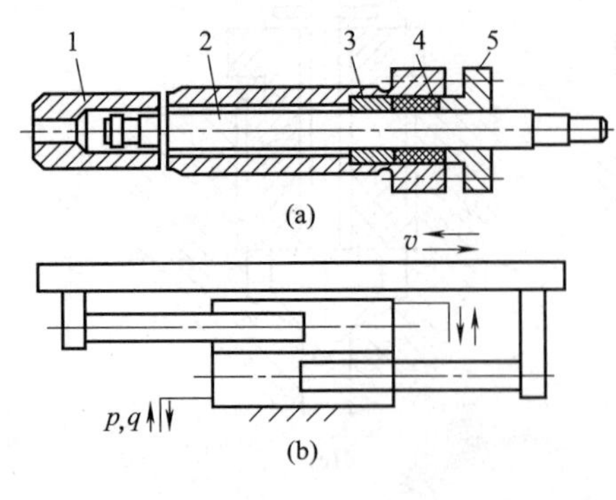

图 2-2-12 柱塞缸

1—缸筒；2—柱塞；3—导向套；4—密封圈；5—压盖

3. 柱塞式液压缸的认识

图 2-2-12（a）所示柱塞缸由缸筒 1、柱塞 2、导向套 3、密封圈 4 和压盖 5 等零件组成。柱塞由导向套 3 导向，与缸体内壁不接触，因而缸体内孔不需要精加工，工艺好，成本低。

柱塞端面受压，为了能输出较大的推力，柱塞一般较粗、较重。水平安装时易产生单边磨损，故柱塞缸适宜于垂直安装、使用，当水平安装时，为防止柱塞因自重而下垂，常制成空心柱塞并设置支承套和托架。

柱塞缸只能实现单向运动，它的回程需借助自重或其他外力来实现。在龙门刨床、导轨磨床、大型拉床等大行程设备的液压系统中，为了使工作台得到双向运动，柱塞缸常成对使用，如图 2-2-12（b）所示。

4. 液压缸常见故障分析及排除方法

液压缸常见故障分析及排除方法见表 2-2-2。

表 2-2-2 液压缸常见故障分析及排除方法

故障现象	原因分析		排除方法
（一）活塞杆不能动作	1. 压力不足	(1)油液未进入液压缸 ①换向阀未换向 ②系统未供油 (2)虽有油，但没有压力 ①系统有故障，主要是泵或溢流阀有故障 ②内部泄漏严重，活塞与活塞杆松脱，密封件损坏严重 (3)压力达不到规定值 ①密封件老化、失效，密封圈唇口装反或有破损 ②活塞环损坏 ③系统调定压力过低 ④压力调节阀有故障 ⑤通过调整阀的流量过小，液压缸内泄漏量增大时，流量不足，造成压力不足	(1)采取以下方法 ①检查换向阀未换向的原因并排除 ②检查液压泵和主要液压阀的故障原因并排除 (2)采取以下方法 ①检查泵或溢流阀的故障原因并排除 ②紧固活塞与活塞杆并更换密封件 (3)采取以下方法 ①更换密封件，并正确安装 ②更换活塞环 ③重新调整压力，直至达到要求值 ④检查原因并排除 ⑤调整阀的通过流量必须大于液压缸内泄漏量
	2. 压力已达到要求但仍不动作	(1)液压缸结构上的问题 ①活塞端面与缸筒端面紧贴在一起，工作面积不足，故不能启动 ②具有缓冲装置的缸筒上单向阀回路被活塞堵住 (2)活塞杆移动“别劲” ①缸筒与活塞，导向套与活塞杆配合间隙过小 ②活塞杆与夹布胶木导向套之间的配合间隙过小 ③液压缸装配不良（如活塞杆、活塞和缸盖之间同轴度差，液压缸与工作台平行度差） (3)液压回路引起的原因，主要是液压缸背压腔油液未与油箱相通，回油路上的调速阀节流口调节过小或连通回油的换向阀未动作	(1)采取以下方法 ①端面上要加一条通油槽，使工作液体迅速流进活塞的工作端面 ②缸筒的进出油口位置应与活塞端面错开 (2)采取以下方法 ①检查配合间隙，并配研到规定值 ②检查配合间隙，修刮导向套孔，达到要求的配合间隙 ③重新装配 (3)重新装配和安装，不合格零件应更换，检查原因并消除

续表

故障现象		原因分析	排除方法
（二）速度达不到规定值	1. 内泄漏严重	(1)密封件破损严重 (2)油的黏度太低 (3)油温过高	(1)更换密封件 (2)更换适宜黏度的液压油 (3)检查原因并排除
	2. 外载荷过大	(1)设计错误，选用压力过低 (2)工艺和使用错误，造成外载比预定值大	(1)核算后更换元件，调大工作压力 (2)按设备规定值使用
	3. 活塞移动时“别劲”	(1)加工精度差，缸筒孔锥度和圆度超差 (2)装配质量差 ①活塞、活塞杆与缸盖之间同轴度差 ②液压缸与工作台平行度差 ③活塞杆与导向套配合间隙过小	(1)检查零件尺寸，更换无法修复的零件 (2)采取以下方法 ①按要求重新装配 ②按照要求重新装配 ③检查配合间隙，修刮导向套孔，达到要求的配合间隙
	4. 脏物进入滑动部位	(1)油液过脏 (2)防尘圈破损 (3)装配时未清洗干净或带入脏物	(1)过滤或更换油液 (2)更换防尘圈 (3)拆开清洗，装配时要注意清洁
	5. 活塞在端部行程时速度急剧下降	(1)缓冲调节阀的节流口调节过小，在进入缓冲行程时，活塞可能停止或速度急剧下降 (2)固定式缓冲装置中节流孔直径过小 (3)缸盖上固定式缓冲节流环与缓冲柱塞之间间隙过小	(1)缓冲节流阀的开口度要调节适宜，并能起到缓冲作用 (2)适当加大节流孔直径 (3)适当加大间隙
	6. 活塞移动到中途发现速度变慢或停止	(1)缸筒内径加工精度差，表面粗糙，使内泄量增大 (2)缸壁胀大，当活塞通过增大部位时，内泄漏量增大	(1)修复或更换缸筒 (2)更换缸筒
（三）液压缸产生爬行	1. 液压缸活塞杆运动“别劲”	参见本表（二）3	参见本表（二）3
	2. 缸内进入空气	(1)新液压缸，修理后的液压缸或设备停机时间过长的缸，缸内有气或液压缸管道中排气未排净 (2)缸内部形成负压，从外部吸入空气 (3)从缸到换向阀之间管道的容积比液压缸内容积大得多，液压缸工作时，这段管道上油液未排完，所以空气也很难排净 (4)泵吸入空气（参见液压泵故障） (5)油液中混入空气（参见液压泵故障）	(1)空载大行程往复运动，直到把空气排完 (2)先用油脂封住结合面和接头处，若吸空情况有好转，则把紧固螺钉和接头拧紧 (3)可在靠近液压缸的管道中取高处加排气阀。拧开排气阀，活塞在全行程情况下运动多次，把气排完后再把排气阀关闭 (4)参见液压泵故障的消除对策 (5)参见液压泵故障的消除对策
（四）缓冲装置故障	1. 缓冲作用过度	(1)缓冲调节阀的节流口开口过小 (2)缓冲柱塞“别劲”（如柱塞头与缓冲环间隙太小，活塞倾斜或偏心） (3)在柱塞头与缓冲环之间有脏物 (4)固定式缓冲装置柱塞头与衬套之间间隙太小	(1)将节流口调节到合适位置并紧固 (2)拆开清洗适当加大间隙，不合格的零件应更换 (3)修去毛刺和清洗干净 (4)适当加大间隙

续表

故障现象		原因分析	排除方法
(四)缓冲装置故障	2. 缓冲作用失灵	(1)缓冲调节阀处于全开状态 (2)惯性能量过大 (3)缓冲调节阀不能调节 (4)单向阀处于全开状态或单向阀阀座封闭不严 (5)活塞上密封件破损,当缓冲腔压力升高时,工作液体从此腔向工作压力一侧倒流,故活塞不减速 (6)柱塞头或衬套内表面上有伤痕 (7)镶在缸盖上的缓冲环脱落 (8)缓冲柱塞锥面长度和角度不适宜	(1)调节到合适位置并紧固 (2)应设计合适的缓冲机构 (3)修复或更换 (4)检查尺寸,更换锥阀芯或钢球,更换弹簧,并配研修复 (5)更换密封件 (6)修复或更换 (7)更换新缓冲环 (8)修正
	3. 缓冲行程段出现“爬行”	(1)加工不良,如缸盖、活塞端面的垂直度不合要求,在全长上活塞与缸筒间隙不匀,缸盖与缸筒不同心;缸筒内径与缸盖中心线偏差大,活塞与螺母端面垂直度不合要求造成活塞杆挠曲等 (2)装配不良,如缓冲柱塞与缓冲环相配合的孔有偏心或倾斜等	(1)对每个零件均仔细检查,不合格的零件不准使用 (2)重新装配确保质量
(五)有外泄漏	1. 装配不良	(1)液压缸装配时端盖装偏,活塞杆与缸筒不同心,使活塞杆伸出困难,加速密封件磨损 (2)液压缸与工作台导轨面平行度差,使活塞伸出困难,加速密封件磨损 (3)密封件安装差错,如密封件划伤、切断,密封唇装反,唇口破损或轴倒角尺寸不对,密封件装错或漏装 (4)密封压盖未装好 ①压盖安装有偏差 ②紧固螺钉受力不匀 ③紧固螺钉过长,使压盖不能压紧	(1)拆开检查,重新装配 (2)拆开检查,重新安装,并更换密封件 (3)更换并重新安装密封件 (4)采取以下方法 ①重新安装 ②重新安装,拧紧螺钉,使其受力均匀 ③按螺孔深度合理选配螺钉长度
	2. 密封件质量问题	(1)保管期太长,密封件自然老化失效 (2)保管不良,变形或损坏 (3)胶料性能差,不耐油或胶料与油液相容性差 (4)制品质量差,尺寸不对,公差不符合要求	更换
	3. 活塞杆和沟槽加工质量差	(1)活塞杆表面粗糙,活塞杆头部倒角不符合要求或未倒角 (2)沟槽尺寸及精度不符合要求 ①设计图纸有错误 ②沟槽尺寸加工不符合标准 ③沟槽精度差,毛刺多	(1)表面粗糙度应为 $Ra0.2\mu m$,并按要求倒角 (2)采取以下方法 ①按有关标准设计沟槽 ②检查尺寸,并修正到要求尺寸 ③修正并去毛刺
	4. 油的黏度过低	(1)用错了油品 (2)油液中渗有其他牌号的油液	更换适宜的油液
	5. 油温过高	(1)液压缸进油口阻力太大 (2)周围环境温度太高 (3)泵或冷却器等有故障	(1)检查进油口是否畅通 (2)采取隔热措施 (3)检查原因并排除
	6. 高频振动	(1)紧固螺钉松动 (2)管接头松动 (3)安装位置产生移动	(1)应定期紧固螺钉 (2)应定期紧固接头 (3)应定期紧固安装螺钉
	7. 活塞杆拉伤	(1)防尘圈老化、失效,侵入砂粒、切屑等脏物 (2)导向套与活塞杆之间的配合太紧,使活动表面产生过热,造成活塞杆表面铬层脱落而拉伤	(1)清洗更换防尘圈,修复活塞杆表面拉伤处 (2)检查清洗,用刮刀修刮导向套内径,达到配合间隙

5. 液压马达的认识

(1) 液压马达的工作原理及应用　常用的液压马达的结构与同类型的液压泵很相似，下面对齿轮马达、叶片马达、轴向柱塞马达和摆动马达的工作原理作一介绍。

① 齿轮液压马达　图 2-2-13 (a) 为齿轮式液压马达的工作原理图。图 2-2-13 (a) 中 c 点为两齿轮的啮合点，设齿轮的齿高为 h，啮合点到两个齿根的距离分别为 s_1 和 s_2。由于 s_1 与 s_2 均小于 h，故当压力油作用在齿面上时（如图 2-2-13 中箭头所示），两个齿轮上就各有一个使它们产生转矩的作用力 $p(h-s_1)b$ 和 $p(h-s_2)b$，其中 p 为输入油液的压力，b 为齿宽。在上述作用力的作用下，两齿轮按图示方向回转，并把油液带到低压腔排出。图 2-2-13 (b) 为齿轮式液压马达。

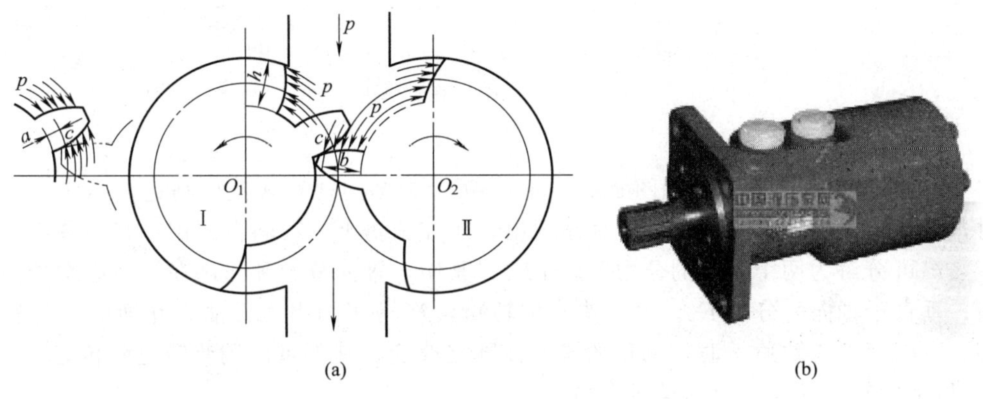

图 2-2-13　外啮合齿轮液压马达

齿轮马达在结构上为了适应正反转要求，进出油口相等、具有对称性、有单独外泄油口将轴承部分的泄漏油引出壳体外；为了减少启动摩擦力矩，采用滚动轴承；为了减少转矩脉动，齿轮液压马达的齿数比泵的齿数要多。

由于密封性能差，容积效率较低，不能产生较大的转矩，且瞬时转速和转矩随啮合点而变化，因此仅用于高速小转矩的场合，如工程机械、农业机械及对转矩均匀性要求不高的设备。

② 叶片式液压马达　图 2-2-14 (a) 所示为叶片式液压马达的工作原理图。图 2-2-14 (b) 所示为叶片式液压马达。

当压力为 p 的油液从进油口进入叶片 1 和 3 之间时，叶片 2 因两面均受液压油的作用所以不产生转矩。叶片 1、3 上，一面作用有压力油，另一面为低压油。由于叶片 3 伸出的面积大于叶片 1 伸出的面积，因此作用于叶片 3 上的总液压力大于作用于叶片 1 上的总液压力，于是压力差使转子产生顺时针的转矩。同样道理，压力油进入叶片 5 和 7 之间时，叶片 7 伸出的面积大于叶片 5 伸出的面积，也产生顺时针转矩。这样，就把油液的压力能转变成了机械能，这就是叶片马达的工作原理。当输油方向改变时，液压马达就反转。

当定子的长短径差值越大，转子的直径越大，以及输入的压力越高时，叶片马达输出的转矩也越大。

叶片式液压马达体积小，转动惯量小，动作灵敏，可适用于换向频率较高的场合，但泄漏量较大，低速工作时不稳定。因此叶片式液压马达一般用于转速高、转矩小和动作要求灵敏的场合。

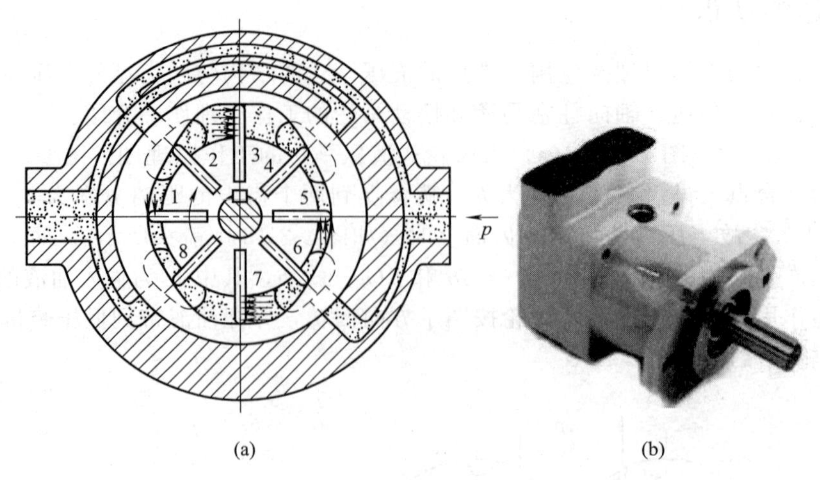

(a) (b)

图 2-2-14 叶片式液压马达

1～8—叶片

③ 轴向柱塞式液压马达 如图 2-2-15（a）所示为轴向柱塞式液压马达，当压力油输入马达时，处于压力腔（进油腔）的柱塞被顶出，压在斜盘上。设斜盘作用在某一柱塞上的反力为 F，F 可分解为两个方向的分力 F_x 和 F_y，其中，轴向分力和作用在柱塞后端的液压力相平衡；垂直于轴向的分力 F_y，使缸体产生转矩，当马达的进、回油口互换时，马达将反向转动。当改变斜盘倾角 γ 时，马达的排量便随之改变，从而可以调节转速或转矩。图 2-2-15（b）所示为轴向柱塞式液压马达实物。

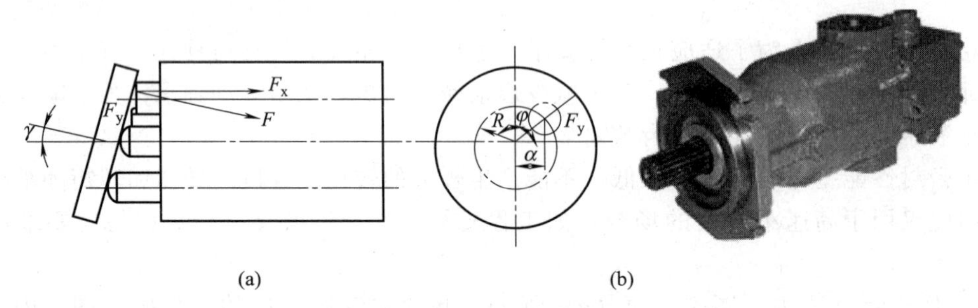

(a) (b)

图 2-2-15 轴向柱塞式液压马达

以上分析的是一个柱塞产生转矩的情况，而在压油区作用有好几个柱塞，在这些柱塞上所产生的转矩都使缸体旋转，并输出转矩。径向柱塞液压马达多用于低速大转矩的情况下。

④ 摆动液压马达 图 2-2-16（a）是单叶片摆动液压马达。若从油口Ⅰ通入高压油，叶片作逆时针摆动，低压力从油口Ⅱ排出。因叶片与输出轴连在一起，帮输出轴摆动，同时输出转矩、克服负载。

此类摆动液压马达的工作压力小于 10MPa，摆动角度小于 280°。由于径向力不平衡，叶片和壳体、叶片和挡块之间密封困难，限制了其工作压力的进一步提高，从而也限制了输出转矩的进一步提高。

图 2-2-16（b）是双叶片式摆动液压马达。在径向尺寸和工作压力相同的条件下，分别是单叶片式摆动马达输出转矩的 2 倍，但回转角度要相应减少，双叶片式摆动马达的回转角度一般小于 120°。

图 2-2-16（c）是摆动液压马达的图形符号。图 2-2-16（d）是摆动液压马达实物。

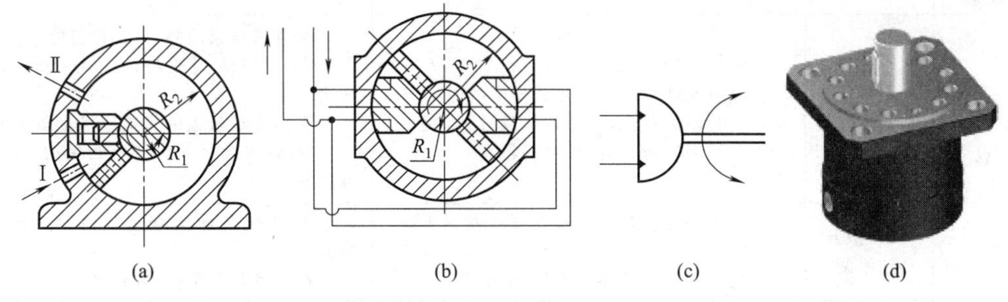

图 2-2-16　摆动液压马达

（2）液压马达的选用及故障分析　选择液压马达时，应考虑以下几个因素：

① 首先根据负载转矩和转速要求，确定马达所需的转矩和转速大小；

② 根据负载和转速确定液压马达的工作压力和排量大小；

③ 根据执行元件的转速要求确定采用定量马达还是变量马达；

④ 对于液压马达不能直接满足负载转矩和转速要求的，可以考虑配置减速机构。

液压马达的种类很多，特性不一样，应针对具体用途选择合适的液压马达。低速场合可以用低速马达，也可以用带减速装置的高速马达。二者在结构布置、占用空间、成本、效率等方面各有优点，必须仔细论证。

常用液压马达的性能比较如表 2-2-3 所示。液压马达常见故障及处理如表 2-2-4 所示。

表 2-2-3　常用液压马达的性能比较

类型	压力	排量	转速	转矩	性能及适用工况
齿轮马达	中低	小	高	小	结构简单，价格低，抗污染性好，效率低，用于负载转矩不大，速度平稳性要求不高，噪声限制不大及环境粉尘较大的场合
叶片马达	中	小	高	小	结构简单，噪声和流量脉动小，适于负载转矩不大，速度平稳性和噪声要求较高的条件
轴向柱塞马达	高	小	高	较大	结构复杂，价格高，抗污染性差，效率高，可变量，用于高速运转，负载较大，速度平稳性要求较高的场合
曲柄连杆式径向柱塞马达	高	大	低	大	结构复杂，价格高，低速稳定性和启动性能较差，适于负载转矩大，速度低（5～10r/min），对运动平稳性要求不高的场合
静力平衡马达	高	大	低	大	结构复杂，价格高，尺寸比曲柄连杆式径向柱塞马达小，适于负载转矩大，速度低（5～10r/min），对运动平稳性要求不高的场合
内曲线径向柱塞马达	高	大	低	大	结构复杂，价格高，径向尺寸较大，低速稳定性和启动性能好，适于负载转矩大，速度低（0～40r/min），对运动平稳性要求高的场合，用于直接驱动工作机构

表 2-2-4　液压马达常见故障及处理

故障现象	原因分析		消除方法
（一）转速低转矩小	1. 液压泵供油量不足	①电动机转速不够 ②吸油过滤器滤网堵塞 ③油箱中油量不足或吸油管径过小造成吸油困难 ④密封不严，泄漏，空气侵入内部 ⑤油的黏度过大 ⑥液压泵轴向及径向间隙过大、内泄增大	①找出原因，进行调整 ②清洗或更换滤芯 ③加足油量、适当加大管径，使吸油通畅 ④拧紧有关接头，防止泄漏或空气侵入 ⑤选择黏度小的油液 ⑥适当修复液压泵

续表

故障现象	原因分析		消除方法
(一)转速低转矩小	2. 液压泵输出油压不足	①液压泵效率太低 ②溢流阀调整压力不足或发生故障 ③油管阻力过大(管道过长或过细) ④油的黏度较小,内部泄漏较大	①检查液压泵故障,并加以排除 ②检查溢流阀故障,排除后重新调高压力 ③更换孔径较大的管道或尽量减少长度 ④检查内泄漏部位的密封情况,更换油液或密封
	3. 液压马达泄漏	①液压马达结合面没有拧紧或密封不好,有泄漏 ②液压马达内部零件磨损,泄漏严重	①拧紧接合面检查密封情况或更换密封圈 ②检查其损伤部位,并修磨或更换零件
	4. 失效	配油盘的支承弹簧疲劳,失去作用	检查、更换支承弹簧
(二)泄漏	1. 内部泄漏	①配油盘磨损严重 ②轴向间隙过大 ③配油盘与缸体端面磨损,轴向间隙过大 ④弹簧疲劳 ⑤柱塞与缸体磨损严重	①检查配油盘接触面,并加以修复 ②检查并将轴向间隙调至规定范围 ③修磨缸体及配油盘端面 ④更换弹簧 ⑤研磨缸体孔、重配柱塞
	2. 外部泄漏	①油端密封圈磨损 ②盖板处的密封圈损坏 ③结合面有污物或螺栓未拧紧 ④管接头密封不严	①更换密封圈并查明磨损原因 ②更换密封圈 ③检查、清除,并拧紧螺栓 ④拧紧管接头
(三)噪声	①密封不严,有空气侵入内部 ②液压油被污染,有气泡混入 ③联轴器不同心 ④液压油黏度过大 ⑤液压马达的径向尺寸严重磨损 ⑥叶片已磨损 ⑦叶片与定子接触不良,有冲撞现象 ⑧定子磨损		①检查有关部位的密封,紧固各连接处 ②更换清洁的液压油 ③校正同心 ④更换黏度较小的油液 ⑤修磨缸孔。重配柱塞 ⑥尽可能修复或更换 ⑦进行修整 ⑧进行修复或更换。如因弹簧过硬造成磨损加剧,则应更换刚度较小的弹簧

【知识扩展】 其他液压缸简介

1. 摆动缸

摆动缸又称为摆动马达，它是输出转矩并实现往复摆动的执行元件。它有单叶片和双叶片两种形式，图 2-2-17（a）、（b）为其工作原理图。它们由缸体 1、叶片 2、定子块 3、摆动输出轴 4、两端支承盘及端盖等零件组成。定子块固定在缸体上，叶片与输出轴连为一体。当两油口交替通入压力油时，叶片即带动输出轴作往复摆动。

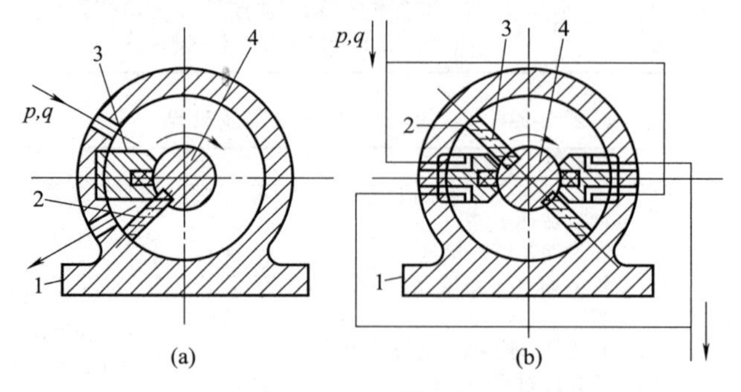

图 2-2-17 摆动缸

1—缸体；2—叶片；3—定子块；4—摆动输出轴

若叶片的宽度为 b，缸的内径为 D，输出轴直径为 d，叶片数为 z，在仅有压力为 p、流量为 q 且不计回油腔压力时，摆动缸输出的转矩 T 和回转角速度 ω 为

$$T=zpb\frac{D-d}{2}\times\frac{D+d}{2}=\frac{zpb(D^2-d^2)}{4} \tag{2-2-9}$$

$$\omega=\frac{pq}{T}=\frac{4q}{zb(D^2-d^2)} \tag{2-2-10}$$

单叶片缸的摆动角一般不超过 280°。当其他结构尺寸相同时，双叶片缸的输出转矩是单叶片缸的两倍，而摆动角度为单叶片缸的一半（一般不超过 150°）。

摆动缸常用于机床的送料装置、间歇进给机构、回转夹具、工业机器人手臂和手腕的回转装置及工程机械回转机构等的液压系统中。

2. 增压缸

增压缸能将输入的低压油转变为高压油，供液压系统中的某一支油路使用。它由大、小直径分别为 D 和 d 的复合缸筒及有特殊结构的复合活塞等组成，如图 2-2-18 所示。

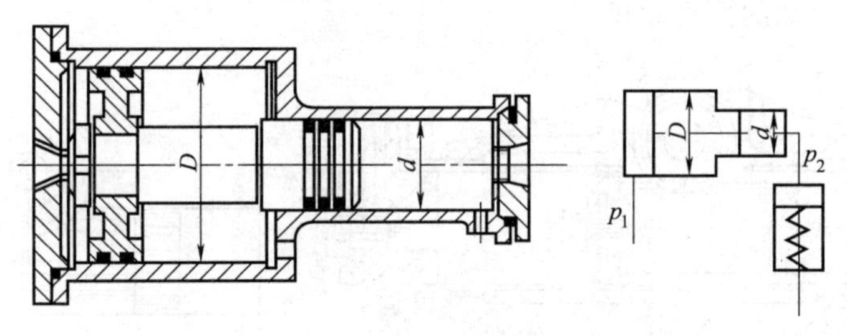

图 2-2-18　增压缸

若输入增压缸大端的压力为 p_1，小端输出油的压力为 p_2，且不计摩擦阻力，则根据力学平衡的关系有

$$\frac{\pi}{4}D^2p_1=\frac{\pi}{4}d^2p_2$$

故

$$p_2=\frac{D^2}{d^2}p_1 \tag{2-2-11}$$

式中　D^2/d^2——增压比。

由式（2-2-11）可知，当 $D=2d$ 时，$p_2=4p_1$，即可增压 4 倍。

应该指出，增压缸只能将高压端输出油通入其他液压缸以获得大的推力，其本身不能直接作为执行元件。所以安装时应尽量使它靠近执行元件。

增压缸常用于压铸机、造型机等设备的液压系统中。

3. 伸缩缸

伸缩缸由两级或多级活塞套装而成，如图 2-2-19 所示。前一级的活塞与后一级的缸筒连为一体（图中活塞 2 与缸筒 3 连为一体）。活塞伸出的顺序是先大后小，相应的推力也是由大到小，而伸出时的速度是由慢到快。活塞缩回的顺序，一般是先小后大，而缩回的速度是由快到慢。

伸缩缸活塞杆伸出时行程大，而缩回后结构尺寸小，适用于起重运输车辆等需占空间小的机械上。例如，起重机伸缩臂缸、自卸汽车举升缸等。

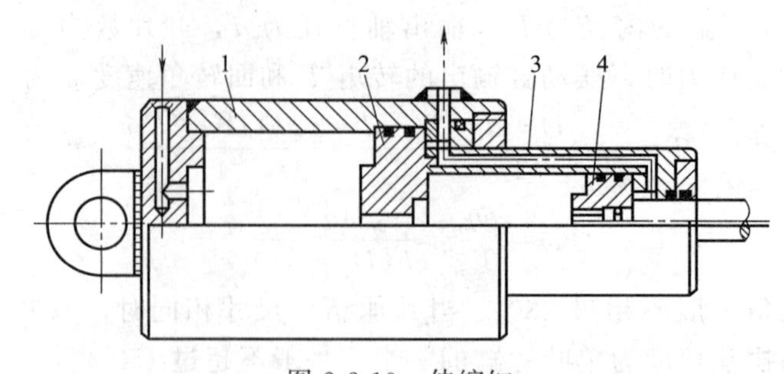

图 2-2-19　伸缩缸

1——一级缸筒；2——一级活塞；3——二级缸筒；4——二级活塞

4. 齿条活塞缸

齿条活塞缸由带齿条杆身的双活塞缸及齿条机构组成，如图 2-2-20 所示。它将活塞的直线往复运动转变为齿轮轴的往复摆动。调节缸两端盖上的螺钉，可调节活塞杆移动的距离，也即调节了齿轮轴的摆动角度。

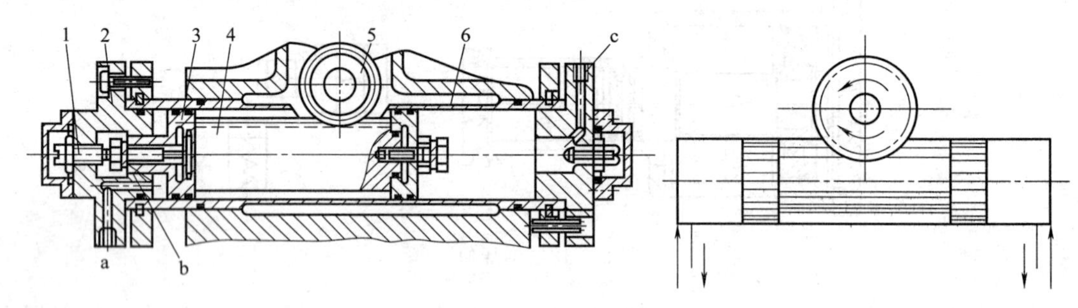

图 2-2-20　齿条活塞缸

1—调节螺钉；2—端盖；3—活塞；4—齿条活塞杆；5—齿轮；6—缸体

齿条活塞缸常用于机械手、回转工作台、回转夹具、磨床进给系统等转位机构的驱动。

【思考与练习】

1. 液压马达的排量 $V_m=100$mL/r，入口压力 $p_1=10$MPa，出口压力 $p_2=0.5$MPa，容积效率 $\eta_{Vm}=0.95$，机械效率 $\eta_{mm}=0.85$，若输入流量 $q_m=50$L/min，求马达转速 n_m、转矩 T_m、输入功率 P_{im}和输出功率 P_{om}各为多少？

2. 双活塞杆液压缸有什么特点？缸体固定式和活塞固定式各有什么特点？

3. 什么叫做差动液压缸？差动液压缸在实际应用中有什么优点？

4. 液压缸为什么要设置缓冲装置？试说明缓冲装置的工作原理。

5. 液压缸工作时出现漏油现象是什么原因？怎样解决？

6. 液压缸工作时为什么会出现爬行现象？如何排除？

7. 活塞与活塞杆的连接方式有哪些？

8. 如图为两结构尺寸相同的液压缸，$A_1=100\text{cm}^2$，$A_2=80\text{cm}^2$，$p_1=0.9$MPa，$q_1=15$L/min。若不计摩擦损失和泄漏，试求：

（1）当两缸负载相同（$F_1=F_2$）时，两缸能承受的负载是多少？

（2）此时，两缸运动的速度各为多少？

9. 如图所示三种形式的液压缸，活塞和活塞杆直径分别为 D、d，如进入液压缸的流量

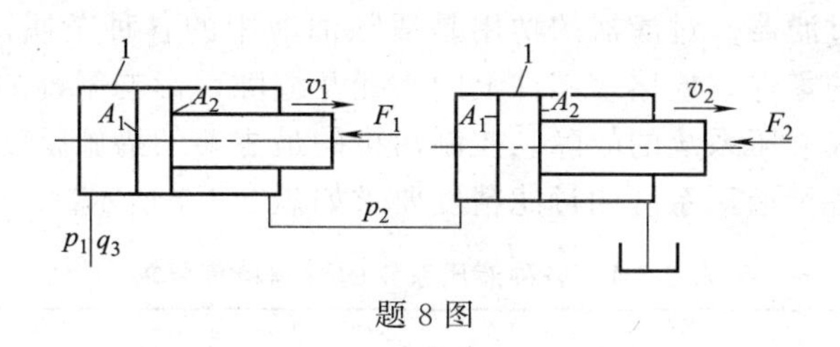

题 8 图

为 q，压力为 p，若不计压力损失和泄漏，试分别计算各缸产生的推力、运动速度大小和运动方向。

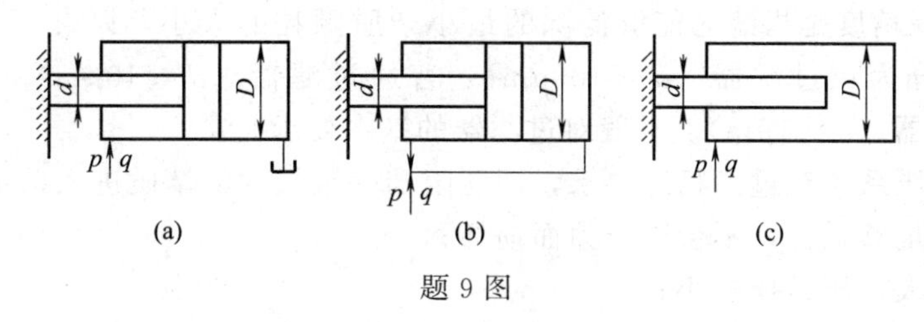

题 9 图

任务3　机床液压系统辅助元件的认识

【任务目标】

1. 掌握各种液压辅件的结构原理、作用。
2. 熟悉各类液压辅助元件的使用方法及应用场合。

【任务描述】

拆装、清洗机床液压系统，观察油箱、滤油器、管路等辅助元件的结构，了解其作用。

【知识准备】

液压系统中的辅助元件是指除液压动力元件、执行元件、控制元件之外的其他组成元件，它们是组成液压传动系统必不可少的一部分，对系统的性能、效率、温升、噪声和寿命的影响极大。这些元件主要包括蓄能器、过滤器、油箱、管件和密封件等。它们在液压系统中虽然只起辅助作用，但如果选择或使用不当，不但会直接影响系统的工作性能和使用寿命，甚至会使系统发生故障，因此必须给予足够的重视。

1. 蓄能器

蓄能器是液压系统中的储能元件，它的作用是储存系统中多余的压力油，并在系统需要时释放出来。

根据加载方式的不同，蓄能器的结构形式有重力加载式（亦称重锤式）、弹簧加载式（亦称弹簧式）和气体加载式三类。以气体加载式应用最广，常用的有活塞式和气囊式两种蓄能器。

2. 过滤器

（1）过滤器作用与使用要求　在液压系统故障中，近 80％是由于油液污染引起，故在液压系统中必须使用过滤器。过滤器的功用是清除油液中的各种杂质，以免其划伤、磨损、甚至卡死有相对运动的零件，或堵塞零件上的小孔及缝隙，影响系统的正常工作，降低液压元件的寿命，甚至造成液压系统的故障。控制污染的最主要的措施是使用具有一定过滤精度的过滤器进行过滤。各种液压系统的过滤精度要求如表 2-3-1 所示。

表 2-3-1　各种液压系统的过滤精度要求

系统类别	润滑系统	传动系统			伺服系统
工作压力/MPa	0～2.5	≤14	14～32	＞32	≤21
精度 $d/\mu m$	≤100	25～50	≤25	≤10	≤5

过滤器的过滤精度是指滤芯能够滤除的最小杂质颗粒的大小，以直径 d 作为公称尺寸表示，按精度可分为粗过滤器（$d<100\mu m$）、普通过滤器（$d<10\mu m$）、精过滤器（$d<5\mu m$）、特精过滤器（$d<1\mu m$）。一般对过滤器的基本要求是：

① 能满足液压系统对过滤精度要求，即能阻挡一定尺寸的杂质进入系统；

② 滤芯应有足够强度，不会因压力而损坏；

③ 通流能力大，压力损失小；

④ 易于清洗或更换滤芯。

(2) 类型　按滤芯的材料和结构形式，过滤器可分为网式、线隙式，纸质滤芯式、烧结式过滤器及磁性过滤器等。按过滤器安放的位置不同，还可以分为吸滤器、压滤器和回油过滤器，考虑到泵的自吸性能，吸油过滤器多为粗滤器。

3. 油箱

油箱在液压系统中的功用是储存系统工作所需的液压油、散发系统工作时产生的热量、沉淀油液中的杂质及逸出油液中的气体和水分。

液压系统中的油箱有整体式和分离式两种。整体式油箱利用主机的内腔作为油箱，这种油箱结构紧凑，各处漏油易于回收，但增加了设计和制造的复杂性，维修不便，散热条件不好，且会使主机产生热变形。分离式油箱单独设置，与主机分开，减少了油箱发热和液压源振动对主机工作精度的影响，因此得到了普遍的应用，特别在精密机械上。

按油面是否与大气相通，油箱又可分为开式油箱与闭式油箱。开式油箱广泛用于一般的液压系统；闭式油箱则用于水下和高空无稳定气压的场合。

4. 压力表与压力表开关

液压系统中某些部位（如液压泵的出油口、主要执行元件的进油口等）必须设置压力检测和显示装置，以便调整和控制其压力。压力检测装置通常采用压力表及压力传感器。

压力表一般通过压力表开关与油路连接。

(1) 压力表　观察液压系统中各工作点的油液压力，以便操作人员把系统的压力调整到要求的工作压。

(2) 压力表开关　压力表开关是接通或断开压力表与测量位置处油路的通道。

5. 油管与管接头

(1) 油管　液压传动中，常用的油管有钢管、紫铜管、尼龙管、塑料管、橡胶软管。须按照安装位置、工作环境和工作压力来正确选用

(2) 管接头　管接头用于管道和管道、管道和其他液压元件之间的连接。对管接头的主

要要求是安装、拆卸方便，抗振动、密封性能好。

目前用于硬管连接的管接头形式主要有扩口式管接头、卡套式管接头和焊接式管接头三种。用于软管连接主要有扣压式。

6. 密封装置

密封装置主要功用就是防止液压油的泄漏。液压系统如果密封不良，可能出现不允许的外泄漏，外漏的油液将会污染环境；还可能使空气进入吸油腔，影响液压泵的工作性能和液压执行元件运动的平稳性（爬行）；泄漏严重时，系统容积效率过低，甚至工作压力达不到要求值。若密封过度，虽可防止泄漏，但会造成密封部分的剧烈磨损，缩短密封件的使用寿命，增大液压元件内的运动摩擦阻力，降低系统的机械效率。因此，合理地选用和设计密封装置在液压系统的设计中十分重要。

（1）系统对密封装置的要求

① 在工作压力和一定的温度范围内，应具有良好的密封性能，并随着压力的增加能自动提高密封性能；

② 密封装置和运动件之间的摩擦力要小，摩擦因数要稳定；

③ 抗腐蚀能力强，不易老化，工作寿命长，耐磨性好，磨损后在一定程度上能自动补偿；

④ 结构简单，使用、维护方便，价格低廉。

（2）常用密封装置　密封按其工作原理来分可分为非接触式密封和接触式密封。前者主要指间隙密封，后者指密封件密封。

【任务实施】

1. 场地及设备

（1）场地　液压实训室、实训基地。

（2）设备　机床液压工作台，各种辅助元件、拆装清洗工具等。

2. 蓄能器的认识

（1）蓄能器的类型结构　图 2-3-1（a）为蓄能器的实物，结构形式如图 2-3-1（b）所示，图形符号如图 2-3-1（c）所示。

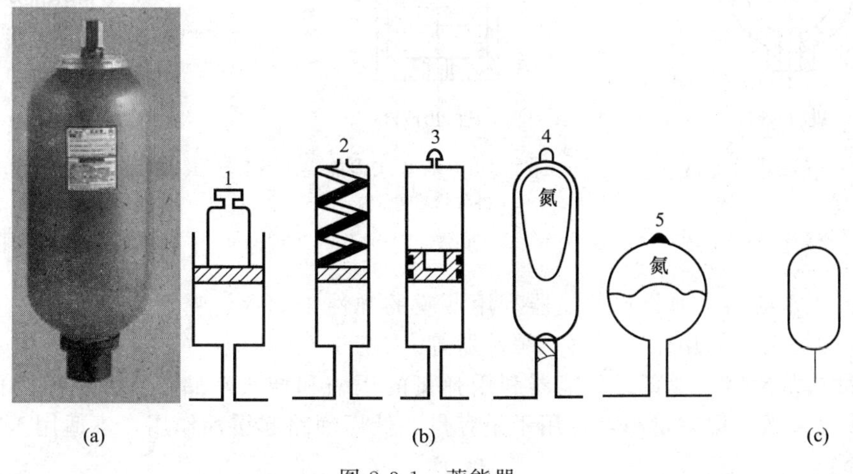

图 2-3-1　蓄能器

① 气瓶式蓄能器　如图 2-3-2 所示。它由一个封闭的壳体 3 形成容器，在壳体的下部有一个进、出液口与液压系统相连，顶部有一个进气孔 1，安装充气阀充入压缩气体。这种蓄能器结构简单、容量大、体积小、惯性小、反应灵敏、占地面积小。其缺点是：气体 2 与液体 4 直接接触，气体容易被液体吸收，使系统工作不稳定；气体消耗量大，必须经常充气；只能垂直安放，以确保气体被封在壳体上部。因此，该蓄能器只适用于低、中压大流量系统。

② 活塞式蓄能器　如图 2-3-3 所示。它利用活塞 3 将容器分成气室 2 和油室 4，将气体与液体隔开，利用气体压缩和膨胀来储存和释放液压能。压缩气体由充气阀经进气口 1 进入气室，液压油由壳体下部进、出液口进入油室，活塞 3 随着油室中油压的增减在壳体内上、下移动，向上移动气体受到压缩就储能，向下移动就释放能量。充气压力为液压系统最低工作压力的 80%～90%。这种蓄能器结构简单、工作可靠、容易安装、维修方便、寿命长。但活塞惯性和摩擦阻力较大、反应不灵敏、容量不大、密封要求较高，此外密封件磨损后，会使气液混合，影响系统工作的稳定性，不适宜用于缓和液压冲击、脉动以及低压系统。主要用于中、高压系统储能。

③ 气囊式蓄能器　如图 2-3-4 所示。主要由壳体 2、气囊 3、充气阀 1 和提升阀 4 等组成。皮囊用耐油橡胶制成，固定在耐高压的壳体的上部，皮囊内充入惰性气体，壳体下端的提升阀 4 由弹簧加菌形阀构成，压力油由此通入，并能在油液全部排出时，防止皮囊膨胀挤出油口。这种结构使气、液密封可靠，并且因皮囊惯性小而克服了活塞式蓄能器响应慢的弱点，因此，它的应用范围非常广泛，但气囊和壳体制造较困难，工艺性较差。用于储能、吸收液压冲击和脉动。

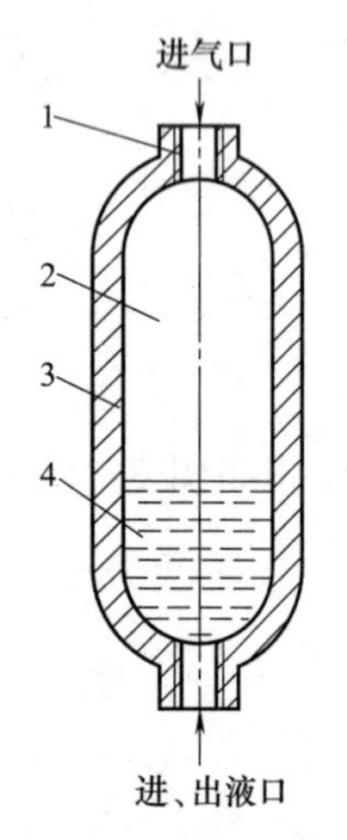

图 2-3-2　气瓶式蓄能器

1—进气孔；2—气体；3—壳体；4—液体

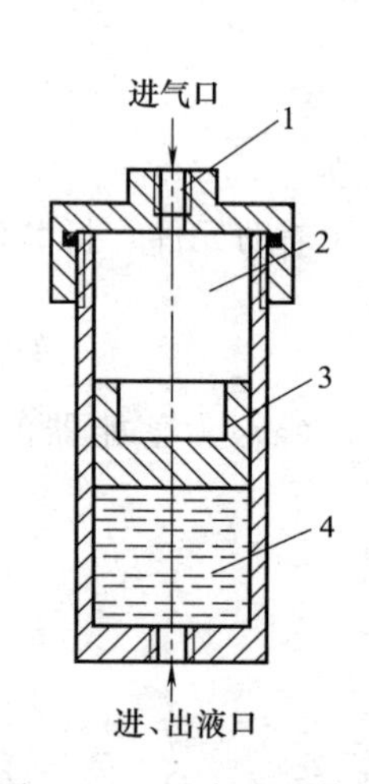

图 2-3-3　活塞式蓄能器

1—进气口；2—气室；3—活塞；4—油室

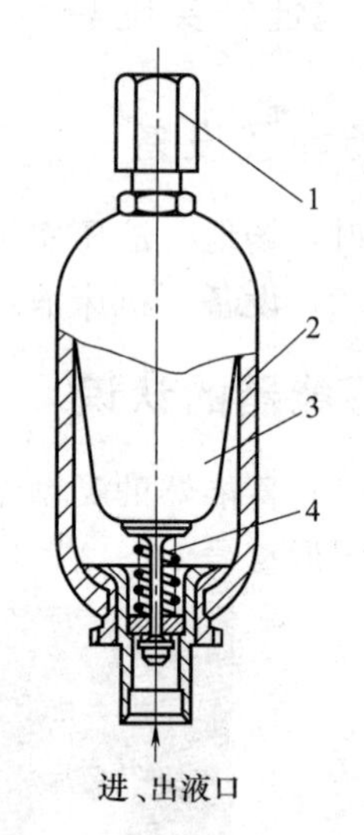

图 2-3-4　气囊式蓄能器

1—充气阀；2—壳体；3—气囊；4—提升阀

④ 薄膜式蓄能器　薄膜式蓄能器利用薄膜的弹性来储存、释放压力能，主要用于体积和流量较小的情况，如用作减震器、缓冲器等。

⑤ 弹簧式蓄能器　弹簧式蓄能器利用弹簧的压缩和伸长来储存、释放压力能，它的结构简单，反应灵敏，但容量小，可用于小容量、低压回路起缓冲作用，不适用于高压或高频的工作场合。

⑥ 重力式蓄能器　重力式蓄能器主要用冶金等大型液压系统的恒压供油，其缺点是反应慢，结构庞大，现在已很少使用。

（2）蓄能器的用途　蓄能器的主要功用有以下几个方面。

① 间歇工作或实现周期性动作循环的液压系统中，蓄能器可以把液压泵输出的多余压力油储存起来。当系统需要时，由蓄能器释放出来。这样可以减少液压泵的额定流量，从而减小电机功率消耗，降低液压系统温升。如图 2-3-5（a）所示。

② 系统保压或作紧急动力源。对于执行元件长时间不动作，而要保持恒定压力的系统，可用蓄能器来补偿泄漏，从而使压力恒定。对某些系统要求当泵发生故障或停电时，执行元件应继续完成必要的动作，这时需要有适当容量的蓄能器作紧急动力源。如图 2-3-5（b）所示。

③ 吸收系统脉动，缓和液压冲击。蓄能器能吸收系统压力突变时的冲击，如液压泵突然启动或停止；液压阀突然关闭或开启；液压缸突然运动或停止；也能吸收液压泵工作时的流量脉动所引起的压力脉动，相当于油路中的平滑滤波，这时需在泵的出口处并联一个反应灵敏而惯性小的蓄能器。如图 2-3-5（c）所示。

④ 回收能量。蓄能器在液压系统节能中的一个有效应用是将运动部件的动能和下落质量的位能以压力能的形式加以回收和利用，从而减小系统能量损失和由此引起的发热。如为了防止行走车辆在频繁制动中将动能全部经制动器转化为热能，可在车辆行走系统的机械传动链中加入蓄能器，将动能以压力能的形式进行回收利用。如图 2-3-5（d）所示。

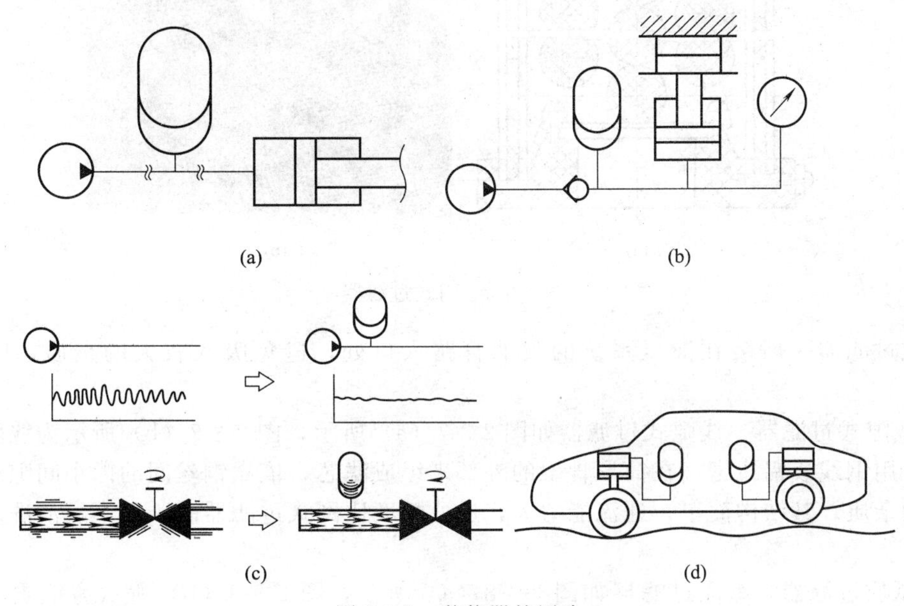

图 2-3-5　蓄能器的用途

（3）蓄能器的安装、使用与维护　蓄能器安装的位置除应考虑便于检修外，对用于补油保压的蓄能器，应尽可能安装在执行元件的附近；而用于缓和液压冲击、吸收压力脉动的蓄能器，应装在冲击源或脉动源的近旁，选择蓄能器时，需计算蓄能器的容量，其计算方法可参阅有关手册。

蓄能器的安装、使用与维护应注意的事项如下：

① 蓄能器作为一种压力容器，选用时必须采用有完善质量体系保证并取得有关部门认可的产品；

② 选择蓄能器时必须考虑与液压系统工作介质的相容性；

③ 气囊式蓄能器应垂直安装，油口向下，否则会影响气囊的正常收缩；

④ 不同蓄能器适用工作范围也不相同，例如气囊强度不高，不能随很大的压力波动，而且只能在－20～70℃的温度范围内工作；

⑤ 安装在管路中的蓄能器必须用支架或支承板加以固定；

⑥ 蓄能器与管路之间应安装截止阀，以便于充气检修；蓄能器与液压泵之间应安装单向阀，以防止液压泵停车或卸载时，蓄能器内的液压油倒流回液压泵。

3. 过滤器的认识

（1）过滤器的种类和典型结构

① 网式过滤器　图 2-3-6（a）所示为网式过滤器，图 2-3-6（b）所示为网式过滤器滤芯，其滤芯以铜网为过滤材料，在周围开有很多孔的塑料或金属筒形骨架上，包着一层或两层铜丝网，其过滤精度取决于铜网层数和网孔的大小。这种过滤器结构简单，通流能力大，清洗方便，但过滤精度低。

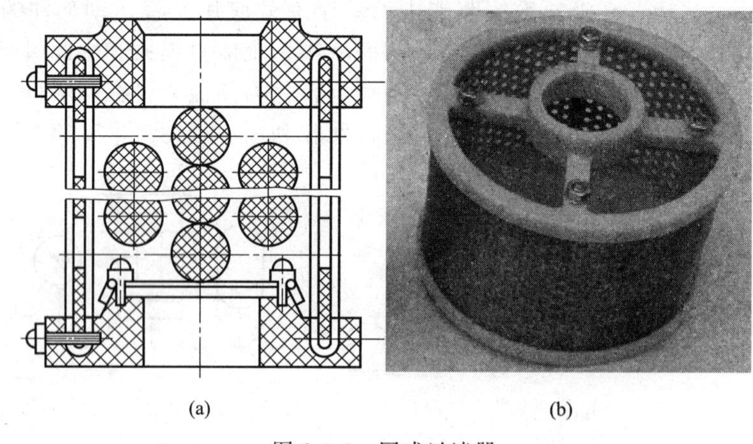

(a)　　(b)

图 2-3-6　网式过滤器

网式过滤器一般装在液压系统的吸油管路入口处，避免吸入较大的杂质，以保护液压泵。

② 线隙式过滤器　线隙式过滤器如图 2-3-7（a）所示，图 2-3-7（b）所示为线隙式过滤器滤芯，用钢线或铝线密绕在筒形骨架的外部来组成滤芯，依靠铜丝间的微小间隙滤除混入液体中的杂质。其结构简单，通流能力大，过滤精度比网式过滤器高，但不易清洗，多为回油过滤器。

③ 纸质过滤器　纸质过滤器如图 2-3-8（a）所示，图 2-3-8（b）所示为纸质过滤器滤芯，其滤芯为平纹或波纹的酚醛树脂或木浆微孔滤纸制成的纸芯，将纸芯围绕在带孔的镀锡铁做成的骨架上，以增大强度。为增加过滤面积，纸芯一般做成折叠形。其过滤精度较高，一般用于油液的精过滤，但堵塞后无法清洗，须经常更换滤芯。

④ 烧结式过滤器　烧结式过滤器如图 2-3-9（a）所示，图 2-3-9（b）所示为烧结式过滤器滤芯，其滤芯用金属粉末烧结而成，利用颗粒间的微孔来挡住油液中的杂质通过。其滤芯能承受高压，抗腐蚀性好，过滤精度高，适用于要求精滤的高压、高温液压系统。

（2）过滤器的选用原则、安装位置及注意的问题　过滤器选用时，要考虑下列几点。

① 过滤精度应满足预定要求；

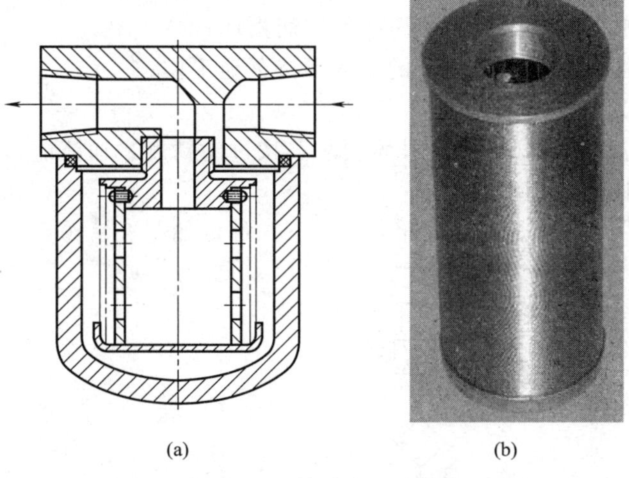

(a)　　(b)

图 2-3-7　线隙式过滤器

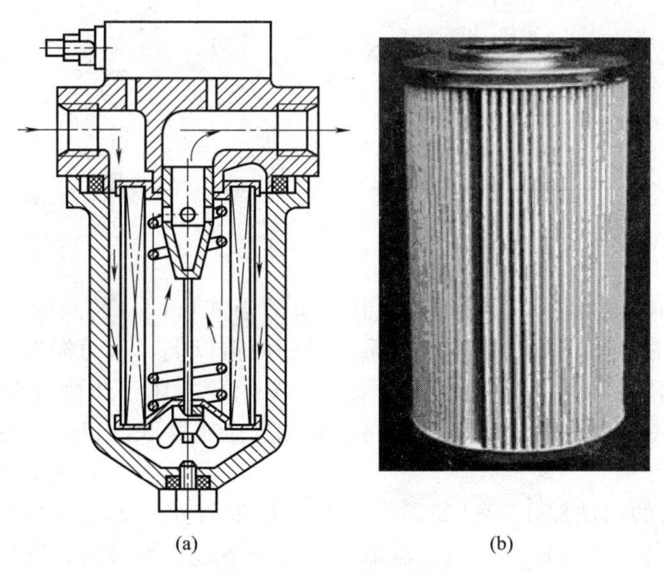

(a)　　(b)

图 2-3-8　纸质过滤器

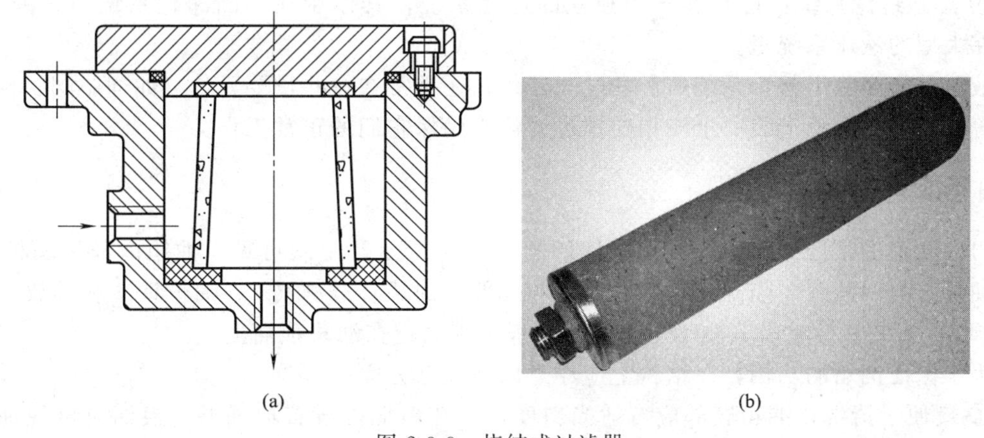

(a)　　(b)

图 2-3-9　烧结式过滤器

② 能在较长时间内保持足够的通流能力；

③ 滤芯具有足够的强度，不因液压的作用而损坏；

④ 滤芯抗腐蚀性能好，能在规定的温度下持久地工作；

⑤ 滤芯清洗或更换简便。

因此，过滤器应根据液压系统的技术要求，按过滤精度、通流能力、工作压力、油液黏度、工作温度等条件选定其型号。

过滤器在液压系统中的安装位置通常有以下几种，如图 2-3-10 所示。

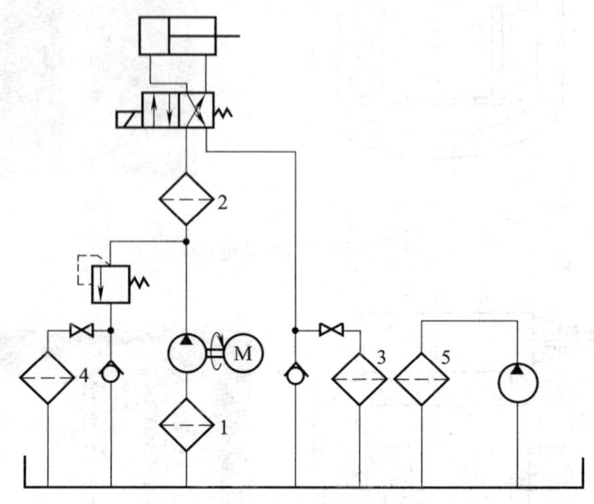

图 2-3-10　过滤器的安装位置

1～5—过滤器

① 要装在泵的吸油口处：过滤器 1 安装在泵的吸入口，目的是滤去较大的杂质微粒以保护液压泵，此外过滤器的过滤能力应为泵流量的两倍以上，压力损失小于 0.02MPa。

② 安装在泵的出口油路上：过滤器 2 安装在泵出口，属于压力管路用滤油器，保护泵以外的其他元件。一般装在溢流阀下游管路上或和安全阀并联，以防止滤油器被堵塞时，泵形成过载。

③ 安装在系统的回油路上：过滤器 3 安装在回油管路上，这种安装起间接过滤作用，过滤器一般并联安装一个背压阀，当过滤器堵塞达到一定压力值时，背压阀打开。

④ 安装在溢流阀的回油管上：过滤器 4，因其只通泵部分的流量，故过滤器容量可较小。

⑤ 单独过滤系统：过滤器 5 为独立的过滤系统，其作用在不断净化系统中之液压油，常用在大型的液压系统里。

液压系统中除了整个系统所需的过滤器外，还常常在一些重要元件（如伺服阀、精密节流阀等）的前面单独安装一个专用的精过滤器来确保它们的正常工作。

4. 油箱及其附件的认识

（1）油箱的结构　油箱的典型结构如图 2-3-11 所示。由图可见，油箱内部用隔板 7、9 将吸油管 1 与回油管 4 隔开。顶部、侧部和底部分别装有过滤网 2、油位计 6 和排放污油的放油阀 8。安装液压泵及其驱动电机的安装板 5 则固定在油箱顶面上。

为了保证油箱的功用，在结构上应注意以下几个方面。

① 应便于清洗；油箱底部应有适当斜度，并在最低处设置放油塞，换油时可使油液和污物顺利排出。

② 在易见的油箱侧壁上设置液位计（俗称油标），以指示油位高度。

③ 油箱加油口应装滤油网，口上应有带通气孔的盖。

④ 吸油管与回油管之间的距离要尽量远些，并采用多块隔板隔开，分成吸油区和回油区，隔板高度约为油面高度的3/4。

⑤ 吸油管口离油箱底面距离应大于2倍油管外径，离油箱箱边距离应大于3倍油管外径。吸油管和回油管的管端应切成斜口，回油管的斜口应朝向箱壁。

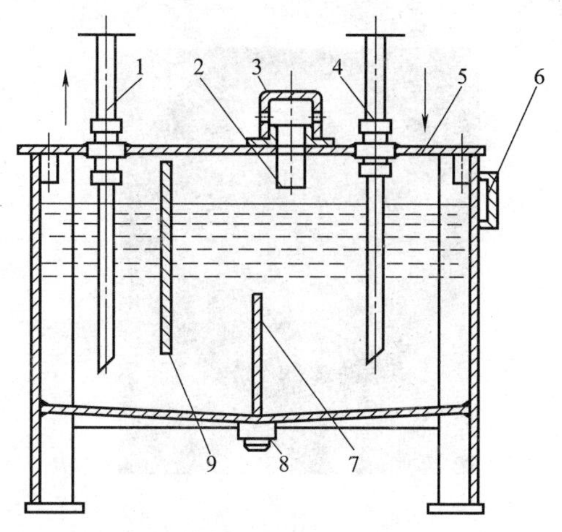

图 2-3-11　油箱结构示意图

1—吸油管；2—过滤网；3—空气过滤器；4—回油管；5—安装板；6—油位计；7,9—隔板；8—放油阀

（2）油箱的容量　油箱容量必须保证：液压设备停止工作时，系统中的全部油液流回油箱时不会溢出，而且还有一定的预备空间，即油箱液面不超过油箱高度的80%。液压设备管路系统内充满油液工作时，油箱内应有足够的油量，使液面不致太低，以防止液压泵吸油管处的过滤器吸入空气。

油箱的有效容积，即油面高度为油箱高度80%时的容积，一般可以按液压泵的额定流量 q_n（L/min）估计出来。

例如，适用于机床或其他一些固定式机械的估算式为

$$V=kq_n$$

式中　V——油箱的有效容积，L；

k——与系统压力有关的经验数字：低压系统 $k=2\sim4$，中压系统 $k=5\sim7$，高压系统 $k=10\sim12$。

对功率较大且连续工作的液压系统，必要时还要进行热平衡计算，以此确定油箱容量。

5. 压力表与压力表开关

（1）压力表　图2-3-12（a）为常用的一种压力表。结构如图2-3-12（b）所示，由测压弹簧管1、齿扇杠杆放大机构2、基座3和指针4等组成。压力油液从下部油口进入弹簧管后，弹簧管在液压力的作用下变形伸张，通过齿扇杠杆放大机构将变形量放大并转换成指针的偏转（角位移），油液压力越大，指针偏转角度越大，压力数值可由表盘上读出。图2-3-12（c）为压力表的符号。

选用压力表时主要考虑的问题有：压力测量范围、压力测量精度、使用场合以及对附加装置的要求等。

① 选择压力表量程　在被测压力较为稳定的情况下，最大压力值不超过压力表满量程的3/4；在被测压力波动较大的情况下，最大压力值不超过压力表满量程的2/3。为提高压力的示值精度，被测压力的最小值应不低于压力表满量程的1/3。

在选用压力表量程时应大于系统的工作压力的上限，即压力表量程约为系统最高工作压力的1.5倍。

② 选择测量精度　压力表的测量精度等级以其测量误差占量程的百分数表示。压力表有多种精度等级。普通精度的有1、1.5、2.5、3、…级；精密型的有0.1、0.16、

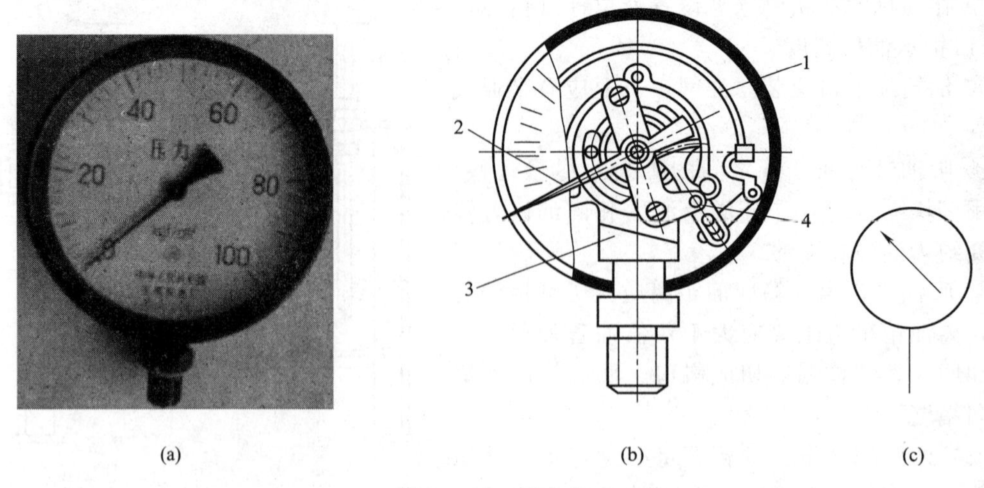

(a) (b) (c)

图 2-3-12　压力表

1—弹簧弯管；2—指针；3—基座；4—放大机构

0.25、…级。

例如 1.5 级精度等级的量程为 10MPa 的压力表，最大量程时的误差为 10MPa×1.5% = 0.15MPa。压力表最大误差占整个量程的百分数越小，压力表精度越高。

一般机床上用的压力表精度等级为 2.5～4 级。

（2）压力表开关　压力表开关有一点式、三点式、六点式等，多点压力表开关可根据系统的需要用于系统多处压力测量点。

图 2-3-13（a）为六点式压力表开关结构，图示位置为非测量位置，此时压力表油路经小孔 b、沟槽 a 与油箱接通；若将手柄向右推进，沟槽 a 将压力表与测量点接通，并把压力表通往油箱的油路切断，这时便可测量出该测量点的压力。如果将手柄转到另外一个位置，便可以测出另一个点的压力。

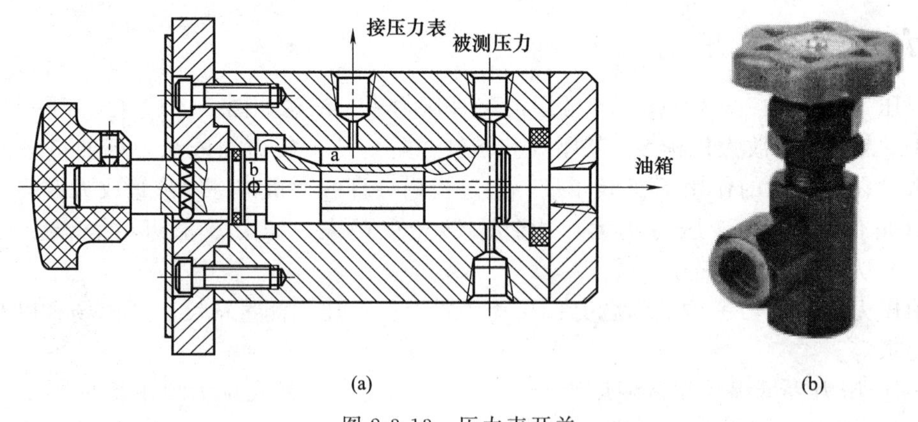

(a) (b)

图 2-3-13　压力表开关

6. 油管与管接头的认识

液压系统中管件主要包括管道和管接头，管道用来传输工作介质，管接头用来将油管与油管或油管与元件连接起来。

（1）油管　油管的类型特点及其适用范围如表 2-3-2 所示。

表 2-3-2　油管的类型特点及其适用范围

种类		特点和适用场
硬管	钢管	能承受高压，价格低廉，耐油，抗腐蚀，刚性好，但装配时不能任意弯曲；常在装拆方便处用作压力管道，中、高压用无缝管，低压用焊接管
	紫铜管	易弯曲成各种形状，但承压能力一般不超过 6.5～10MPa，抗振能力较弱，又易使油液氧化；通常用在液压装置内配接不便之处
软管	尼龙管	乳白色半透明，加热后可以随意弯曲成形或扩口，冷却后又能定形不变，承压能力因材质而异，自 2.5MPa 至 8MPa 不等
	塑料管	质轻耐油，价格便宜，装配方便，但承压能力低，长期使用会变质老化，只宜用作压力低于 0.5MPa 的回油管、泄油管等
	橡胶管	高压管由耐油橡胶夹几层钢丝编织网制成，钢丝网层数越多，耐压越高，价昂，用作中、高压系统中两个相对运动件之间的压力管道 低压管由耐油橡胶夹帆布制成，可用作回油管道

油管的安装要求有以下几点。

① 管道应尽量短，最好横平竖直，拐弯少，为避免管道皱折，减少压力损失，管道装配的弯曲半径要足够大，管道悬伸较长时要适当设置管夹及支架；

② 管道尽量避免交叉，平行管距要大于 10mm，以防止干扰和振动，并便于安装管接头；

③ 软管直线安装时要有一定的余量，以适应油温变化、受拉和振动产生的－2%～4%的长度变化的需要。弯曲半径要大于 10 倍软管外径，弯曲处到管接头的距离至少等于 6 倍外径。

（2）管接头

① 硬管接头　如图 2-3-14（a）所示为各种硬管接头。

硬管接头结构具体特点如下：

如图 2-3-14（b）所示为扩口式硬管接头，适用于紫铜管、薄钢管、尼龙管和塑料管等低压管道的连接，拧紧接头螺母，通过管套使管子压紧密封。

如图 2-3-14（c）所示为卡套式硬管接头，拧紧接头螺母后，卡套发生弹性变形便将管子夹紧，它对轴向尺寸要求不严，装拆方便，但对连接用管道的尺寸精度要求较高。

如图 2-3-14（d）所示为焊接式硬管接头，接管与接头体之间的密封方式有球面、锥面接触密封和平面加 O 形圈密封两种。前者有自位性，安装要求低，耐高温，但密封可靠性稍差，适用于工作压力不高的液压系统；后者密封性好，可用于高压系统。

此外尚有二通、三通、四通、铰接等数种形式的管接头，供不同情况下选用，具体可查阅有关手册。

② 软管接头　如图 2-3-15（a）所示为各种软管接头。胶管接头随管径和所用胶管钢丝层数的不同，工作压力在 6～40MPa 之间，如图 2-3-15（b）所示为扣压式胶管接头的具体结构。

7. 密封装置的认识

常见密封装置有以下几种。

（1）间隙密封　间隙密封（图 2-3-16）是靠相对运动件配合面之间的微小间隙来进行密封的，常用于柱塞、活塞或阀的圆柱配合副中，一般在阀芯的外表面开有几条等距离的均压槽，它的主要作用是使径向压力分布均匀，减少液压卡紧力，同时使阀芯在孔中对中性好。

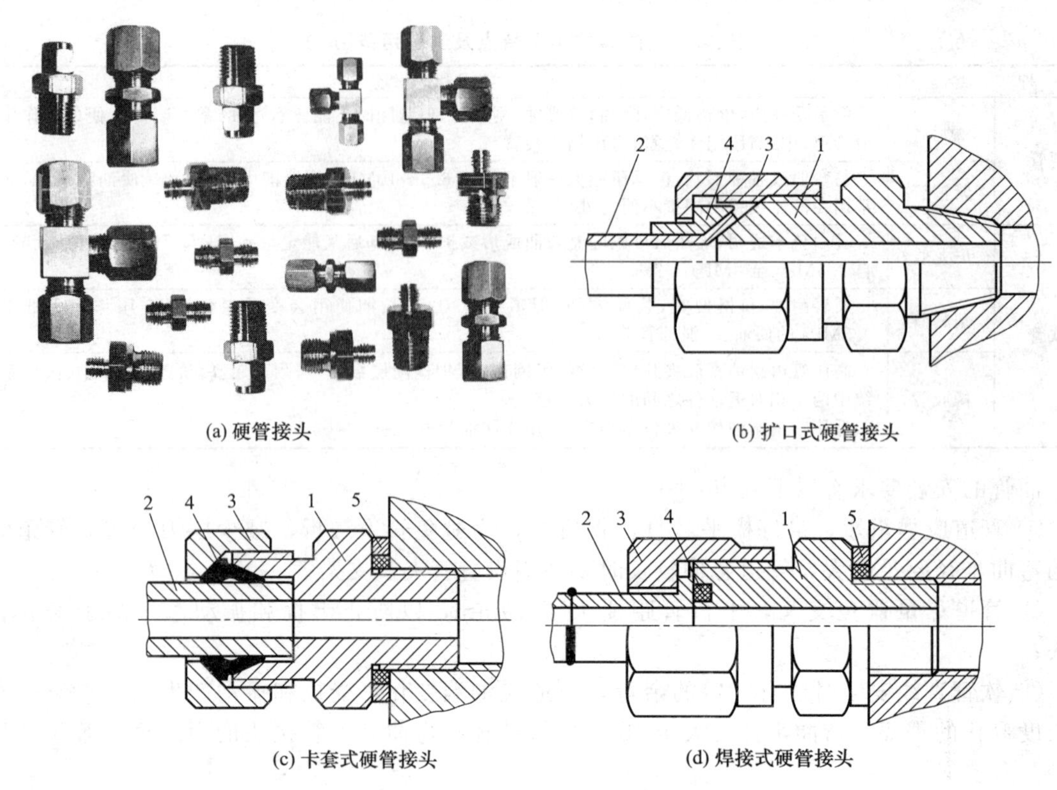

(a) 硬管接头　　(b) 扩口式硬管接头

(c) 卡套式硬管接头　　(d) 焊接式硬管接头

图 2-3-14　硬管接头

1—接头体；2—接管；3—螺母；4—O 形密封圈；5—组合密封圈

(a) 各种软管接头

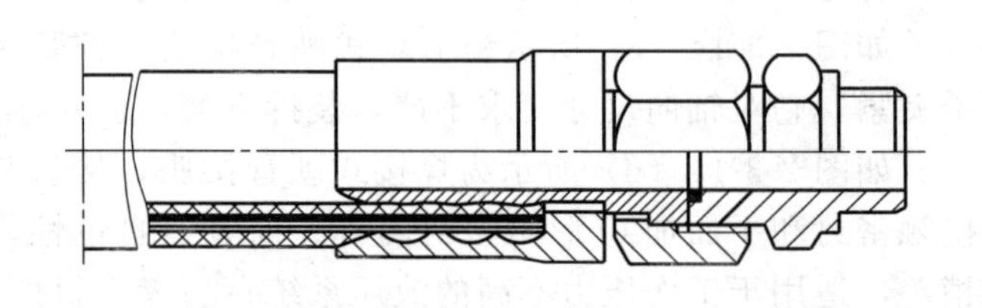

(b) 扣压式胶管接头

图 2-3-15　软管接头

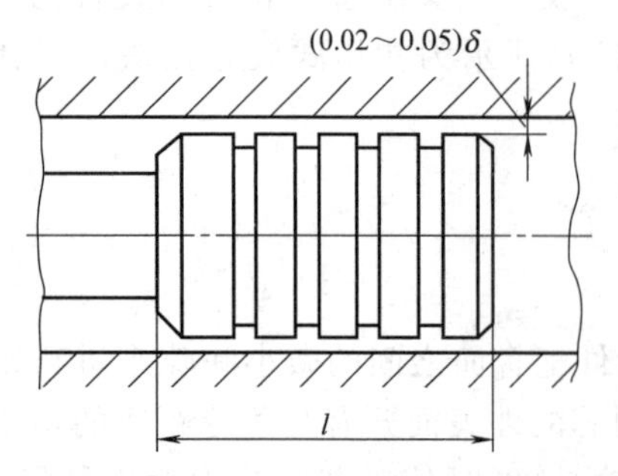

图 2-3-16　间隙密封

以减小间隙的方法来减少泄漏。同时槽所形成的阻力，对减少泄漏也有一定的作用。均压槽一般宽 0.3～0.5mm，深为 0.5～1.0mm。圆柱面配合间隙与直径大小有关，对于阀芯与阀孔一般取 0.005～0.017mm。

这种密封的优点是摩擦力小，缺点是磨损后不能自动补偿，主要用于直径较小的圆柱面之间，如液压泵内的柱塞与缸体之间，滑阀的阀芯与阀孔之间的配合。

（2）接触密封　接触密封常用的元件是密封圈，其常见的有O形密封圈、唇形密封圈。此外，还有组合密封装置、回转轴的密封装置。

① O形密封圈　O形密封圈一般用耐油橡胶制成，其形状如图2-3-17所示。其横截面呈圆形，它具有良好的密封性能，内外侧和端面都能起密封作用，结构紧凑，运动件的摩擦阻力小，制造容易，装拆方便，成本低，且高低压均可以用，所以在液压系统中得到广泛的应用。

O形密封圈的安装沟槽，除矩形外，也有V形、燕尾形、半圆形、三角形等，实际应用中可查阅有关手册及国家标准。

② 唇形密封圈　唇形密封圈根据截面的形状可分为Y形、V形、U形、L形等。其工作原理如图2-3-18所示。液压力将密封圈的两唇边 h 压向形成间隙的两个零件的表面。这种密封作用的特点是能随着工作压力的变化自动调整密封性能，压力越高则唇边被压得越紧，密封性越好；当压力降低时唇边压紧程度也随之降低，从而减少了摩擦阻力和功率消耗，此外，还能自动补偿唇边的磨损，保持密封性能不降低。

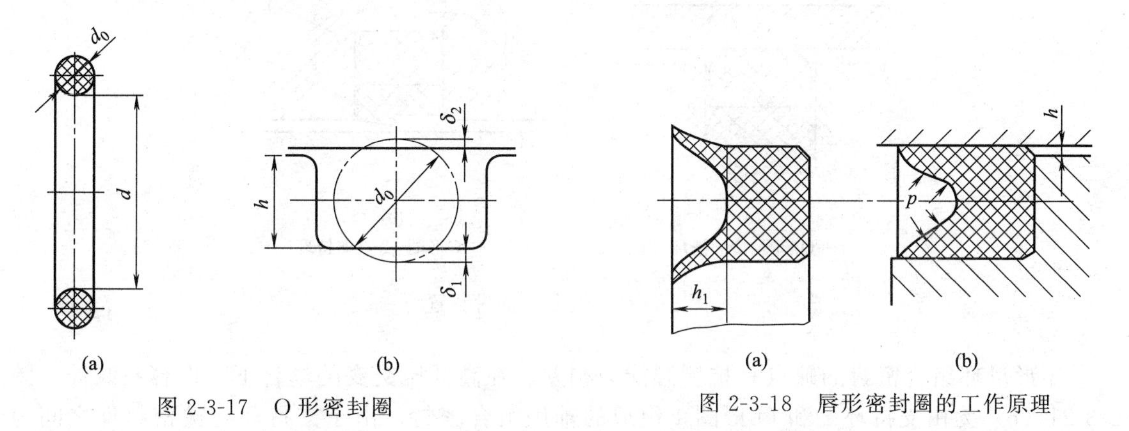

图2-3-17　O形密封圈　　图2-3-18　唇形密封圈的工作原理

目前，液压缸中普遍使用图2-3-19所示的小Y形密封圈作为活塞和活塞杆的密封。其中图2-3-19（a）为轴用密封圈，图2-3-19（b）所示为孔用密封圈。这种小Y形密封圈的特点是断面宽度和高度的比值大，增加了底部支承宽度，可以避免摩擦力造成的密封圈的翻转和扭曲。

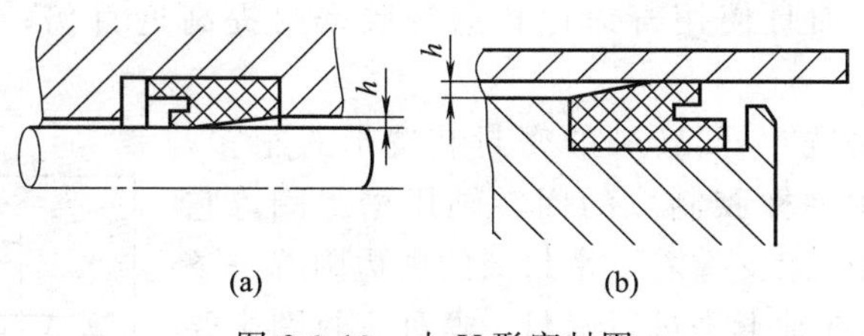

图2-3-19　小Y形密封圈

在高压和超高压情况下（压力大于25MPa）V形密封圈也有应用，V形密封圈的形状如图2-3-20所示，它由多层涂胶织物压制而成，通常由压环、密封环和支承环三个圈叠在一起使用，此时已能保证良好的密封性，当压力更高时，可以增加中间密封环的数量，这种密封圈在安装时要预压紧，所以摩擦阻力较大。

唇形密封圈安装时应使其唇边开口面对压力油，使两唇张开，分别贴紧在机件的表面上。

③ 组合式密封装置　随着液压技术的应用日益广泛，系统对密封的要求越来越高，普

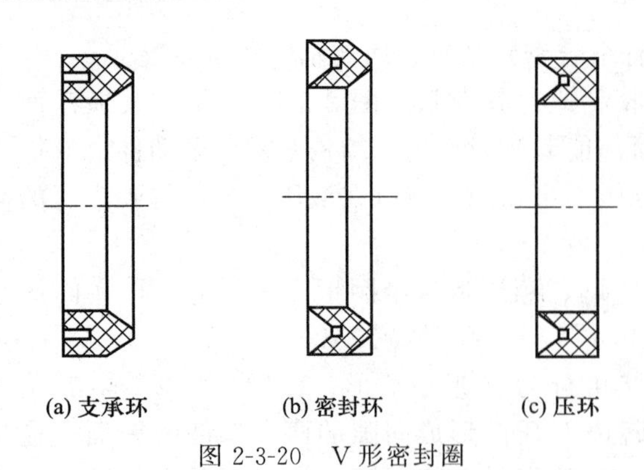

图 2-3-20 V 形密封圈

通的密封圈单独使用已不能很好地满足密封性能，特别是使用寿命和可靠性方面的要求，因此，研究和开发了由包括密封圈在内的两个以上元件组成的组合式密封装置。

图 2-3-21（a）所示的为 O 形密封圈与截面为矩形的聚四氟乙烯塑料滑环的组合密封装置。其中，滑环 2 紧贴密封面，O 形圈 1 为滑环提供弹性预压力，在介质压力等于零时构成密封，由于密封间隙靠滑环，而不是 O 形圈，因此摩擦阻力小而且稳定，可以用于 40MPa 的高压；往复运动密封时，速度可达 15m/s；往复摆动与螺旋运动密封时，速度可达 5m/s。

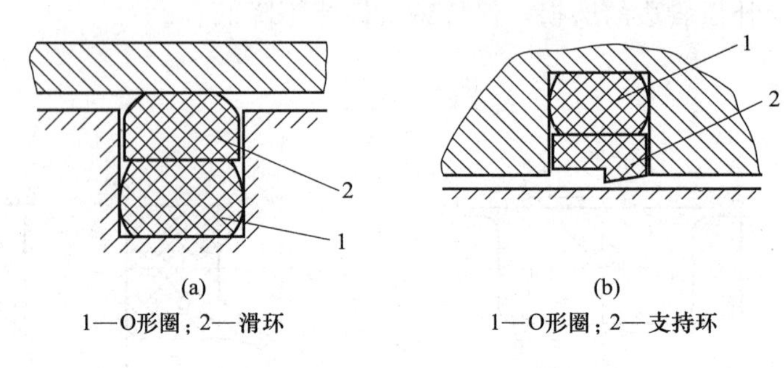

图 2-3-21 组合式密封装置

矩形滑环组合密封的缺点是抗侧倾能力稍差，在高低压交变的场合下工作容易漏油。图 2-3-21（b）为由支持环 2 和 O 形圈 1 组成的轴用组合密封，由于支持环与被密封件之间为线密封，其工作原理类似唇边密封。支持环采用一种经特别处理的化合物，具有极佳的耐磨性、低摩擦和保形性，不存在橡胶密封低速时易产生的“爬行”现象。工作压力可达 80MPa。

组合式密封装置由于充分发挥了橡胶密封圈和滑环（支持环）的长处，因此不仅工作可靠，摩擦力低而稳定，而且使用寿命比普通橡胶密封提高近百倍，在工程上的应用日益广泛。

④ 回转轴的密封装置　回转轴的密封装置形式很多，图 2-3-22 所示是一种耐油橡胶制成的回转轴用密封圈，它的内部有直角形圆环铁骨架支撑着，密封圈的内边围着一条螺旋弹簧，把内边收紧在轴上来进行密封。这种密封圈主要用作液压泵、液压马达和回转式液压缸的伸出轴的密封，以防止油液漏到壳体外部，它的工作压力一般不超过 0.1MPa，最大允许线速度为 4～8m/s，须在有润滑情况下工作。

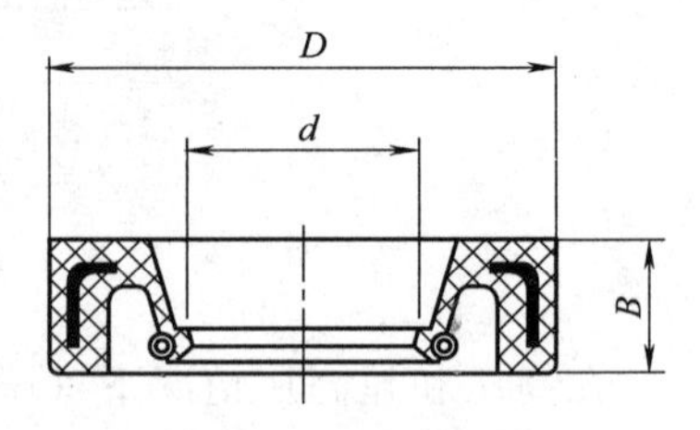

图 2-3-22 回转轴的密封圈

密封装置选用时必须考虑因素如下：

a. 密封的性质，是动密封，还是静密封；是平面密封，还是环行间隙密封；

b. 动密封是否要求静、动摩擦因数要小，运动是否平稳，同时考虑相对运动耦合面之间的运动速度、介质工作压力等因素；

c. 工作介质的种类和温度对密封件材质的要求，同时考虑制造和拆装是否方便。

【思考与练习】

1. 蓄能器有哪几种类型？各有什么特点？
2. 蓄能器在液压系统中有哪些功用？
3. 过滤器有哪些类型？各有什么特点？
4. 试列举系统中过滤器的安装位置及其各自的作用。
5. 油箱的功用是什么？设计油箱的容量时应保证什么？
6. 压力表的作用是什么？如何选用压力表？
7. 常用的管接头有哪几种类型？各适用于什么场合？
8. 常见的密封装置有哪些？各有什么特点？分别用于什么场合？

任务4　机床液压系统液压控制阀和基本回路的组建与分析

子任务1　机床液压系统方向控制阀及方向控制回路的组建与分析

【任务目标】

1. 掌握方向控制阀的结构组成、工作原理、性能特点，能合理使用和选用。
2. 掌握方向控制回路的组成、原理、性能特点及应用。
3. 了解方向控制阀及方向控制回路常见的故障现象及排除方法。

【任务描述】

拆装机床液压系统单向阀、换向阀等实物和透明元件，观察分析结构组成、工作原理、性能特点，能合理使用和选用。组建方向控制回路，分析控制原理、回路性能特点及应用。了解方向控制阀及方向控制回路常见的故障现象及排除方法。

【知识准备】

1. 方向控制阀

方向控制阀主要用来控制液压系统中各油路的通、断或改变油液流动方向。它分为单向阀和换向阀两类。

(1) 单向阀　液压系统中常见的单向阀有普通单向阀和液控单向阀两种。

普通单向阀是只允许液流单方向流动而反向截止的元件。

液控单向阀又称为单向闭锁阀，其作用是使液流有控制地单向流动。它由单向阀和液控装置两部分组成。

(2) 换向阀　换向阀是利用阀芯对阀体的相对运动，使油路接通、关断或变换油流的方向，从而实现液压执行元件及驱动机构的启动、停止或变换运动方向。

液压传动系统对换向阀性能的主要要求是：

① 油液流经换向阀时压力损失要小。

② 互不相通的油口间的泄漏要小。

③ 换向要平稳、迅速且可靠。

换向阀的应用十分广泛，种类很多，一般可以按表 2-4-1 分类。

表 2-4-1　换向阀的分类

分类方法	类　型
按阀的结构形式分	滑阀式、转阀式、球阀式、锥阀式
按阀的操纵方式分	手动、机动、电磁、液动、电液动、气动
按阀的工作位置数和控制通路数分	二位二通、二位三通、二位四通、三位四通等

2. 方向控制回路

在液压系统中，起控制执行元件的启动、停止及换向作用的回路，称方向控制回路。常用的方向控制回路有启停回路、换向回路、锁紧回路和浮动回路。

【任务实施】

1. 场地与设备

（1）场地　液压实训室、实训基地。

（2）设备　典型液压控制阀实物及透明模型各 5 个，拆装工具，液压实训台等。

2. 单向阀拆装分析

单向阀有管式［图 2-4-1（a）］和板式［图 2-4-1（b）］两种连接方式。

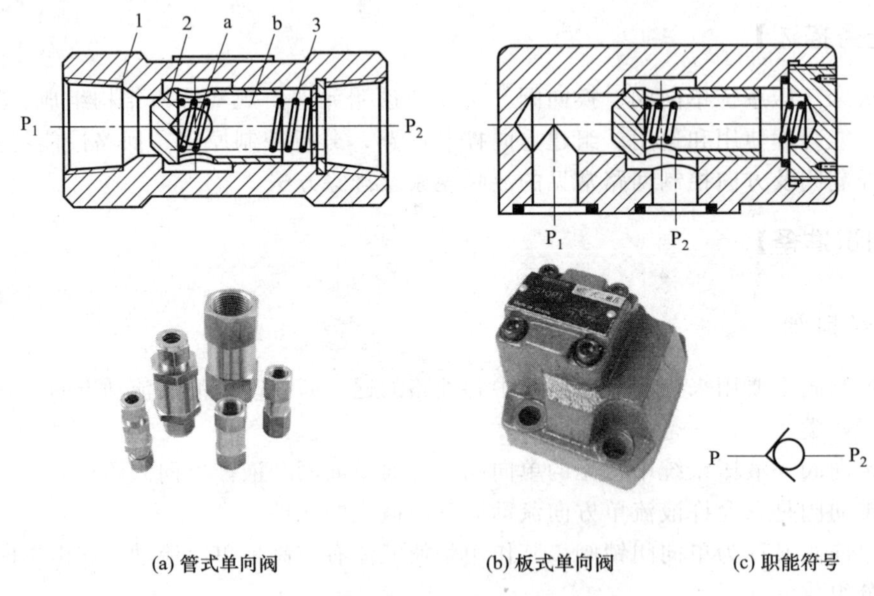

(a) 管式单向阀　(b) 板式单向阀　(c) 职能符号

图 2-4-1　单向阀

1—阀体；2—阀芯；3—弹簧

（1）管式直通单向阀的拆装分析

拆装步骤：

① 拆下螺钉、取出弹簧。分离阀芯和阀体。

② 清洗各零件，涂润滑油，按拆卸的反顺序装配。

③ 拆装注意事项参考液压泵拆装要求。

如图 2-4-1 所示，压力油从阀体左端的通口 P_1 流入时，克服弹簧 3 作用在阀芯 2 上的力，使阀芯向右移动，打开阀口，并通过阀芯 2 上的径向孔 a、轴向孔 b 从阀体右端的通口流出。但是压力油从阀体右端的通口 P_2 流入时，它和弹簧力一起使阀芯锥面压紧在阀座上，使阀口关闭，油液无法通过。

根据单向阀的使用特点，要求油液正向通过时阻力小，液流有反向流动趋势时，关闭动作要灵敏，关闭后密封性要好。因此弹簧通常很软，主要用于克服摩擦力，一般情况下，单向阀的开启压力为 0.035～0.05MPa。

板式连接单向阀［图 2-4-1（b)］的工作原理与管式单向阀相同，只是将进、出油口开在底平面上，用螺钉把阀体固定在连接板上。

单向阀在液压系统中应用于：

① 分隔油路以防止干扰；

② 作为背压阀使用，这时一般要换上刚度较大的弹簧，此时单向阀的开启压力一般为 0.2～0.6MPa。

（2）液控单向阀拆装分析

拆装步骤：

① 拆下螺钉、取出弹簧，分离阀芯和阀体。

② 清洗各零件，涂润滑油，按拆卸的反顺序装配。

③ 拆装注意事项参考液压泵拆装要求。

图 2-4-2（a）所示是液控单向阀的结构。当控制口 K 处无压力油通入时，它的工作机制和普通单向阀一样；压力油只能从通口 P_1 流向通口 P_2，不能反向倒流。当控制口 K 有控制压力油时，因控制活塞 3 右侧 a 腔通泄油口，活塞 3 右移，推动推杆 4 顶开阀芯 5，使通口 P_1 和 P_2 接通，油液就可在两个方向自由通流。图 2-4-2（b）所示是液控单向阀的职能符号。图 2-4-2（c）所示是液控单向阀的实物。由于控制活塞的面积较大，所以控制油压力不必很大，为主油路压力的 30%～50%。

在工程实际中，常常需要对执行机构的进、回油路同时采用液控单向阀进行锁紧控制，

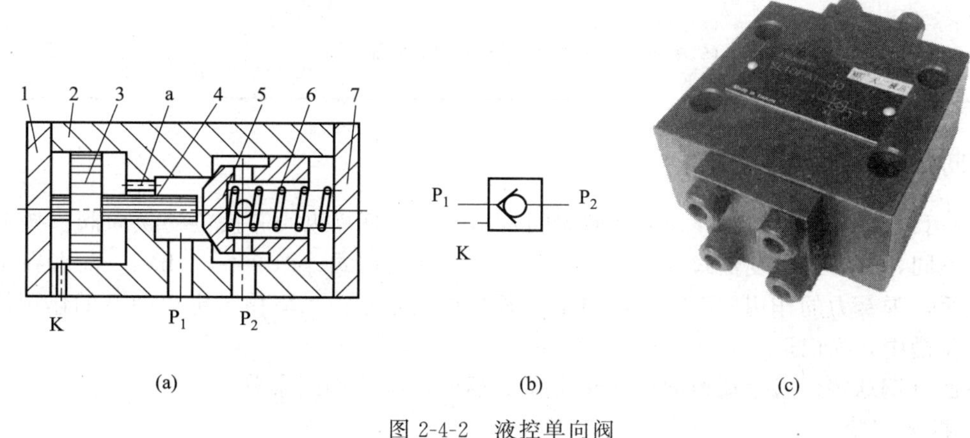

图 2-4-2 液控单向阀

1,7—阀盖；2—阀体；3—控制活塞；4—推杆；5—阀芯；6—弹簧

保证系统的安全等，如工程车的支腿油路系统。如图 2-4-3 所示，两个液控单向阀共用一个阀体和控制活塞，这样组合的结构称为液压锁。当从 A_1 通入压力油时，在导通 A_1 与 A_2 油路的同时推动活塞右移，顶开右侧的单向阀，解除 B_2 到 B_1 的反向截止作用；当 B_1 通入压力油时，在导通 B_1 与 B_2 油路的同时推动活塞左移，顶开左侧的单向阀，解除 A_2 到 A_1 的反向截止作用；而当 A_1 与 B_1 口没有压力油作用时，两个液控单向阀都为关闭状态，锁紧油路。液压锁的图形符号如图 2-4-3（b）所示。这种回路广泛用于工程机械、起重机械等有锁紧要求的场合。

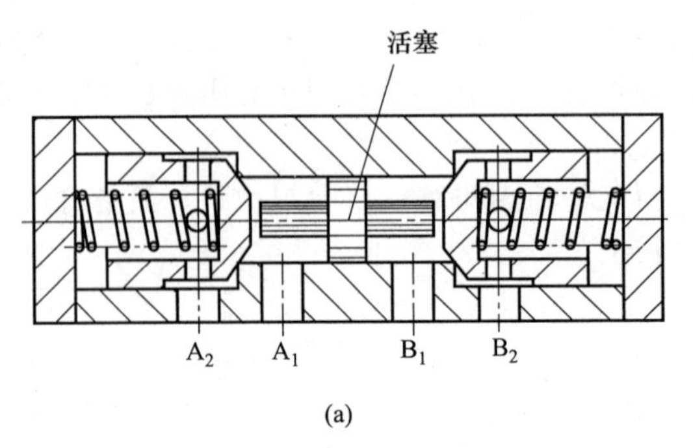

(a)

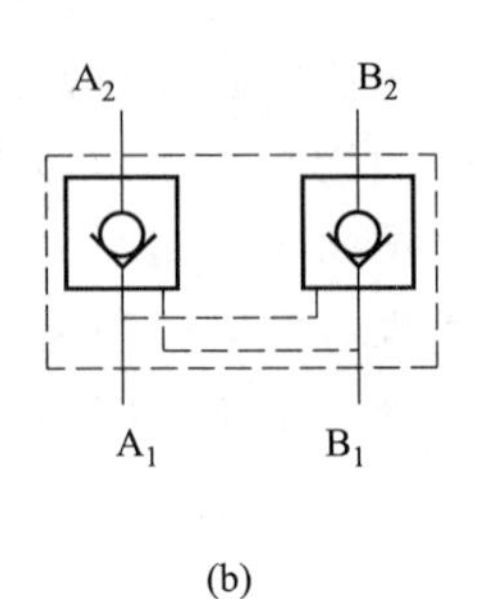

(b)

图 2-4-3　液压锁

液控单向阀常见故障及处理见表 2-4-2。

表 2-4-2　液控单向阀常见故障及处理

故障现象	原因分析		消除方法
反方向不密封有泄漏	单向阀不密封	(1)单向阀在全开位置上卡死 ①阀芯与阀孔配合过紧 ②弹簧侧弯、变形、太弱	①修配，使阀芯移动灵活 ②更换弹簧
		(2)单向阀锥面与阀座锥面接触不均匀 ①阀芯锥面与阀座同轴度差 ②阀芯外径与锥面不同心 ③阀座外径与锥面不同心 ④油液过脏	①检修或更换 ②检修或更换 ③检修或更换 ④过滤油液或更换
反向打不开	单向阀打不开	(1)控制压力过低 (2)控制管路接头漏油严重或管路弯曲，被压扁使油不畅通 (3)控制阀芯卡死(如加工精度低，油液过脏) (4)控制阀端盖处漏油 (5)单向阀卡死(如弹簧弯曲；单向阀加工精度低；油液过脏)	(1)提高控制压力，使之达到要求值 (2)紧固接头，消除漏油或更换管子 (3)清洗，修配，使阀芯移动灵活 (4)紧固端盖螺钉，并保证拧紧力矩均匀 (5)清洗，修配，使阀芯移动灵活；更换弹簧；过滤或更换油液

3. 换向阀拆装分析

（1）手动换向阀拆装分析　手动换向阀是用手动杠杆操纵阀芯换位的换向阀。按换向定位方式不同，分为弹簧复位式［图 2-4-4（a)]和钢球定位式［图 2-4-4（b)]。前者在手动操纵结束后，弹簧力的作用使阀芯能够自动回复到中间位置；后者由于定位弹簧的作用使钢球卡在定位槽中，换向后可以实现位置的保持。

下面以钢球定位式手动换向阀实物拆装、透明模型为例观察分析。

① 拆装步骤

a. 拆卸前转动手柄，体会左右换向手感，并用记号笔在阀体左右端做上标记。

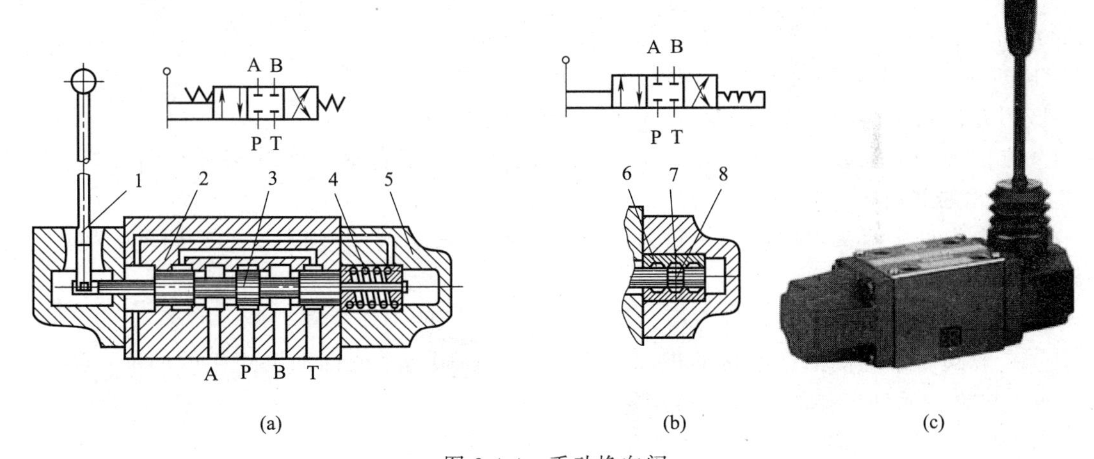

图 2-4-4 手动换向阀

1—手动杠杆；2—阀体；3—阀芯；4—弹簧；5—阀盖；6—定位槽；7—定位钢球；8—定位弹簧

b. 抽出手柄连接板上的开口销，取下手柄。

c. 拧下右端盖上的螺钉，卸下右端盖取出弹簧、套筒和钢球。

d. 松开左端盖上与阀体的连接，从阀体内取出阀芯。

在拆卸过程中，注意观察主要零件结构和相互配合关系，并结合结构图和阀表面铭牌上的职能符号，分析换向原理。

② 装配要领 装配前清洗各零件，将阀芯、定位件等零件的配合面涂润滑液，然后按拆卸时的反顺序装配。拧紧左、右端盖的螺钉，应分两次并按对角线顺序进行。

③ 主要零件的结构分析

a. 阀体 其内孔有四个环形沟槽，分别对应于 P、T、A、B 四个通油口，纵向小孔的作用是将内部泄漏的油液导至泄油口，使其流回油箱。

b. 手柄 操纵手柄，阀芯将移动，故称手动换向阀。

c. 钢球 它落在阀芯右端的沟槽中，就能保证阀芯的确定位置，这种定位方式称钢球定位。

d. 弹簧 它的作用是防止钢球跳出定位沟槽。

结构原理如图 2-4-5 所示，四个接油口中 P 口通液压泵，A、B 口通液压缸或液压马达，T 口通油箱。用手柄拨动阀芯移动，当阀芯处于中位［图 2-4-5（b）］位置时，油口 P、A、B，T 互不相通，液压缸的活塞处于停止状态；若使阀芯右移，工作位置为左位［图 2-4-5（a）］，则 P、A 相通，B、T 相通，液压缸活塞右移；若使阀芯左移，工作位置为右位［图 2-4-5（c）］，则 P、B 相通，A、T 相通，液压缸活塞左移。用手柄拨动阀芯移动时，阀芯右边的定位钢球在弹簧的作用下，可定位在左、中、右位置。

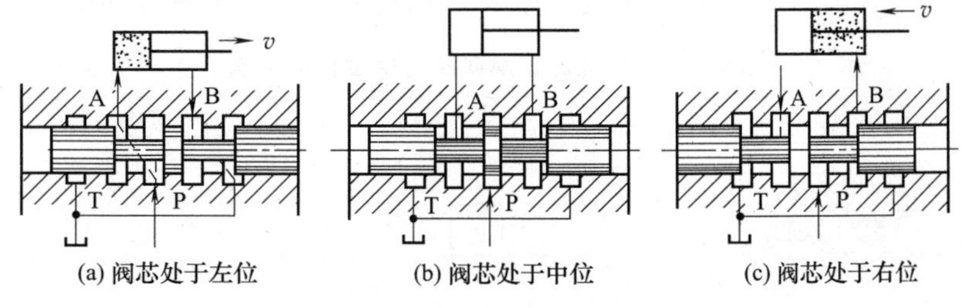

图 2-4-5 换向阀的工作原理

手动换向阀结构简单，动作可靠。一般情况下还可以人为地控制阀开口的大小，从而控制执行元件的速度，在工程机械中得到广泛应用。

图 2-4-4（a）中的换向阀可绘制成图形符号图，其含义如下：

① 用方框表示阀的工作位置，有几个方框就表示有几“位”。

② 方框内的箭头表示油路连通，但箭头方向并不一定表示油液的实际流向。“⊥”或“⊤”表示此油路被阀芯封闭。

③ 一个方框中箭头首尾或封闭符号与方框的交点表示阀的接口，交点数即为滑阀的通路数，即几“通”。

④ 靠近控制（操纵）方式的方框，为控制力作用下的工作位置。

⑤ 一般阀与系统供油路连接的进油口用 P 表示，阀与系统回油路连接的回油口用 T 表示，而阀与执行元件连接的工作油口用 A、B 表示。

表 2-4-3 列出了几种常用换向阀的结构原理及图形符号。

表 2-4-3　换向阀的结构原理及图形符号

名　　称	结构原理图	符　　号
二位二通	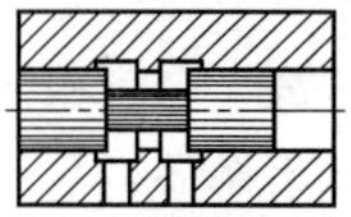	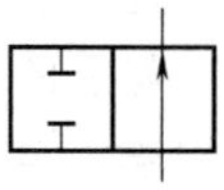
二位三通	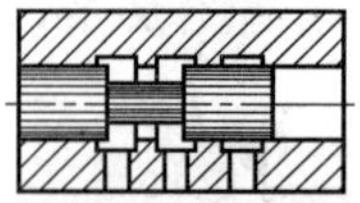	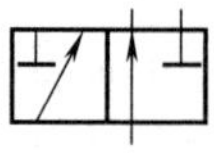
二位四通	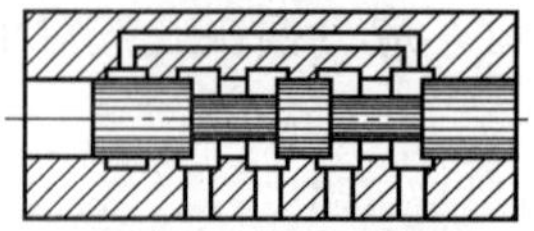	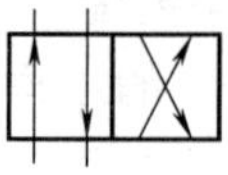
二位五通	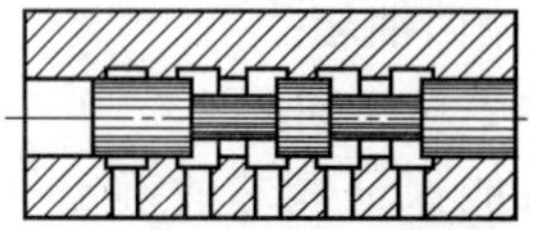	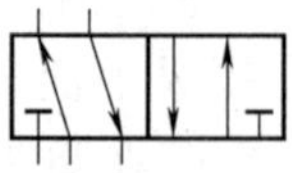
三位四通	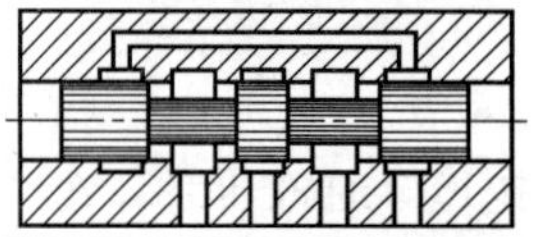	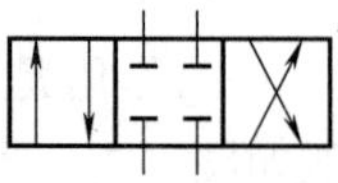

（2）换向阀的中位机能　换向阀都有两个或两个以上工作位置，其中未受到外部操纵作用时所处的位置为常态位。对于三位阀，图形符号的中间位置为常态位，在这个位置其油口连通方式称为中位机能。换向阀的阀体一般设计成通用件，对同规格的阀体配以台肩结构、轴向尺寸及内部通孔等不同的阀芯可实现常态位各油口的不同中位机能。

表 2-4-4 列出了常用的几种中位机能的名称、结构原理、图形符号和中位特点。

表 2-4-4　三位四通换向阀的中位机能举例

中位型式	结 构 原 理 图	符　　号	中 位 特 点
O	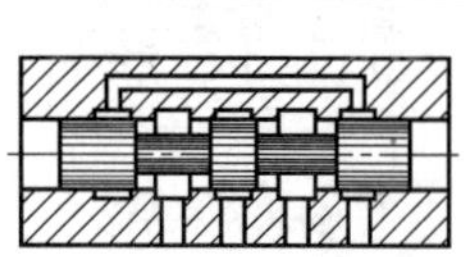	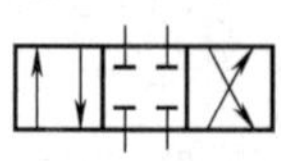	液压阀从其他位置转换到中位时，执行元件立即停止，换向位置精度高，但液压冲击大；液压执行元件停止工作后，油液被封闭在阀后的管路及元件中，重新启动时较平稳；在中位时液压泵不能卸荷

续表

中位型式	结构原理图	符号	中位特点
H			换向平稳，液压缸冲出量大，换向位置精度低；执行元件浮动；重新启动时有冲击；液压泵在中位时卸荷
Y			P口封闭，A、B、T导通。换向平稳，液压缸冲出量大，换向位置精度低；执行元件浮动；重新启动时有冲击；液压泵在中位时不卸荷
P			T口封闭，P、A、B导通。换向平稳，液压缸冲出量大，换向位置精度低；执行元件浮动（差动液压缸不能浮动）；重新启动时有冲击；液压泵在中位时不卸荷
M			液压阀从其他位置转换到中位时，执行元件立即停止，换向位置精度高，但液压冲击大；液压执行元件停止工作后，执行元件及管路充满油液，重新启动时较平稳；在中位时液压泵卸荷

（3）典型换向阀结构

① 机动换向阀　机动换向阀又称行程阀。如图 2-4-6（a）所示，这种阀需安装在液压缸的附近，在液压缸驱动工作部件的行程中，靠安装在预定位置的挡块或凸轮压下滚轮通过推杆使阀芯移位，换向阀换向。图 2-4-6（b）为其图形符号。图 2-4-6（c）为其实物。

机动换向阀结构简单，动作可靠，换向位置精度高。但由于必须安装在液压执行元件附近，所以连接管路较长，使液压装置不紧凑。

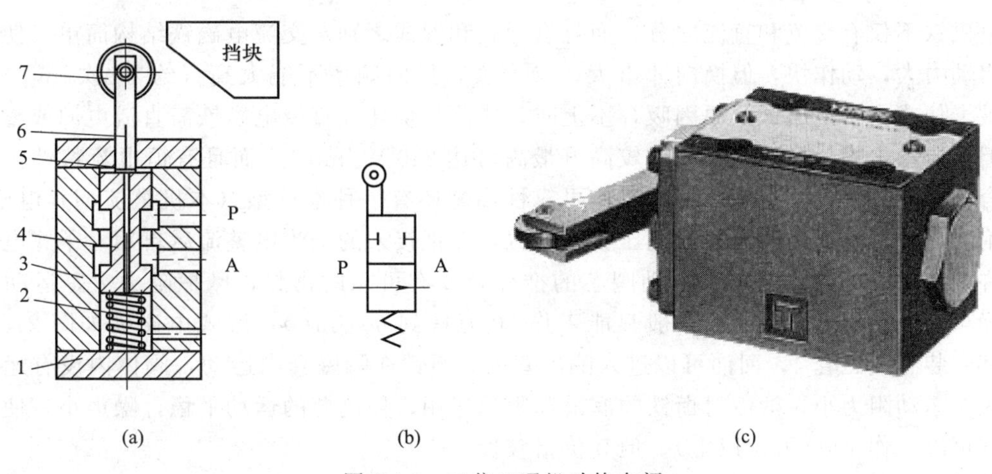

图 2-4-6　二位二通机动换向阀

1，5—阀盖；2—弹簧；3—阀体；4—阀芯；6—推杆；7—凸轮

② 电磁动换向阀　电磁动换向阀简称电磁换向阀，是靠通电线圈对衔铁的吸引转化而来的推力操纵阀芯换位的换向阀。如图 2-4-7 为阀芯为二台肩结构的三位四通 Y 型中位机能的电磁换向阀。阀体的两侧各有一个电磁铁和一个对中弹簧。图示为电磁铁断电状态，在弹簧力的作用下，阀芯处在常态位（中位）。当左侧的电磁铁通电吸合时，衔铁通过推杆将阀芯推至右端，则 P、A 和 B、T 分别导通，换向阀在图形符号的左位工作；反之，右端电磁铁通电时，换向阀就在右位工作。

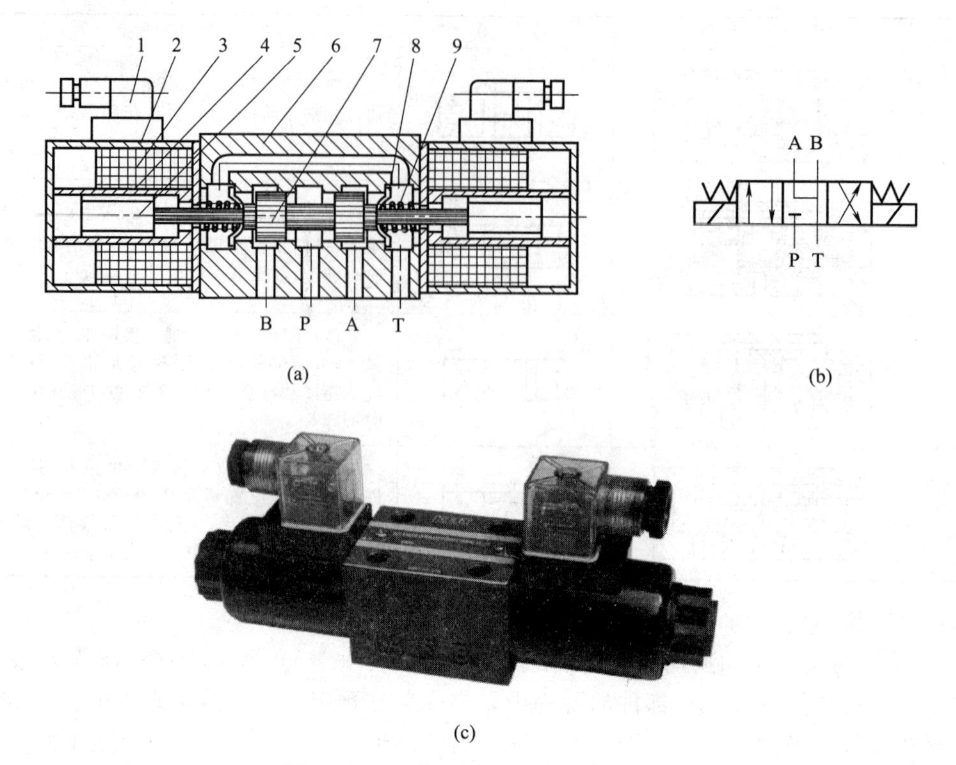

图 2-4-7 三位四通 Y 型电磁换向阀

1—电插头；2—壳体；3—电磁铁；4—隔磁套；5—衔铁；6—阀体；7—阀芯；8—弹簧座；9—弹簧

电磁铁不仅有交流和直流之分，而且有干式和湿式之别。交流电磁铁结构简单、使用方便，启动力大，动作快，但换向冲击大，噪声大，换向频率不能太高（约 30 次/min），当阀芯被卡住或由于电压低等原因吸合不上时，线圈易烧坏。直流电磁铁需直流电源或整流装置，但换向冲击小，换向频率允许较高（最高可达 240 次/min），而且有恒电流特性，电磁铁吸合不上时线圈也不会烧坏，故工作可靠性高。还有一种本整型（本机整流型）电磁铁，其上附有二极管整流线路和冲击电压吸收装置，能把接入的交流电整流后自用。干式电磁铁不允许油液进入电磁铁内部，推动阀芯的推杆处要有可靠的密封，摩擦阻力大，运动有冲击，噪声大，使用寿命较短（一般只能工作 50 万次到 60 万次）；湿式电磁铁如图 2-4-7 所示，其中装有隔磁套 4，回油可以进入隔磁套内，衔铁在隔磁套内运动，阀体内没有运动密封，阀芯运动阻力小，油液对衔铁的润滑和阻尼作用，使阀芯的运动平稳，噪声小，使用寿命长（可以工作 1000 万次以上）。但其价格较贵。

③ 液动换向阀　液动换向阀是利用液压系统中控制油路的压力油来推动阀芯移动实现油路的换向。如图 2-4-8 为三位四通液动换向阀的结构原理图和图形符号，K_1、K_2 为液控口。当控制油口 K_1、K_2 均无压力油时，阀芯 5 处于中间位置，油口 P、A、B、T 互不相通，当控制油口 K_1 有压力油时，压力油推动阀芯 5 向右移动，油口 P 与 A 连通，油口 B 与 T 连通；当控制油口 K_2 有压力油时，压力油推动阀芯 5 向左移动，油口 P 与 B 连通，油口 A 与 T 连通，实现换向。

由于控制油路的压力可以调节，可以产生较大的推力。液动换向阀可以控制较大流量的回路。

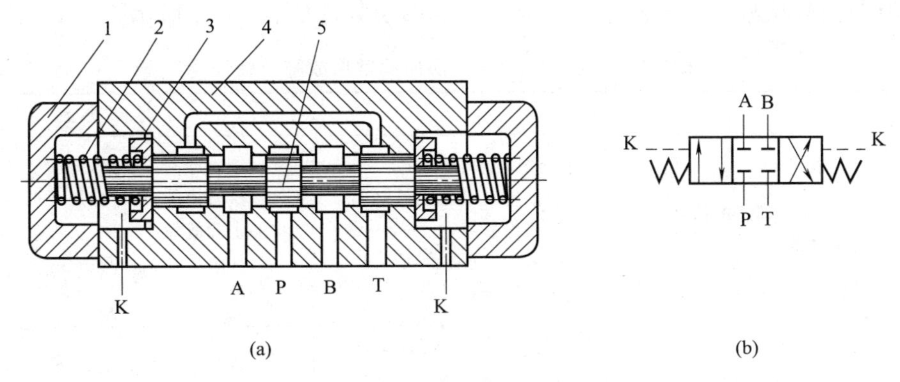

图 2-4-8　三位四通液动换向阀

1—阀盖；2—弹簧；3—弹簧座；4—阀体；5—阀芯

④ 电液动换向阀　采用电磁换向阀控制液动换向阀的组合称为电液动换向阀，简称电液换向阀，它集中了电磁换向阀和液动换向阀的优点。这里，电磁换向阀起先导控制作用，称为先导阀，其通径可以很小；液动换向阀为主阀，控制主油路换向。

电液换向阀的原理如图 2-4-9 所示，当电磁铁 4、6 均不通电时，电磁阀阀芯 5 处于中位，控制油进口 P 被关闭，主阀芯 1 两端均不通压力油，在弹簧作用下主阀芯处于中位，主油路 P、A、B、T 互不导通；当电磁铁 4 通电时，电磁阀阀芯 5 处于右位，控制油通过单向阀 2 到达液动阀芯 1 左腔；回油经节流阀 3、电磁阀阀芯 5 流回油箱 T，此时主阀芯向右移动，主油路 P 与 A 导通，B 与 T 导通。同理，当电磁铁 6 通电、电磁铁 4 断电时，先导阀芯向左移，控制油压使主阀芯向左移动，主油路 P 与 B 导通，A 与 T 导通。

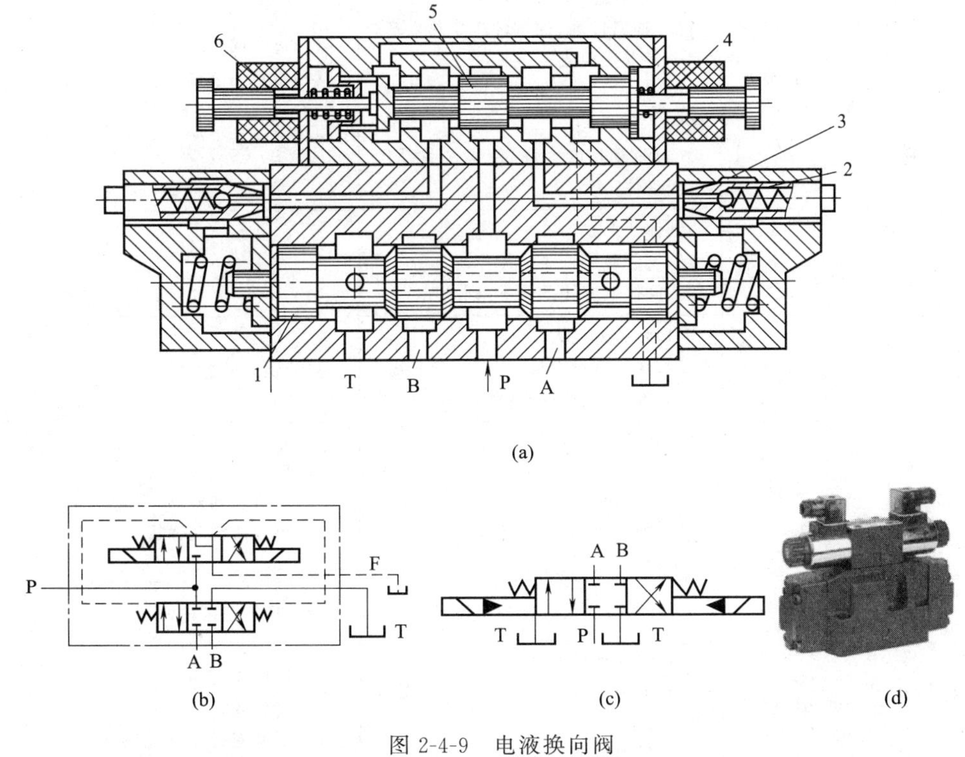

图 2-4-9　电液换向阀

1—主阀芯；2—单向阀；3—节流阀；4,6—电磁铁；5—先导电磁阀阀芯

(4) 换向阀常见故障及处理　换向阀常见故障及处理如表2-4-5所示。

表2-4-5　电（液、磁）换向阀常见故障及处理

故障现象	原因分析		消除方法
(一)主阀芯不运动	1. 电磁铁故障	(1)电磁铁线圈烧坏 (2)电磁铁推动力不足或漏磁 (3)电气线路出故障 (4)电磁铁未加上控制信号 (5)电磁铁铁芯卡死	(1)检查原因,进行修理或更换 (2)检查原因,进行修理或更换 (3)消除故障 (4)检查后加上控制信号 (5)检查或更换
	2. 先导电磁阀故障	(1)阀芯与阀体孔卡死(如零件几何精度差;阀芯与阀孔配合过紧;油液过脏) (2)弹簧侧弯,使滑阀卡死	(1)修理配合间隙达到要求,使阀芯移动灵活;过滤或更换油液 (2)更换弹簧
	3. 主阀芯卡死	(1)阀芯与阀体几何精度差 (2)阀芯与阀孔配合太紧 (3)阀芯表面有毛刺	(1)修理配研间隙达到要求 (2)修理配研间隙达到要求 (3)去毛刺,冲洗干净
	4. 液控油路故障	(1)控制油路无油 ①控制油路电磁阀未换向 ②控制油路被堵塞 (2)控制油路压力不足 ①阀端盖处漏油 ②滑阀排油腔一侧节流阀调节得过小或被堵死	(1)采取以下措施 ①检查原因并消除 ②检查清洗,并使控制油路畅通 (2)采取以下措施 ①拧紧端盖螺钉 ②清洗节流阀并调整适宜
	5. 油液变质或油温过高	(1)油液过脏使阀芯卡死 (2)油温过高,使零件产生热变形,而产生卡死现象 (3)油温过高,油液中产生胶质,粘住阀芯而卡死 (4)油液黏度太高,使阀芯移动困难而卡住	(1)过滤或更换 (2)检查油温过高原因并消除 (3)清洗、消除油温过高 (4)更换适宜的油液
	6. 安装不良	阀体变形 ①安装螺钉拧紧力矩不均匀 ②阀体上连接的管子"别劲"	①重新紧固螺钉,并使之受力均匀 ②重新安装
	7. 复位弹簧不符合要求	(1)弹簧力过大 (2)弹簧侧弯变形,致使阀芯卡死 (3)弹簧断裂不能复位	更换适宜的弹簧
(二)阀芯换向后通过的流量不足	阀开口量不足	(1)电磁阀中推杆过短 (2)阀芯与阀体几何精度差,间隙过小,移动时有卡死现象,故不到位 (3)弹簧太弱,推力不足,使阀芯行程不到位	(1)更换适宜长度的推杆 (2)配研达到要求 (3)更换适宜的弹簧
(三)压力降过大	阀参数选择不当	实际通过流量大于额定流量	应在额定范围内使用
(四)液控换向阀阀芯换向速度不易调节	可调装置故障	(1)单向阀封闭性差 (2)节流阀加工精度差,不能调节最小流量 (3)排油腔阀盖处漏油 (4)针形节流阀调节性能差	(1)修理或更换 (2)修理或更换 (3)更换密封件,拧紧螺钉 (4)改用三角槽节流阀

续表

故障现象	原因分析		消除方法
（五）电磁铁过热或线圈烧坏	1. 电磁铁故障	（1）线圈绝缘不好 （2）电磁铁铁芯不合适，吸不住 （3）电压太低或不稳定	（1）更换 （2）更换 （3）电压的变化值应在额定电压的10%以内
	2. 负荷变化	（1）换向压力超过规定 （2）换向流量超过规定 （3）回油口背压过高	（1）降低压力 （2）更换规格合适的电液换向阀 （3）调整背压使其在规定值内
	3. 装配不良	电磁铁铁芯与阀芯轴线同轴度不良	重新装配，保证有良好的同轴度
（六）电磁铁吸力不够	装配不良	（1）推杆过长 （2）电磁铁铁芯接触面不平或接触不良	（1）修磨推杆到适宜长度 （2）消除故障，重新装配达到要求
（七）冲击与振动	1. 换向冲击	（1）大通径电磁换向阀，因电磁铁规格大，吸合速度快而产生冲击 （2）液动换向阀，因控制流量过大，阀芯移动速度太快而产生冲击 （3）单向节流阀中的单向阀钢球漏装或钢球破碎，不起阻尼作用	（1）需要采用大通径换向阀时，应优先选用电液动换向阀 （2）调小节流阀节流口减慢阀芯移动速度 （3）检修单向节流阀
	2. 振动	固定电磁铁的螺钉松动	紧固螺钉，并加防松垫圈

4. 方向控制回路的组建与分析

在液压系统中，起控制执行元件的启动、停止及换向作用的回路，称方向控制回路。方向控制回路有换向回路和锁紧回路。

回路组装步骤：

① 选择组装回路的元件：泵、缸、换向阀及其他元件。

② 按图布置各元件的位置，进行组装，并检查可靠性。

③ 接通油路，调试回路。分析工作原理、性能特点。

④ 拆卸回路，清洗元件及试验台。

（1）换向回路　图2-4-10是采用限位开关控制三位四通换向阀动作的换向回路。按下启动按钮，1YA通电，液压缸左腔进油，活塞向右运动，当碰到上限位开关2时，2YA通

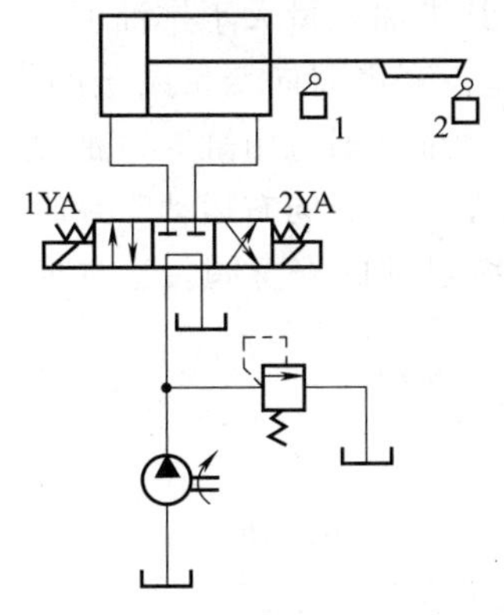

图2-4-10　电磁换向阀换向回路

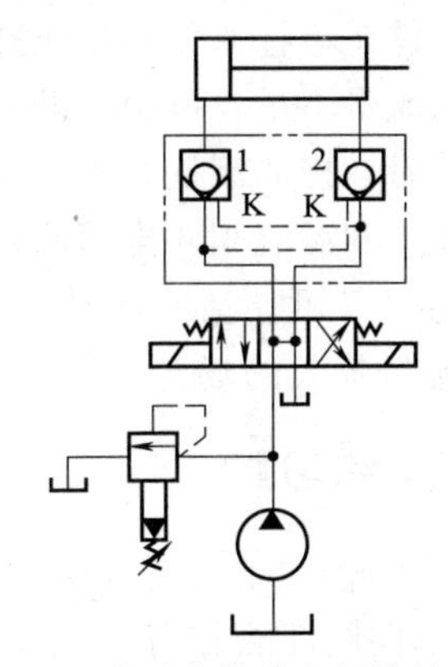

图2-4-11　采用液控单向阀的锁紧回路

电、1YA断电，换向阀切换到右位工作，液压缸右腔进油，活塞向左运动。当碰到限位开关1时，1YA通电、2YA断电，换向阀切换到左位工作，活塞又向左运动。这样往复变换换向阀的工作位置，就可实现自动变换活塞的运动方向。当1YA、2YA都断电时，换向阀处于中位，活塞停止运动。

运动部件的换向，一般可采用各种换向阀来实现。在容积调速的闭式回路中，也可以利用双向变量泵控制油流的方向来实现液压缸（或液压马达）的换向。

依靠重力或弹簧返回的单作用液压缸，可以采用二位三通换向阀进行换向。双作用液压缸的换向，一般都可采用二位四通（或五通）及三位四通（或五通）换向阀来进行换向，按不同用途还可选用各种不同的控制方式的换向回路。

电磁换向阀的换向回路应用最为广泛，尤其在自动化程度要求较高的组合机床液压系统中被普遍采用。对于流量较大和换向平稳性要求较高的场合，电磁换向阀的换向回路已不能适应上述要求，往往采用手动换向阀或机动换向阀作先导阀，而以液动换向阀为主阀的换向回路，或者采用电液动换向阀的换向回路。

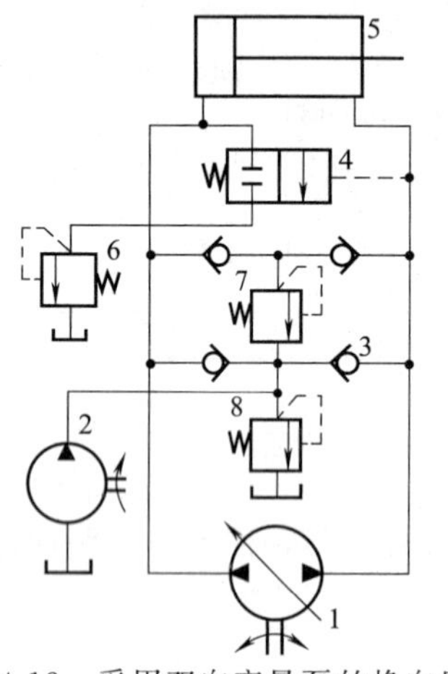

图2-4-12　采用双向变量泵的换向回路
1—双向变量泵；2—补油泵；3—单向阀；
4—换向阀；5—液压缸；
6,8—溢流阀；7—安全阀

（2）锁紧回路　锁紧回路是通过切断执行元件进油、出油通道而使执行元件准确地停在确定的位置，并防止停止运动后因外界因素而发生窜动。

如图2-4-11所示是采用液控单向阀的锁紧回路。在液压缸的进、回油路中都串接液控单向阀，又称液压锁，活塞可以在行程的任何位置锁紧。其锁紧精度只受液压缸内少量的内泄漏影响，因此，锁紧精度较高。为了保证在三位换向阀中位时锁紧，换向阀应采用H型或Y型。这种回路常用于汽车起重机的支腿油路中，也用于矿山采掘机械的液压支架的锁紧回路中。

使执行元件锁紧的最简单的方法是采用O型或M型机能的三位换向阀，当阀芯处于中位时，液压缸的进、出口都被封闭，可以将活塞锁紧，这种锁紧回路由于受到滑阀泄漏的影响，锁紧效果较差。

【知识拓展】　采用双向变量泵的换向回路

在闭式回路中可用双向变量泵变更供油方向来直接实现液压缸（马达）换向。如图2-4-12所示，执行元件是单杆双作用液压缸5，活塞向右运动时，其进油流量大于排油流量，双向变量泵1吸油侧流量不足，可用辅助泵2通过单向阀3来补充；变更双向变量泵1的供油方向，活塞向左运动时，排油流量大于进油流量，泵1吸油侧多余的油液通过由缸5进油侧压力控制的二位二通阀4和溢流阀6排回油箱；溢流阀6和8既使活塞向左或向右运动时泵吸油侧有一定的吸入压力，又可使活塞运动平稳。溢流阀7是防止系统过载的安全阀。这种回路适用于压力较高、流量较大的场合。

【思考与练习】

1. 分别说明普通单向阀和液控单向阀的作用？它们有哪些实际用途？
2. 普通单向阀能否作背压阀使用？背压阀的开启压力是多少？
3. 画出液控单向阀的图形符号，并根据图形符号简要说明其工作原理。

4. 何谓换向阀的“位”、“通”和“滑阀机能”？试分析 O、M、P、H、Y 型机能的特点。

5. 电液动换向阀的先导阀，为何选用 Y 型中位机能？改用其他型中位机能是否可以？为什么？

6. 二位四通电磁阀能否做二位三通或二位二通阀使用？具体接法如何？

7. 说明图 2-4-11 所示的回路工作原理。

子任务 2　机床液压系统压力控制阀及压力控制回路的组建与分析

【任务目标】

1. 掌握压力控制阀结构组成、工作原理、性能特点，能合理使用和选用。
2. 掌握压力控制回路的组成、原理、性能特点及应用。
3. 了解压力控制阀及压力控制回路常见的故障现象及排除方法。

【任务描述】

拆装机床液压系统典型溢流阀、减压阀、顺序阀、压力继电器等实物和透明元件，观察分析结构组成、工作原理、性能特点，能合理使用和选用。组建压力控制回路，分析控制原理、回路性能特点及应用。了解压力控制阀及压力控制回路常见的故障现象及排除方法。

【知识准备】

1. 压力控制阀

在液压系统中控制油液压力高低或利用压力变化实现某种动作的阀通称为压力控制阀。常见的压力控制阀按功用分为溢流阀、减压阀、顺序阀、压力继电器等。

（1）溢流阀　溢流阀的功用是溢出多余的油液，使系统或回路的压力维持恒定，实现稳压、调压和限压。几乎在所有的液压系统中都要用到它，其性能好坏对整个液压系统的正常工作有很大影响。溢流阀按其结构原理可分为直动型和先导型两种。

对溢流阀的要求主要是：①调压范围大，调压偏差小，动作灵敏；②过流能力强；③工作时噪声小等。

（2）减压阀　减压阀是使出口压力低于进口压力的一种压力控制阀。利用减压阀可降低系统提供的压力，使同一系统具有两个或两个以上的压力回路。减压阀根据功用的不同可以分为定值减压阀、定差减压阀和定比减压阀。

这三类减压阀中最常用的是定值减压阀，如不指明，通常所称的减压阀即为定值减压阀。

定值减压阀的功用是获得比进口压力低但稳定的出口工作压力。常用在夹紧油路或润滑油路中。

对定值减压阀主要要求是维持出口压力稳定，受入口压力和通过流量变化影响小。

（3）顺序阀　顺序阀是利用油路中压力的变化来控制阀口启闭，以实现各工作部件依次顺序动作的液压元件，常用在控制多个执行元件的顺序动作，故名顺序阀。一般情况下，可以将顺序阀看作是利用压力来控制油路通断的二位二通换向阀。

顺序阀按结构不同分为直动式和先导式两种，一般先导式用于压力较高的场合。

对顺序阀的主要要求是：①调压范围大；②动作可靠，不因压力波动等原因产生误动作，保证系统安全；③过流能力强，工作时噪声小等。

2. 压力控制回路

压力控制回路是用压力阀来控制和调节液压系统主油路或某一支路的压力，以满足执行元件速度换接回路所需的力或力矩的要求。利用压力控制回路可实现对系统进行调压（稳压）、减压、增压、卸荷、保压与平衡等各种控制。

【任务实施】

1. 场地与设备

（1）场地　液压实训室、实训基地。

（2）设备　液压实训台，机床液压系统典型压力控制阀实物及透明模型各5个，拆装工具等。

2. 溢流阀及调压回路的组建与分析

（1）直动型溢流阀的拆装分析　直动型溢流阀的结构主要有滑阀、锥阀、球阀和喷嘴挡板阀等形式，它们的基本工作原理相同。

①锥阀式直动型溢流阀拆装分析

拆装步骤：

a. 拆下调压螺母，取出弹簧。

b. 分离阀芯、阀体。

在拆卸过程中，详细观察阀芯、阀体的结构，理解溢流阀的工作原理。

c. 装配要领。装配前清洗各种零件，将配合零件表面涂润滑油，然后按拆卸时反顺序装配。注意油孔、油路是否畅通、无尘屑。

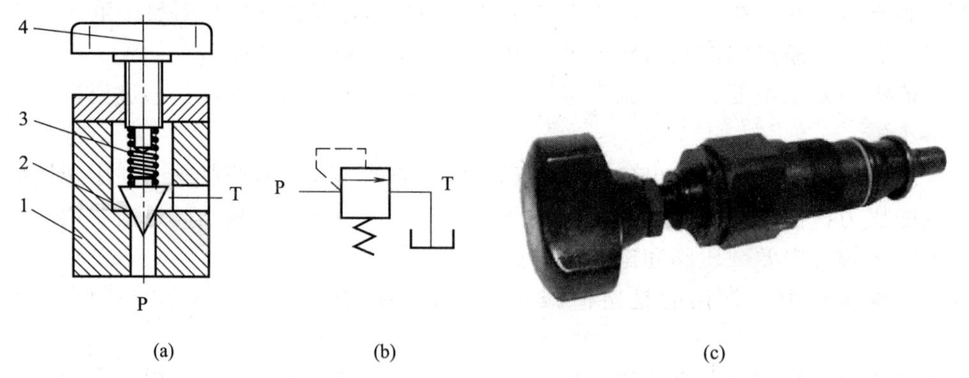

图 2-4-13　锥阀式直动型溢流阀

1—阀体；2—阀芯；3—调压弹簧；4—调压手轮

② 锥阀式直动型溢流阀的结构原理（图 2-4-13）　当进油口P的油液压力不高时，锥阀芯2被弹簧3压紧在阀座上，阀口关闭。当进口油压 p 升高到能克服弹簧阻力时，便推开锥阀芯使阀口打开，油液就从回油口T流回油箱（溢流），进口压力 p 也就不会继续升高。当通过溢流阀的流量变化时，阀口开度变化，弹簧压缩量也随之改变。阀芯在液压力和弹簧

力作用下保持平衡，溢流阀进口处的压力 p 基本保持在弹簧调定值。拧动调压手轮 4 改变弹簧的预压缩量，便可调整溢流阀的溢流压力。

这种溢流阀因为其作用在阀芯上的液压力直接和调压弹簧力抗衡，所以称为直动式溢流阀。由于液压力直接作用于弹簧的结构原因，需要的弹簧刚度很大，当溢流量较大时，阀口开度增大，弹簧的压缩量增大，控制的油液压力波动大，手轮调节所需力量也大。所以直动型溢流阀适用于低压小流量系统。

（2）先导式溢流阀拆装分析　先导式溢流阀由主阀和先导阀两部分组成。主阀由主阀体、主阀芯、小弹簧等组成；先导阀是直动式锥阀芯溢流阀。

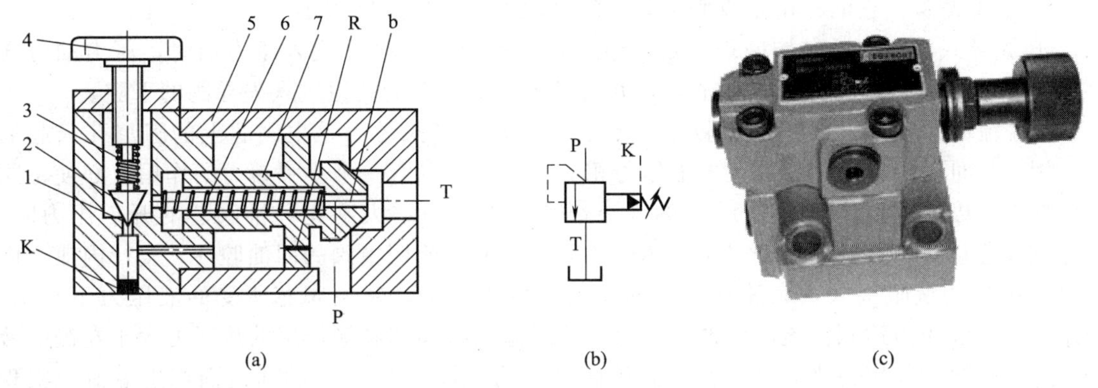

图 2-4-14　先导式溢流阀

1—先导阀座；2—先导阀芯；3—调压弹簧；4—调压手轮；5—主阀体；6—主阀芯弹簧；7—主阀芯

① 拆卸步骤

a. 拆卸前清洗阀的外表面，观察阀的外形，转动调节手柄，体会手感。

b. 拧下螺钉，拆开主阀和先导阀的连接，取出主阀弹簧和主阀芯。

c. 拧下先导阀上的手柄和远控口螺塞。

d. 旋下阀盖，从先导阀体内取出弹簧座、调压弹簧和先导阀芯。

注意：主阀座和导阀座是压入阀体的，不拆。

e. 用光滑的跳针把密封圈撬出，并检查弹性和尺寸精度，如有磨损和老化应及时更换。

在拆卸过程中，详细观察先导阀芯和主阀芯的结构、主阀芯阻尼的大小，加深理解先导式溢流阀的工作原理。

② 装配要领

a. 装合前清洗各种零件，将配合零件表面涂润滑油，然后按拆卸时反顺序装配，但应注意检查各零件的油孔、油路是否畅通、有无尘屑。

b. 将调压弹簧安放在先导阀芯的圆柱面上，然后一起推入先导阀体。

c. 主阀芯装入主阀体后，应运动自如。

d. 先导阀体与主阀体的止口、平面应完全贴合后，才能用螺钉连接。螺钉要分两次拧紧，并按对角线顺序进行。

注意：由于主阀芯的三个圆柱面与先导阀体、主阀体和主阀座孔相配合，同轴度要求高。装配时，要保证装配精度。

③ 主要零件的构造及作用

a. 主阀体：其上开有进油口 P、出油口 T 和安装主阀芯用的中心圆孔。

b. 先导阀体：其上开有远控口和安装主阀芯用的中心圆孔（远控口是否接油路要根据需要确定）。

c. 主阀芯：为阶梯轴，其中三个圆柱面与阀体有配合要求，并开有阻尼孔和泄油孔。

d. 阻尼孔的作用：当先导阀打开，有油流过阻尼孔时，使 B 腔的压力 p_B 小于 A 腔的压力 p_A。

e. 泄油孔的作用：将先导阀左腔和主阀弹簧腔的油引至阀体的出油口（此种泄油方式为内泄）。

f. 调压弹簧：它主要起调压作用，它的弹簧刚度比主阀弹簧刚度大。

g. 主阀弹簧：它的作用是克服主阀芯的摩擦力，所以刚度很小。

④ 先导式溢流阀的结构原理　当先导式溢流阀的进油口 P 通入压力油时，压力油可通过主阀芯上的阻尼孔 R 进入左侧油腔，并通过先导阀体上的孔道进入先导阀的下腔。

当溢流阀进油口 P 处的压力较小，不足以顶开先导阀芯时，主阀芯上的阻尼孔只起通油作用，这时主阀芯左、右两腔的液压力相等，而左腔又有一个小弹簧力的作用，必使主阀芯处在右端极限位置，封闭 P 到 T 的溢流通道；当压力增大到先导锥阀芯的开启压力时，先导锥阀芯打开，油液可以经过主阀芯上的泄油孔道 b 流回主阀的回油腔 T，实行内泄。由于阻尼孔 R 的液阻很大，靠流动阻力的作用产生压力降，使主阀芯所受的液压力不平衡，当入口处的液压力达到溢流阀的调定压力，这时溢流阀阀芯右侧作用的液压力大于左侧的液压力与小弹簧的作用力之和，主阀芯开始向左运动，打开 P 到 T 的通道而产生溢流，实现溢流稳压的目的。

调节先导阀的调压手轮，便能调整溢流压力；更换不同刚度的调压弹簧，便能得到不同的调压范围。

先导式溢流阀上开有一个远程控制口 K，它和主阀芯的左腔相连，图 2-4-14 为控制口封闭状态。当要实行远程控制时，在此口连接一个调压阀，相当于给溢流阀的调压部分并联一个先导调压阀，溢流阀工作压力就由溢流阀本身的先导调压阀和远程控制口上连接的调压阀中较小的调压值决定。调节远程控制口上连接的调压阀（调节压力小于溢流阀本身先导阀的调定值）可以实现对溢流阀的远程控制或使溢流阀卸荷。如不使用其功能，如图 2-4-14 堵上远程控制口即可。

在先导型溢流阀中，先导阀的作用是控制和调节溢流压力，其阀口直径较小，即使在较高压力的情况下，作用在锥阀芯上的液压力也不大，因此调压弹簧的刚度不必很大，压力调整也比较轻便；主阀芯的两端均受油压作用，主阀弹簧也只需很小刚度，这样，当溢流量变化而引起弹簧压缩量变化时，进油口的压力变化不大。故先导型溢流阀的稳压性能优于普通直动型溢流阀。但先导型溢流阀是二级阀，其灵敏度低于直动型阀。

（3）溢流阀常见故障及处理　见表 2-4-6。

表 2-4-6　溢流阀常见故障及处理

故障现象	原因分析		消除方法
（一）调不上压力	1. 主阀故障	(1)主阀芯阻尼孔堵塞(装配时主阀芯未清洗干净,油液过脏) (2)主阀芯在开启位置卡死(如零件精度低,装配质量差,油液过脏) (3)主阀芯复位弹簧折断或弯曲,使主阀芯不能复位	(1)清洗阻尼孔使之畅通;过滤或更换油液 (2)拆开检修,重新装配;阀盖紧固螺钉拧紧力要均匀;过滤或更换油液 (3)更换弹簧

续表

故障现象		原因分析	消除方法
（一）调不上压力	2. 先导阀故障	(1)调压弹簧折断 (2)调压弹簧未装 (3)锥阀或钢球未装 (4)锥阀损坏	(1)更换弹簧 (2)补装 (3)补装 (4)更换
	3. 远控口电磁阀故障或远控口未加丝堵而直通油箱	(1)电磁阀未通电(常开) (2)滑阀卡死 (3)电磁铁线圈烧毁或铁芯卡死 (4)电气线路故障	(1)检查电气线路接通电源 (2)检修、更换 (3)更换 (4)检修
	4. 装错	进出油口安装错误	纠正
	5. 液压泵故障	(1)滑动副之间间隙过大(如齿轮泵、柱塞泵) (2)叶片泵的多数叶片在转子槽内卡死 (3)叶片和转子方向装反	(1)修配间隙到适宜值 (2)清洗,修配间隙达到适宜值 (3)纠正方向
（二）压力调不高	1. 主阀故障(若主阀为锥阀)	(1)主阀芯锥面封闭性差 ①主阀芯锥面磨损或不圆 ②阀座锥面磨损或不圆 ③锥面处有脏物粘住 ④主阀芯锥面与阀座锥面不同心 ⑤主阀芯工作有卡滞现象,阀芯不能与阀座严密结合 (2)主阀压盖处有泄漏(如密封垫损坏,装配不良,压盖螺钉有松动等)	(1)采取如下措施 ①更换并配研 ②更换并配研 ③清洗并配研 ④修配使之结合良好 ⑤修配使之结合良好 (2)拆开检修,更换密封垫,重新装配,并确保螺钉拧紧力均匀
	2. 先导阀故障	(1)调压弹簧弯曲,或太弱,或长度过短 (2)锥阀与阀座结合处封闭性差(如锥阀与阀座磨损,锥阀接触面不圆,接触面太宽进入脏物或被胶质粘住)	(1)更换弹簧 (2)检修更换清洗,使之达到要求
（三）压力突然升高	1. 主阀故障	主阀芯工作不灵敏,在关闭状态突然卡死(如零件加工精度低,装配质量差,油液过脏等)	检修,更换零件,过滤或更换油液
	2. 先导阀故障	(1)先导阀阀芯与阀座结合面突然粘住,脱不开 (2)调压弹簧弯曲造成卡滞	(1)清洗修配或更换油液 (2)更换弹簧
（四）压力突然下降	1. 主阀故障	(1)主阀芯阻尼孔突然被堵死 (2)主阀芯工作不灵敏,在关闭状态突然卡死(如零件加工精度低,装配质量差,油液过脏等) (3)主阀盖处密封垫突然破损	(1)清洗,过滤或更换油液 (2)检修更换零件,过滤或更换油液 (3)更换密封件
	2. 先导阀故障	(1)先导阀阀芯突然破裂 (2)调压弹簧突然折断	(1)更换阀芯 (2)更换弹簧
	3. 远控口电磁阀故障	电磁铁突然断电,使溢流阀卸荷	检查电气故障并消除

续表

故障现象	原因分析		消除方法
（五）压力波动（不稳定）	1. 主阀故障	(1)主阀芯动作不灵活，有时有卡住现象 (2)主阀芯阻尼孔有时堵有时通 (3)主阀芯锥面与阀座锥面接触不良，磨损不均匀 (4)阻尼孔径太大，造成阻尼作用差	(1)检修更换零件，压盖螺钉拧紧力应均匀 (2)拆开清洗，检查油质，更换油液 (3)修配或更换零件 (4)适当缩小阻尼孔径
	2. 先导阀故障	(1)调压弹簧弯曲 (2)锥阀与锥阀座接触不良，磨损不均匀 (3)调节压力的螺钉由于锁紧螺母松动而使压力变动	(1)更换弹簧 (2)修配或更换零件 (3)调压后应把锁紧螺母锁紧
（六）振动与噪声	1. 主阀故障	主阀芯在工作时径向力不平衡，导致性能不稳定 ①阀体与主阀芯几何精度差，棱边有毛刺 ②阀体内黏附有污物，使配合间隙增大或不均匀	①检查零件精度，对不符合要求的零件应更换，并把棱边毛刺去掉 ②检修更换零件
	2. 先导阀故障	(1)锥阀与阀座接触不良，圆周面的圆度不好，粗糙度数值大，造成调压弹簧受力不平衡，使锥阀振荡加剧，产生尖叫声 (2)调压弹簧轴心线与端面不够垂直，这样针阀会倾斜，造成接触不均匀 (3)调压弹簧在定位杆上偏向一侧 (4)装配时阀座装偏 (5)调压弹簧侧向弯曲	(1)把封油面圆度误差控制在0.005～0.01mm以内 (2)提高锥阀精度，粗糙度应达 $Ra0.4\mu m$ (3)更换弹簧 (4)提高装配质量 (5)更换弹簧
	3. 系统存在空气	泵吸入空气或系统存在空气	排除空气
	4. 阀使用不当	通过流量超过允许值	在额定流量范围内使用
	5. 回油不畅	回油管路阻力过高或回油过滤器堵塞或回油管贴近油箱底面	适当增大管径，减少弯头，回油管口应离油箱底面二倍管径以上，更换滤芯
	6. 远控口管径选择不当	溢流阀远控口至电磁阀之间的管子通径不宜过大，过大会引起振动	一般管径取6mm较适宜

(4) 溢流阀的应用及调压回路

① 压力控制回路组装步骤

a. 选择组装各调压回路的元件：泵、缸、换向阀、溢流阀及其他元件。

b. 按图布置各元件的位置，进行组装，并检查可靠性。

c. 溢流阀全开，启动泵，将溢流阀开度逐渐减小，调试回路。分析工作原理、性能特点。

d. 拆卸回路，清洗元件及试验台。

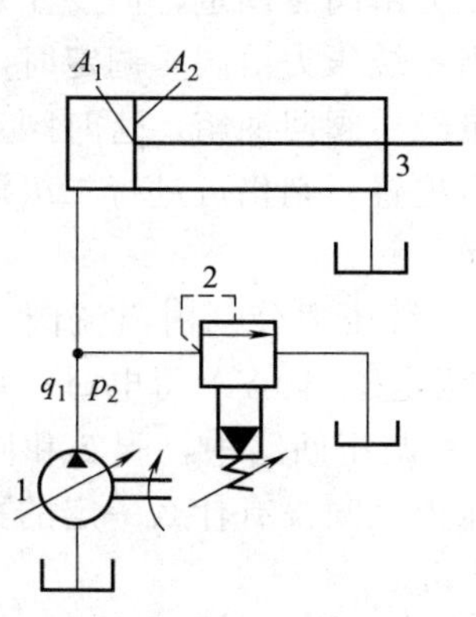

图 2-4-15 溢流阀作安全阀用

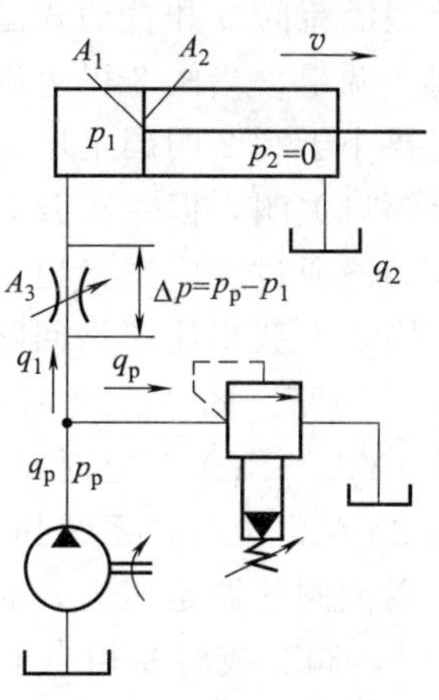

图 2-4-16 溢流阀稳压

② 常用的调压回路

a. 单级调压回路。如图 2-4-15 所示变量泵供油系统调速回路中，泵的压力随负载变化。系统正常工作时安全阀关闭。当系统压力达到阀的调定压力时，阀开启溢流，此时系统压力就决定于溢流阀的调定压力。溢流阀是为了限制液压系统的最高压力，防止液压系统过载（作安全阀用），以保证系统的安全。

如图 2-4-16 所示节流调速系统中，系统由定量泵供油，采用节流阀调节进入回路的流量，在液压泵的出口处设置溢流阀，使多余的油从溢流阀流回油箱，从而控制了液压系统的压力，维持液压系统压力恒定（作溢流阀用）。调节溢流阀便可调节泵的供油压力。

如图 2-4-17 所示，先导式溢流阀与电磁阀组成电磁溢流阀，控制系统卸荷。溢流阀的远程控制口可通过二位二通电磁换向阀与油箱相通。当电磁铁 1YA 通电时，溢流阀远程控制口通油箱，这时溢流阀阀口全开，泵排出的油液全部回油箱，使液压系统卸荷（作卸荷阀用）。

如图 2-4-18 所示，在系统回油路上接上溢流阀 4，造成回油阻力，形成背压，改善执行元件的运动平稳性，使系统工作平稳（作背压阀用），背压大小可根据需要调节溢流阀的调定压力来获得。

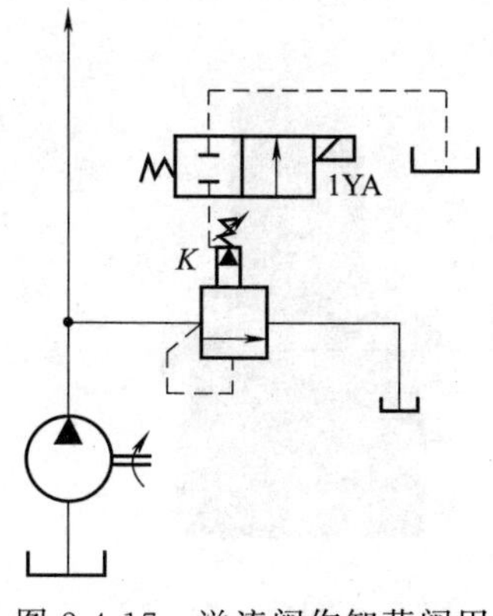

图 2-4-17 溢流阀作卸荷阀用

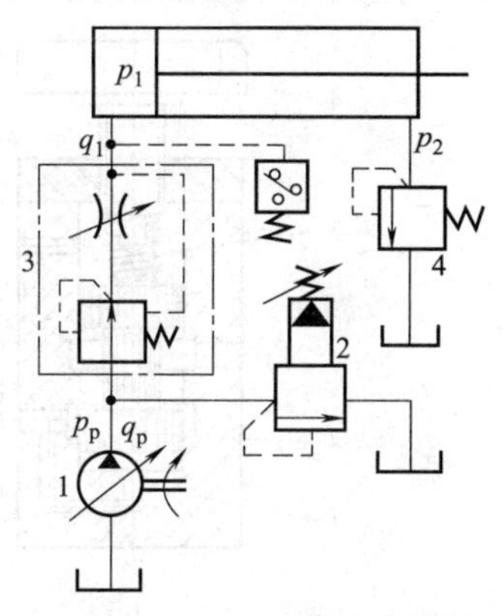

图 2-4-18 溢流阀作背压阀用

b. 二级调压回路。图 2-4-19 所示为二级调压回路，该回路可实现两种不同的系统压力控制。由先导型溢流阀 2 和直动式溢流阀 4 各调一级，当二位二通电磁阀 3 处于图示位置时系统压力由阀 2 调定，当阀 3 得电后处于右位时，系统压力由阀 4 调定，但要注意：阀 4 的调定压力一定要小于阀 2 的调定压力，否则不能实现；当系统压力由阀 4 调定时，先导型溢流阀 2 的先导阀口关闭，但主阀开启，液压泵的溢流流量经主阀回油箱，这时阀 4 亦处于工作状态，并有油液通过。应当指出：若将阀 3 与阀 4 对换位置，则仍可进行二级调压，并且在二级压力转换点上获得比图示回路更为稳定的压力转换。

c. 多级调压回路。图 2-4-20 所示为三级调压回路，三级压力分别由溢流阀 1、2、3 调定，当电磁铁 1YA、2YA 失电时，系统压力由主溢流阀调定。当 1YA 得电时，系统压力由阀 2 调定。当 2YA 得电时，系统压力由阀 3 调定。在这种调压回路中，阀 2 和阀 3 的调定压力要低于主溢流阀的调定压力，而阀 2 和阀 3 的调定压力之间没有什么一定的关系。当阀 2 或阀 3 工作时，阀 2 或阀 3 相当于阀 1 上的另一个先导阀。

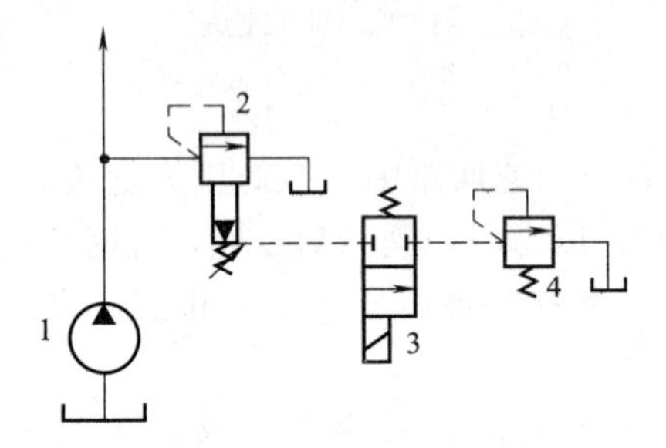

图 2-4-19　二级调压回路

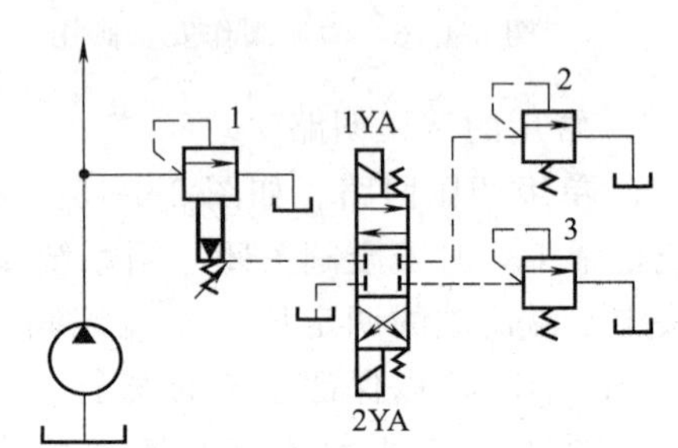

图 2-4-20　三级调压回路

3. 减压阀与减压回路的组建与分析

（1）减压阀拆装分析

① 定值减压阀　定值减压阀有直动式和先导式两种。

直动式减压阀拆装分析参考锥阀式直动型溢流阀拆装方法步骤。

图 2-4-21 为直动式减压阀的结构原理。P_1 为进油口，P_2 为出油口，阀芯上端弹簧腔的泄漏油经 L 单独接回油箱。减压阀没有工作时，由于弹簧力的作用，阀芯处在下端的极限位置，阀口是常通的。减压阀正常工作时，其出口液压力（出口压力油通过阀内通道 a 引入，作用在阀芯下端向上的作用力）和弹簧调定压力相平衡，维持节流降压口 H 为固定值。

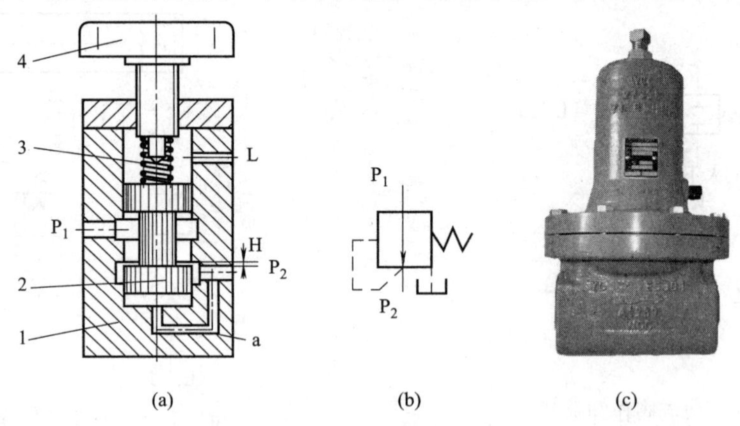

图 2-4-21　直动式减压阀

1—阀体；2—阀芯；3—调压弹簧；4—调压手轮

当出口压力增大时，作用在阀芯下端的液压力大于弹簧的调定值时，阀芯上移，减小节流降压口，使节流降压作用增强；反之，出口的压力减小时，阀芯下移，增大节流降压口，使节流降压作用减弱，控制出口的压力维持在调定值。

先导式减压阀拆装分析：参考先导型溢流阀拆装方法步骤。

图 2-4-22 为先导减压阀的结构原理。减压阀没有工作时，由于弹簧力的作用，阀芯处在右端的极限位置，阀口是常通的。在减压阀通入压力油时，压力油减压口减压后从出口流出，经减压的出口压力油经阀体上的孔道引入阀芯的左端，通过主阀芯上的阻尼孔 R 进入主阀芯的左侧油腔，并通过先导阀体上的孔道进入先导阀的下腔。

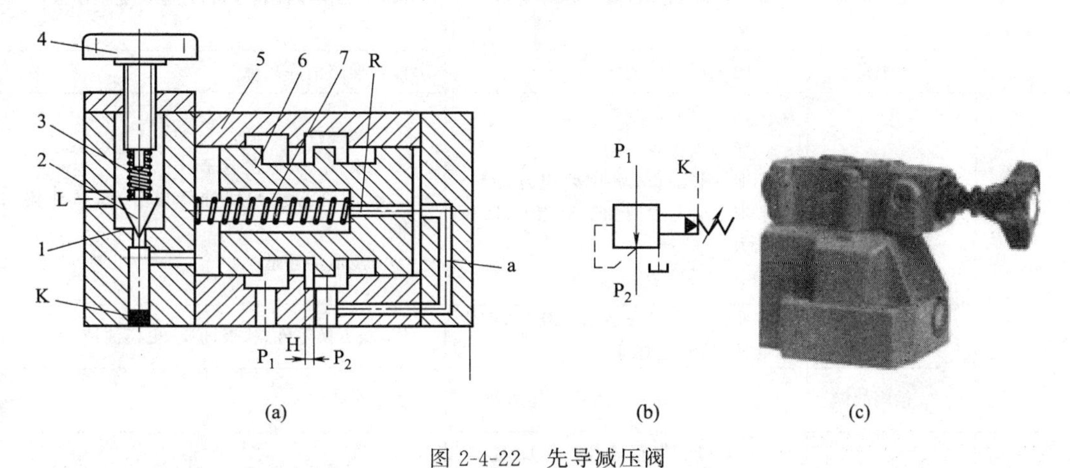

图 2-4-22　先导减压阀

1—先导阀座；2—先导阀芯；3—调压弹簧；4—调压手轮；5—主阀体；6—主阀芯；7—主阀芯弹簧

当减压阀出口的压力较小，不足以顶开先导阀芯时，主阀芯上的阻尼孔 R 只起通油作用，使主阀芯左、右两腔的液压力相等，而左腔又有一个小弹簧力的作用，必使主阀芯处在右端极限位置，使节流降压口 H 大开，减压阀不起减压作用；当压力增大到先导锥阀芯的开启压力时，先导锥阀芯打开，泄漏油液可以经过泄油孔道单独流回油箱，实行外泄。减压阀在调定压力下正常工作时，由于出口压力与先导阀溢流压力和主阀芯弹簧力的平衡作用，维持节流降压口 H 为定值。当出口压力增大，由于阻尼孔流动阻力的作用产生压力降，主阀芯所受的力不平衡，使阀芯左移，减小节流降压口，使节流降压作用增强；反之，出口的压力减小时，阀芯右移，增大节流降压口，使节流降压作用减弱，控制出口的压力维持在调定值。同样，先导减压阀具有远程控制口 K，通过它可以实现远程控制。

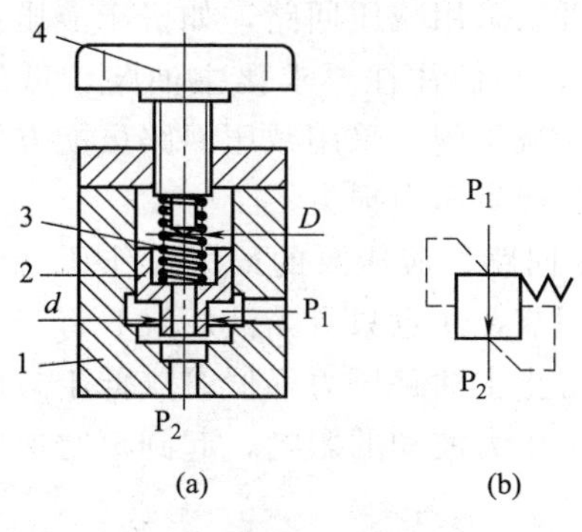

图 2-4-23　定差减压阀

1—阀体；2—阀芯；3—弹簧；4—手轮

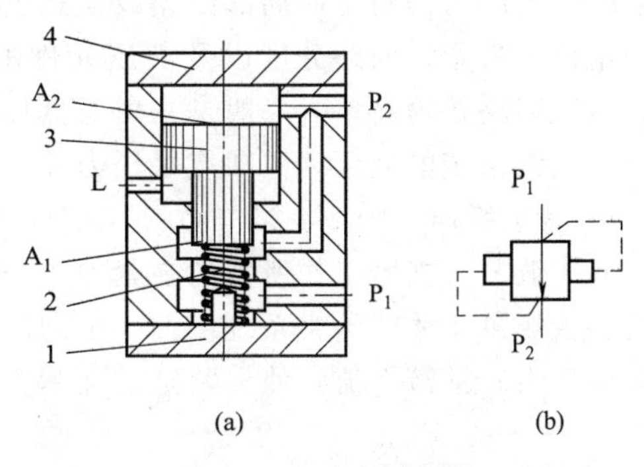

图 2-4-24　定比减压阀

1—下阀盖；2—弹簧；3—阀芯；4—上阀盖

② 定差减压阀　定差减压阀可使阀的进出口压力差保持为定值。如图 2-4-23 所示。

③ 定比减压阀　定比减压阀可使阀进出口压力间保持一定的比例关系。图 2-4-24 为定比减压阀的结构原理。

（2）减压阀常见故障及处理　见表 2-4-7。

表 2-4-7　减压阀常见故障及处理

故障现象	原因分析		消除方法
（一）无二次压力	1. 主阀故障	主阀芯在全闭位置卡死（如零件精度低）；主阀弹簧折断，弯曲变形；阻尼孔堵塞	修理、更换零件和弹簧，过滤或更换油液
	2. 无油源	未向减压阀供油	检查油路消除故障
（二）不起减压作用	1. 使用错误	泄油口不通 ①螺塞未拧开 ②泄油管细长，弯头多，阻力太大 ③泄油管与主回油管道相连，回油背压太大 ④泄油通道堵塞、不通	①将螺塞拧开 ②更换符合要求的管子 ③泄油管必须与回油管道分开，单独流回油箱 ④清洗泄油通道
	2. 主阀故障	主阀芯在全开位置时卡死（如零件精度低，油液过脏等）	修理、更换零件，检查油质，更换油液
	3. 锥阀故障	调压弹簧太硬，弯曲并卡住不动	更换弹簧
（三）二次压力不稳定	主阀故障	（1）主阀芯与阀体几何精度差，工作时不灵敏 （2）主阀弹簧太弱，变形或将主阀芯卡住，使阀芯移动困难 （3）阻尼小孔时堵时通	（1）检修，使其动作灵活 （2）更换弹簧 （3）清洗阻尼小孔
（四）二次压力升不高	1. 外泄漏	（1）顶盖结合面漏油，其原因如：密封件老化失效，螺钉松动或拧紧力矩不均 （2）各丝堵处有漏油	（1）更换密封件，紧固螺钉，并保证力矩均匀 （2）紧固并消除外漏
	2. 锥阀故障	（1）锥阀与阀座接触不良 （2）调压弹簧太弱	（1）修理或更换 （2）更换

（3）减压阀的应用与减压回路　减压阀在夹紧系统、控制系统、润滑系统中应用较多。当泵的输出压力是高压而局部回路或支路要求低压时，可以采用减压回路，如机床液压系统中的定位、夹紧、回路分度以及液压元件的控制油路等，它们往往要求比主油路较低的压力。减压回路较为简单，一般是在所需低压的支路上串接减压阀。采用减压回路虽能方便地获得某支路稳定的低压，但缺点是压力油经减压阀口时要产生压力损失。

① 减压稳压　图 2-4-25（a）是用于夹紧系统的减压回路。液压泵的最大工作压力由溢流阀 6 来调节，夹紧工作所需的夹紧力可用减压阀 2 来调节，注意只有当液压缸 5 将工件夹紧后，液压泵 1 才能给主系统供油。单向阀 3 的作用是防止主油路压力降低时（低于减压阀的调定压力）油液倒流，使夹紧缸的夹紧力不致受主系统压力波动的影响，起到短时保压的效果。

② 实现远程调压或多级调压　减压回路也可以采用类似两级或多级调压的方法获得两级或多级减压。图 2-4-25（b）所示为利用先导型减压阀 7 的远程控制口接一远程调压阀 8

获得两级减压的回路，应注意阀 8 的调定压力一定要低于阀 7 的调定压力值。为了使减压回路工作可靠，减压阀的调整压力应在调压范围内，一般不小于 0.5MPa，最高调定压力至少比系统压力低 0.5MPa。当减压回路中的执行元件需要调速时，应将调整元件放在减压阀之后，因为减压阀起减压作用时，有一小部分油液从先导阀流回油箱，调速元件放在减压阀的后面，则可避免这部分流量对执行元件速度的影响。

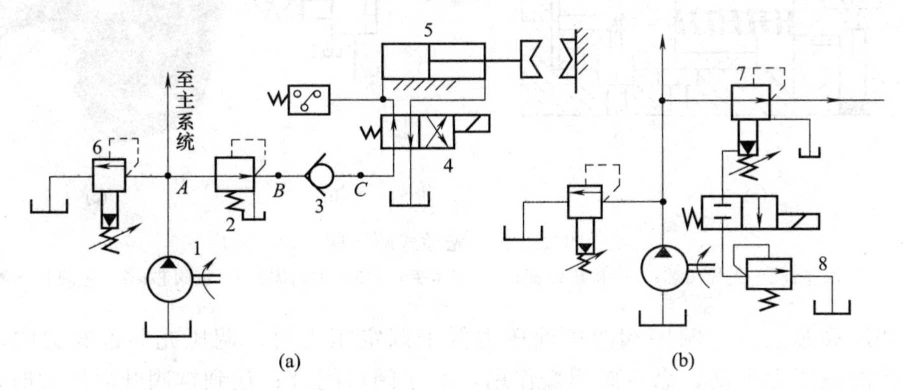

图 2-4-25　减压回路

4. 顺序阀与顺序动作回路的组建与分析

(1) 顺序阀拆装分析

① 直动式顺序阀

直动式顺序拆装分析：参考直动型溢流阀拆装方法步骤。

如图 2-4-26 为直动式顺序阀的结构原理图。它分内控式［图 2-4-26 (a)］和外控式［图 2-4-26 (b)］等形式。在进口［图 2-4-26 (a)］或外控油口［图 2-4-26 (b)］压力油的压力没有达到调定压力时，顺序阀关闭，当达到调定压力时顺序阀开启。图 2-4-26 (c) 和图 2-4-26 (d)分别为内控式和外控式的图形符号。图 2-4-26 (e) 为直动式顺序阀的实物。

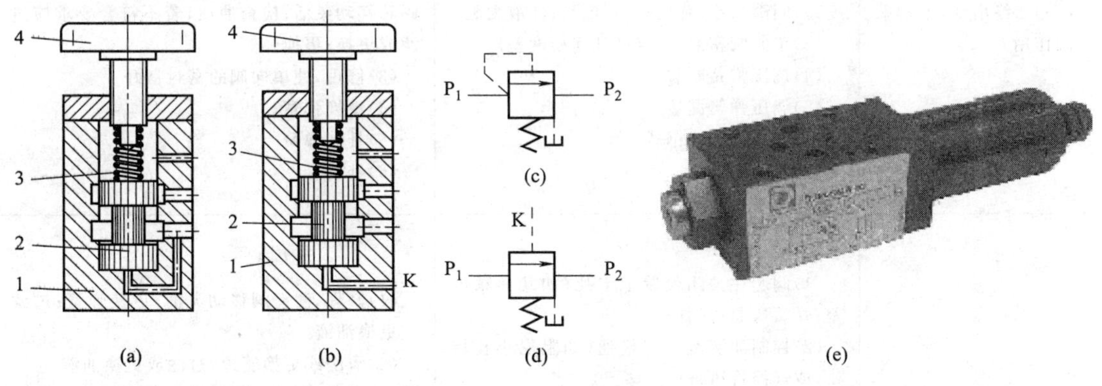

图 2-4-26　直动式顺序阀

1—阀体；2—阀芯；3—调压弹簧；4—调压手轮

② 先导式顺序阀

先导式顺序阀拆装分析：参考先导型溢流阀拆装方法步骤。

图 2-4-27 为某先导式顺序阀的结构原理图。当先导式顺序阀的入口通入压力油时，油液经过主阀芯的径向孔，右侧通阀芯右腔，左侧经阻尼孔 R 通主阀弹簧腔，并作用在先导

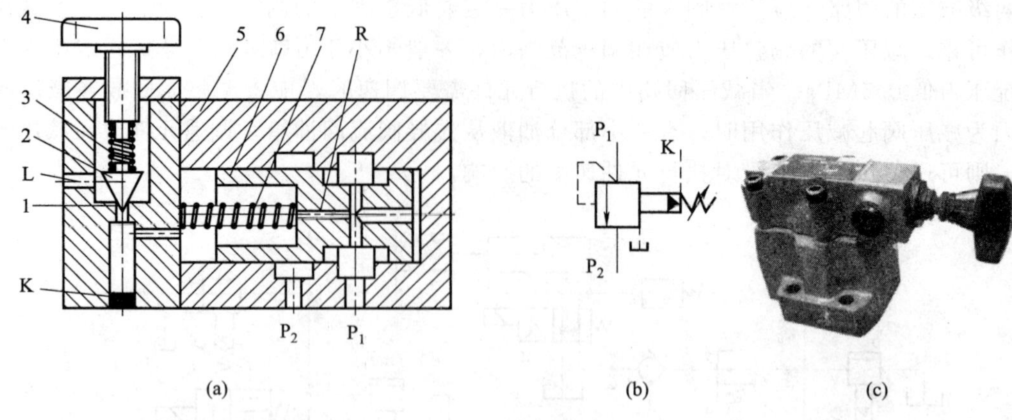

图 2-4-27　先导式顺序阀

1—先导阀座；2—先导阀芯；3—调压弹簧；4—调压手轮；5—主阀体；6—主阀芯；7—主阀芯弹簧

调压阀的调压阀芯上。当顺序阀的进油压力低于调定压力时，调压先导锥阀关闭，主阀芯左、右所受的液压力平衡，靠主阀弹簧作用，顺序阀口闭合；达到锥阀开启压力时，压力油顶开先导锥阀，其泄漏油经 L 单独接回油箱；当进油压力达到顺序阀预先调定压力时，顺序阀口开启，油液从顺序阀出油口 P_2 输出，使下一级液压元件（液压缸等）动作。先导式顺序阀也可以通过远程控制口进行远程控制。

（2）顺序阀常见故障及处理　见表 2-4-8。

表 2-4-8　顺序阀常见故障及处理

故障现象	原因分析	消除方法
(一)始终出油,不起顺序阀作用	(1)阀芯在打开位置上卡死(如几何精度差,间隙太小;弹簧弯曲,断裂;油液太脏) (2)单向阀在打开位置上卡死(如几何精度差,间隙太小;弹簧弯曲、断裂;油液太脏) (3)单向阀密封不良(如几何精度差) (4)调压弹簧断裂 (5)调压弹簧漏装 (6)未装锥阀或钢球	(1)修理,使配合间隙达到要求,并使阀芯移动灵活;检查油质,若不符合要求应过滤或更换;更换弹簧 (2)修理,使配合间隙达到要求,并使单向阀芯移动灵活;检查油质,若不符合要求应过滤或更换;更换弹簧 (3)修理,使单向阀的密封良好 (4)更换弹簧 (5)补装弹簧 (6)补装
(二)始终不出油,不起顺序阀作用	(1)阀芯在关闭位置上卡死(如几何精度差;弹簧弯曲;油脏) (2)控制油液流动不畅通(如阻尼小孔堵死,或远控管道被压扁堵死) (3)远控压力不足,或下端盖结合处漏油严重 (4)通向调压阀油路上的阻尼孔被堵死 (5)泄油管道中背压太高,使滑阀不能移动 (6)调节弹簧太硬,或压力调得太高	(1)修理,使滑阀移动灵活,更换弹簧;过滤或更换油液 (2)清洗或更换管道,过滤或更换油液 (3)提高控制压力,拧紧端盖螺钉并使之受力均匀 (4)清洗 (5)泄油管道不能接在回油管道上,应单独接回油箱 (6)更换弹簧,适当调整压力

续表

故障现象	原 因 分 析	消 除 方 法
(三)调定压力值不符合要求	(1)调压弹簧调整不当 (2)调压弹簧侧向变形,最高压力调不上去 (3)滑阀卡死,移动困难	(1)重新调整所需要的压力 (2)更换弹簧 (3)检查滑阀的配合间隙,修配,使滑阀移动灵活;过滤或更换油液
(四)振动与噪声	(1)回油阻力(背压)太高 (2)油温过高	(1)降低回油阻力 (2)控制油温在规定范围内
(五)单向顺序阀反向不能回油	单向阀卡死打不开	检修单向阀

(3) 顺序阀的应用与顺序回路　采用顺序阀的压力控制回路组装步骤：

a. 选择组装各调压回路的元件：泵、缸、换向阀、溢流阀、顺序阀及其他元件。

b. 按图布置各元件的位置，进行组装，并检查可靠性。

c. 溢流阀全开，启动泵，将溢流阀开度逐渐减小，调试回路。分析工作原理、性能特点。

d. 拆卸回路，清洗元件及试验台。

① 顺序动作回路　图 2-4-28 为采用顺序阀的压力控制顺序动作回路。顺序阀 D 的调整压力大于液压缸 A 的最大前进工作压力，顺序阀 C 的调整压力大于液压缸 B 的最大返回工作压力。当换向阀右位接入回路时，压力油先进入液压缸 A 的左腔，顺序阀 D 关闭，实现动作①；当液压缸 A 的活塞行至终点后，压力上升，压力油打开顺序阀 D 而进入液压缸 B 的左腔，实现动作②；同样的，当换向阀左位接入回路时，两液压缸按③和④的顺序返回。显然，这种回路动作的可靠性取决于顺序阀的性能及其压力调整值。

② 用顺序阀控制的平衡回路　为了防止立式缸和与之相连的工作部件因自重而自行下落或马达出现“飞速”，可采用平衡回路，即在立式缸下行的回油路上设置一顺序阀，使缸的回油腔中产生一定的背压以平衡自重。如图 2-4-29 所示。

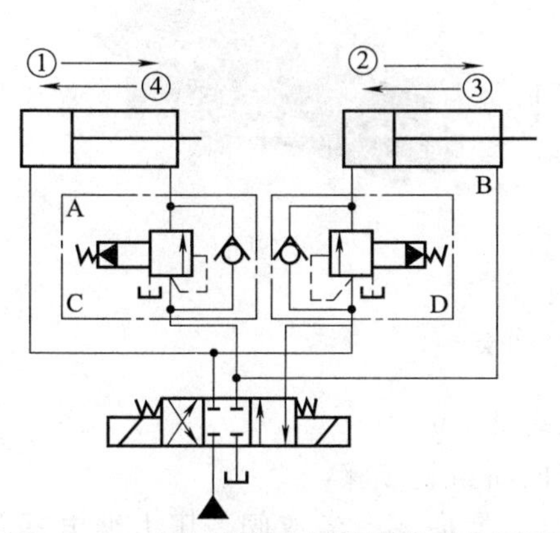

图 2-4-28　用顺序阀控制的顺序动作回路

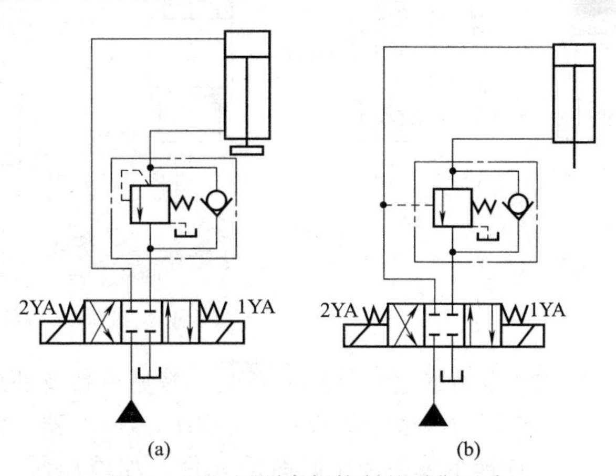

图 2-4-29　用顺序阀控制的平衡回路

③ 用顺序阀控制的卸荷回路　图 2-4-30 为实现双泵供油系统的大流量泵卸荷的回路。大量供油时泵 1 和泵 2 同时供油，此时供油压力小于顺序阀 3 的控制压力；少量供油时，供油压力大于顺序阀 3 的控制压力，顺序阀 3 打开，单向阀 4 关闭，泵 2 卸荷。只有泵 1 继续供油。溢流阀起安全阀作用。

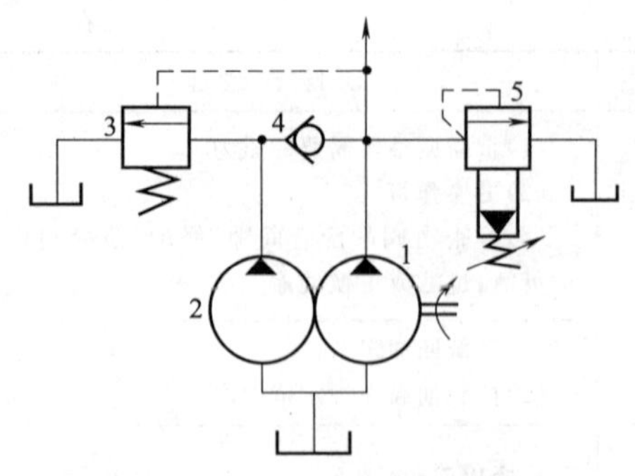

图 2-4-30　双泵供油快速回路

另外顺序阀的输出油口接油箱，可作普通溢流阀用；顺序阀接在回油路上，可作背压阀用，使活塞的运动速度稳定。

5. 压力继电器及应用回路的组建与分析

（1）压力继电器拆装分析　压力继电器是将液压信号转变为电信号的一种信号转换元件，它根据液压系统的压力变化自动接通和断开有关电路，借以实现程序控制和安全保护作用。

压力继电器拆装分析：

① 拆卸控制端螺钉，取出弹簧、杠杠和阀芯。

② 拆卸微动开关。

③ 按反顺序安装。

图 2-4-31（a）为压力继电器的结构原理。当 P 口连接的压力油压力达到压力继电器动作的调定压力时，通过柱塞 1 推动杠杆压动微动开关 3 发出电信号。图 2-4-31（b）为压力继电器的图形符号，图 2-4-31（c）为压力继电器的实物。

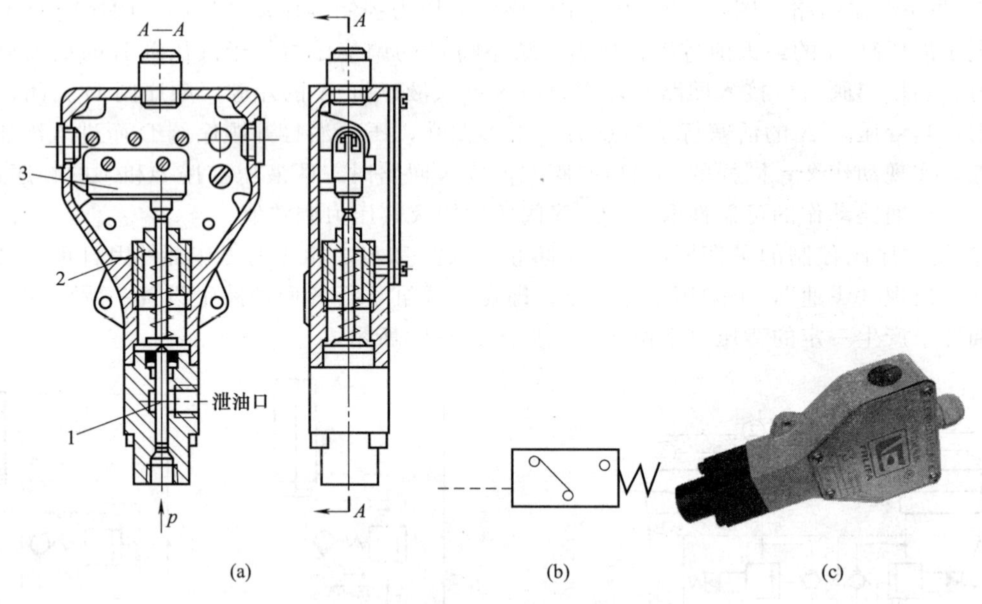

图 2-4-31　压力继电器

1—柱塞；2—调节螺母；3—微动开关

（2）压力继电器（压力开关）常见故障及处理　见表 2-4-9。

（3）压力继电器的应用　采用压力继电器压力控制回路组装步骤：

a. 选择组装各调压回路的元件，如液压泵、液压缸、换向阀、溢流阀、压力继电器及其他元件。

b. 按图布置各元件的位置，进行组装，并检查可靠性。

c. 溢流阀全开，启动泵，将溢流阀开度逐渐减小，调试回路。分析工作原理、性能特点。

d. 拆卸回路，清洗元件及试验台。

表 2-4-9 压力继电器（压力开关）常见故障及处理

故障现象	原因分析	消除方法
(一)无输出信号	(1)微动开关损坏 (2)电气线路故障 (3)阀芯卡死或阻尼孔堵死 (4)进油管路弯曲、变形,使油液流动不畅通 (5)调节弹簧太硬或压力调得过高 (6)与微动开关相接的触头未调整好 (7)弹簧和顶杆装配不良,有卡滞现象	(1)更换微动开关 (2)检查原因,排除故障 (3)清洗,修配,达到要求 (4)更换管子,使油液流动畅通 (5)更换适宜的弹簧或按要求调节压力值 (6)精心调整,使触头接触良好 (7)重新装配,使动作灵敏
(二)灵敏度太差	(1)顶杆柱销处摩擦力过大,或钢球与柱塞接触处摩擦力过大 (2)装配不良,动作不灵活或"别劲" (3)微动开关接触行程太长 (4)调整螺钉、顶杆等调节不当 (5)钢球不圆 (6)阀芯移动不灵活 (7)安装不当,如不平和倾斜安装	(1)重新装配,使动作灵敏 (2)重新装配,使动作灵敏 (3)合理调整位置 (4)合理调整螺钉和顶杆位置 (5)更换钢球 (6)清洗、修理,达到灵活 (7)改为垂直或水平安装
(三)发信号太快	(1)进油口阻尼孔大 (2)膜片碎裂 (3)系统冲击压力太大 (4)电气系统设计有误	(1)阻尼孔适当改小,或在控制管路上增设阻尼管(蛇形管) (2)更换膜片 (3)在控制管路上增设阻尼管,以减弱冲击压力 (4)按工艺要求设计电气系统

常用的压力继电器回路如下。

① 保压-卸荷回路　如图 2-4-32（a）所示，当 1YA 通电时，液压泵向蓄能器和夹紧缸左腔供油，活塞向右移动，当夹头接触工件时，液压缸左腔油压开始上升，当达到压力继电器的开启压力时，表示工件已被夹紧，蓄能器已储备了足够的压力油，这时压力继电器发出信号，使 3YA 通电，控制溢流阀使泵卸荷。如果液压缸有泄漏，油压下降则可由蓄能器补油保压。当系统压力下降到压力继电器的闭合压力时，压力继电器自动复位，使 3YA 断电，液压泵重新向液压缸和蓄能器供油。该回路用于夹紧工件持续时间较长，可明显地减少功率损耗。

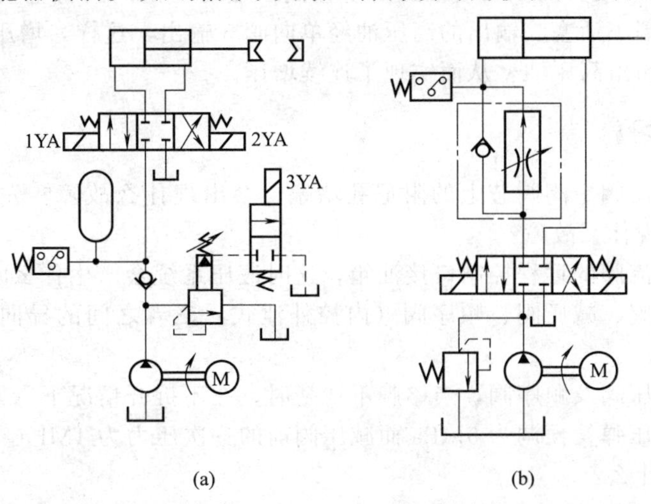

图 2-4-32　采用压力继电器的压力控制回路

② 顺序动作回路　如图 2-4-32（b）所示，当图中电磁铁左位工作时，液压缸左腔进油，活塞右移实现慢速工进；当活塞行至终点停止时，缸左腔油压升高，当油压达到压力继电器的开启压力时，压力继电器发出电信号，使换向阀右端电磁铁通电，换向阀右位工作。这时压力油进入缸右腔，左腔经单向阀回油，活塞快速向左退回。实现了由工进到快退的转换。

【知识拓展】

如果系统或系统的某一支油路需要压力较高但流量又不大的压力油，而采用高压泵又不经济，或者根本就没有必要增设高压力的液压泵时，就常采用增压回路，这样不仅易于选择液压泵，而且系统工作较可靠，噪声小。增压回路中提高压力的主要元件是增压缸或增压器。

（1）单作用增压缸的增压回路　如图 2-4-33 所示为利用增压缸的单作用增压回路，当系统在图示位置工作时，系统的供油压力 p_1 进入增压缸的大活塞腔，此时在小活塞腔即可得到所需的较高压力 p_2；当二位四通电磁换向阀右位接入系统时，增压缸返回，辅助油箱中的油液经单向阀补入小活塞。因而该回路只能间歇增压，所以称之为单作用增压回路。

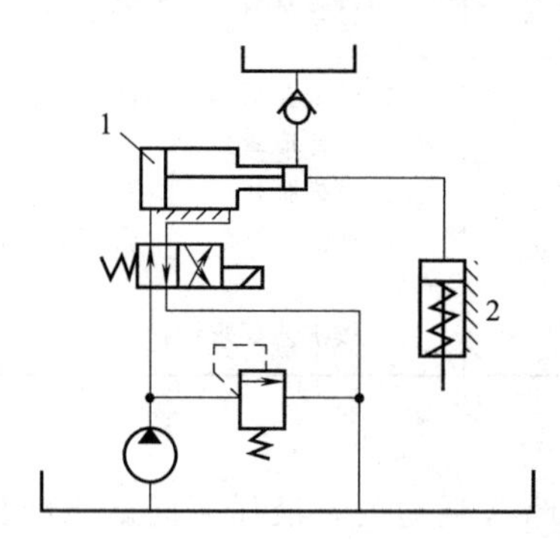

图 2-4-33　单作用增压缸的增压回路

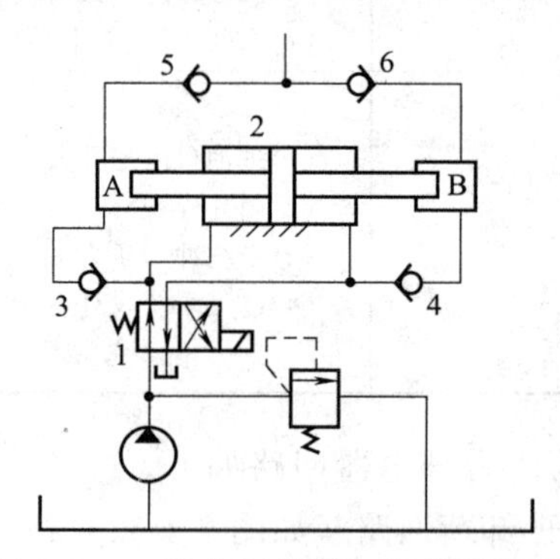

图 2-4-34　双作用增压缸的增压回路

（2）双作用增压缸的增压回路　如图 2-4-34 所示为采用双作用增压缸的增压回路，能连续输出高压油，在图示位置，液压泵输出的压力油经换向阀 1 和单向阀 3 进入增压缸左端大、小活塞腔，右端大活塞腔的回油通油箱，右端小活塞腔增压后的高压油经单向阀 6 输出，此时单向阀 4、5 被关闭。当增压缸活塞移到右端时，换向阀得电换向，增压缸活塞向左移动。同理，左端小活塞腔输出的高压油经单向阀 5 输出，这样，增压缸的活塞不断往复运动，两端便交替输出高压油，从而实现了连续增压。

【思考与练习】

1. 若先导式溢流阀主阀阀芯上的阻尼孔堵塞，会出现什么故障？先导阀锥阀座上的进油孔堵塞，又会出现什么故障？

2. 当先导式溢流阀的远程控制口接油箱，这时液压系统会产生什么问题？

3. 试比较溢流阀、减压阀、顺序阀（内控外泄式）三者之间的异同点。顺序阀能否当溢流阀用？

4. 溢流阀、减压阀及顺序阀，当铭牌不清楚时，在不拆开情况下，如何分辨？

5. 若减压阀调压弹簧预调为 5MPa 而减压阀前的一次压力为 4MPa。试问经减压后的二次压力是多少？为什么？

6. 如图所示溢流阀的调定压力为 4MPa，若阀芯阻尼小孔造成的损失不计，试判断下列情况下压力表读数各为多少？

（1）Y断电，负载为无限大时；

（2）Y断电，负载压力为2MPa时；

（3）Y通电，负载压力为2MPa时。

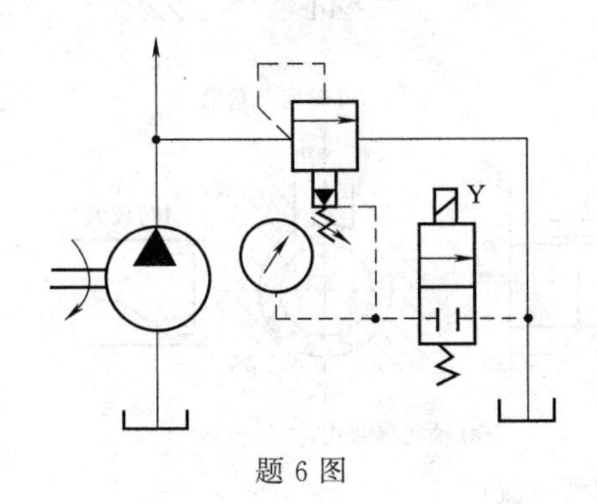

题6图

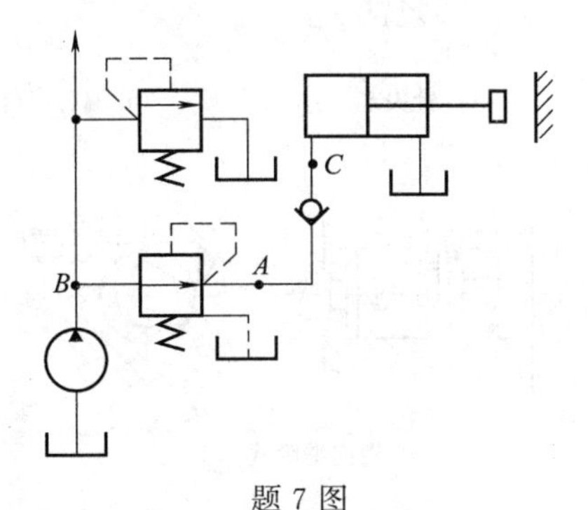

题7图

7. 如图所示回路中，溢流阀的调整压力为5.0MPa，减压阀的调整压力为2.5MPa，试分析下列情况，并说明减压阀阀口处于什么状态？

（1）当泵压力等于溢流阀调定压力时，夹紧缸使工件夹紧后，A、C点的压力各为多少？

（2）当泵压力由于工作缸快进压力降到1.5MPa时（工件原先处于夹紧状态）A、C点的压力多少？

（3）夹紧缸在夹紧工件前作空载运动时，A、B、C三点的压力各为多少？

子任务3　机床液压系统流量控制阀及速度控制回路的组建与分析

【任务目标】

1. 掌握流量控制阀结构组成、工作原理、性能特点，能合理使用和选用。
2. 掌握速度控制回路的组成、原理、性能特点及应用。
3. 了解流量控制阀及速度控制回路常见的故障现象及排除方法。

【任务描述】

拆装机床液压系统典型节流阀、调速阀等实物和透明元件，观察分析结构组成、工作原理、性能特点，能合理使用和选用。组建速度控制回路，分析控制原理、回路性能特点及应用。知道流量控制阀及速度控制回路常见的故障现象及排除方法。

【知识准备】

1. 流量控制阀

流量控制阀简称流量阀，它通过改变阀口的通流面积大小或通流通道长短来改变局部阻力的大小，从而实现对流量的控制，进而改变执行元件的运动速度。

常用的流量控制阀有节流阀、调速阀及这些阀与单向阀、行程阀等所组成的各种组合阀。

（1）节流口形式及流量特性　流量控制阀的节流口形式有多种。图2-4-35是几种常用的节流口。

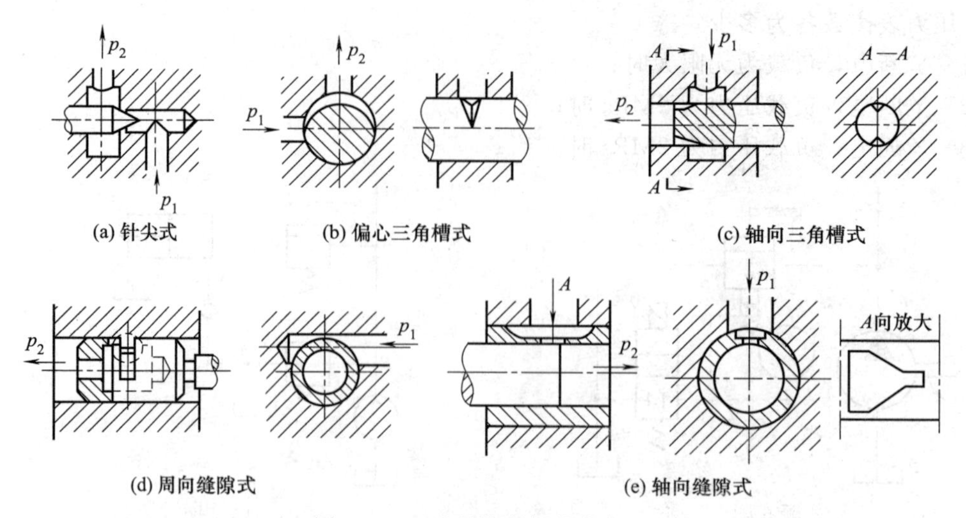

(a) 针尖式　(b) 偏心三角槽式　(c) 轴向三角槽式
(d) 周向缝隙式　(e) 轴向缝隙式

图 2-4-35　流量控制阀的节流口

(2) 液压传动系统对流量控制阀的主要要求

① 足够的流量调节范围，且流量调节要均匀。

② 当阀前、后压力差发生变化时，通过阀的流量变化要小，以保证负载运动的稳定。

③ 温度与压力对流量的影响小及调节方便等。

④ 阀口关闭时，阀的泄漏量要小。

2. 速度控制回路

速度控制回路是控制和调节液压执行元件运动速度的基本回路。按被控制执行元件的运动状态、运动方式以及调节方法，速度控制回路有调速回路、快速运动回路、速度换接回路等。

(1) 调速回路　调速回路主要有三种方式：

① 节流调速回路　采用定量泵供油，由节流阀或调速阀等流量阀改变进入或流出液压缸（或液压马达）的流量来实现速度的调节。节流调速回路根据流量控制元件在回路中安放的位置不同，分为进油路节流调速、回油节路流调速、旁路节流调速三种基本形式。

② 容积调速回路　通过改变变量泵的流量或改变变量液压马达的排量来实现速度调节。

容积调速回路可用变量泵供油，根据需要调节泵的输出流量，或应用变量液压马达，调节其每转排量以进行调速，也可以采用变量泵和变量液压马达联合调速。容积调速回路的主要优点是没有节流调速时通过溢流阀和节流阀的溢流功率损失和节流功率损失。所以发热少，效率高，适用于功率较大，并需要有一定调速范围的液压系统中。

容积调速回路按所用执行元件的不同，分为泵-缸式回路和泵-马达式回路。

③ 容积节流调速回路（即联合调速回路）　采用变量泵供油，并由流量阀改变进入或流出液压执行元件的流量，同时又使变量泵的流量与通过流量阀的流量相适应，从而实现速度的调节。

(2) 快速运动回路　为了提高生产效率，常常要求工作部件实现空行程（或空载）的快速运动，液压系统流量大而压力低，工作运动时一般需要的流量较小和压力较高。常用的快速运动回路有液压缸差动连接快速回路、双泵供油快速回路、增速缸快速回路、用蓄能器的快速回路。

(3) 速度换接回路　速度换接回路用来实现运动速度的变换，要求速度换接要平稳，避免在速度变换的过程中有前冲（速度突然增加）现象。包括液压执行元件快速到慢速的转换，两种慢速之间的转换。

【任务实施】

1. 场地与设备

（1）场地　液压实训室、实训基地。

（2）设备　机床液压系统典型流量控制阀实物及透明模型各5个，拆装工具，液压实训台等。

2. 流量控制阀节流阀拆装分析

（1）节流阀拆装分析

① 拆卸顺序

a. 旋下手柄上的止动螺钉，取下手柄，用孔用卡簧钳卸下卡簧。

b. 取下面板，旋出推杆和推杆座。

c. 旋下弹簧座，取出弹簧和节流阀芯（将阀芯放在清洁的软布上）。

d. 用光滑的挑针把密封圈从槽内撬出，并检查弹性和尺寸精度。

② 装配要领　装配前，清洗各零件，将节流阀芯、推杆及配合零件表面涂润滑液，然后按拆卸的反顺序装配。但应注意装配节流阀芯，要注意它在阀体内的方向，切忌不可装反。

③ 主要零件的构造及作用

a. 节流阀芯为圆柱形，其上开有三角沟槽节流口和中心小孔，转动手柄，节流阀便作轴向运动，就可以调节通过调速阀的流量。

b. 在拆卸过程中，注意观察主要零件的结构，各油孔、油道的作用，并结合节流阀的结构图分析其工作原理。

④ 节流阀的结构原理　如图2-4-36（a）所示。由阀体1、弹簧2、阀芯3、调节手轮4等基本结构组成。

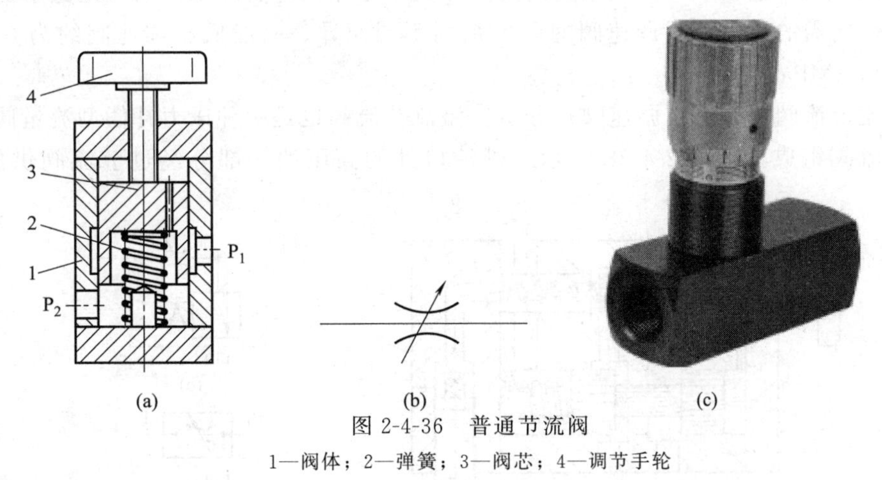

图2-4-36　普通节流阀

1—阀体；2—弹簧；3—阀芯；4—调节手轮

节流阀的节流口有多种形式，本阀采用三角槽式结构。通过调节手轮可以调节节流口的通流面积，即可以调节通过节流阀的流量。在结构上，节流阀的阀芯上开有中心小孔，使阀芯的两端所受的液压力相平衡，调节手轮可以方便地对阀芯进行调节（改变节流口）。阀芯上所开的三角形节流阀口采用倒三角结构，即节流阀的油液是从上面流入，从下面流出的，使阀在小流量（阀口很小）时不易堵塞。图 2-4-36（b）为节流阀的图形符号，图 2-4-36（c）为节流阀的实物。

（2）调速阀分析　调速阀在特定的工作条件下，其调定的速度（流量）可以不受负载变化的影响。图 2-4-37 为调速阀结构原理。它由定差减压阀与节流阀串联而成，减压阀入口的压力为 p_1，经过减压口 H 减压后的压力为 p_3，p_3 同时为节流阀的入口压力，节流阀出口的压力为 p_2，由外负载决定。调速阀正常工作时，$\Delta p=p_3-p_2$ 基本恒定。当外负载增大时，p_2 增大，减压阀弹簧腔压力增大，阀芯原先的平衡被打破，阀芯向左移动，开大减压口 H，使 p_3 增大，维持 $\Delta p=p_3-p_2$ 基本恒定；当外负载减小时，阀芯运动情况正好相反，同样维持压差基本恒定。图 2-4-37（b）为其图形符号，图 2-4-37（c）为简化的图形符号。图 2-4-37（d）为调速阀实物。

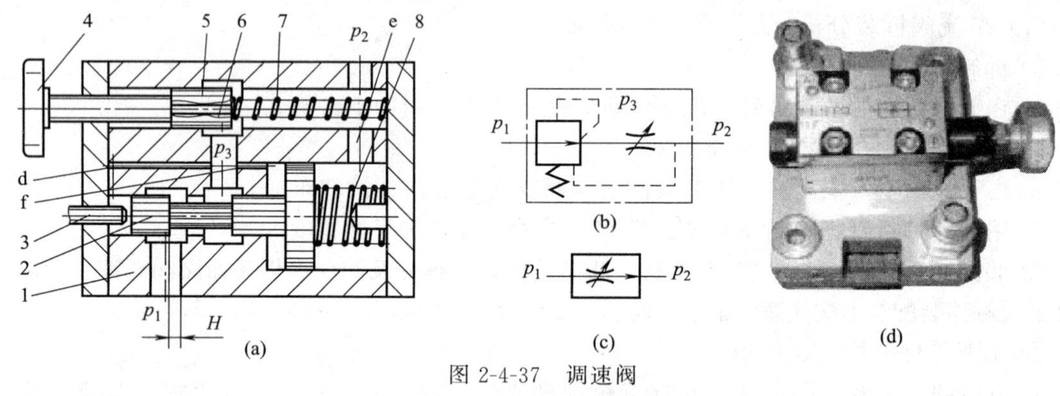

图 2-4-37　调速阀

1—阀体；2—减压阀芯；3—限位螺钉；4—调压手轮；5—节流阀芯；6—泄漏口；7—弹簧；8—减压阀弹簧

在一些调速阀上还安装了如图 2-4-37 所示的限位螺钉 3，其作用是使调速阀（减压阀）在不工作时将减压阀芯限定在工作位置附近，防止启动时减压阀的节流降压口开口过大而出现流量瞬时失调现象。

在进、出口压力差较小时，调速阀内的减压阀不起作用，实际工作的只是其节流阀。调速阀正常工作所需的压力差因调速阀的压力系列不同而异，一般低压调速阀约为 0.5MPa；高压调速阀为 1MPa。

（3）溢流节流阀（旁路型调速阀）分析　溢流节流阀也是一种压力补偿型流量阀。它由溢流阀和节流阀组成，如图 2-4-38 所示。进油口处的高压油一部分经过节流阀供给系统，

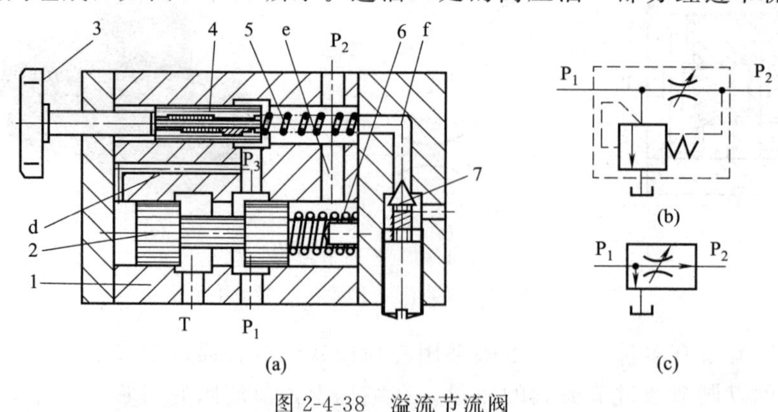

图 2-4-38　溢流节流阀

1—阀体；2—溢流阀芯；3—调节手轮；4—节流阀芯；5—弹簧；6—溢流弹簧；7—安全阀

一部分经溢流阀的溢流口回油箱。溢流阀的作用是保证节流阀口进、出口压力差基本恒定。溢流阀芯左、右两端分别与节流阀的进、出口压力油相通。当负载力变化，出油口压力 p_2 增大时，溢流阀弹簧腔油压增大，溢流阀芯左移，关小溢流口，溢流阻力增大，节流阀进口压力 p_3 随之增加，保证节流口压差基本不变化，当外负载减小时，阀芯的运动情况正好相反，同样保证节流口压差基本不变化。这种阀上一般还附有安全阀7，用以防止系统过载。

溢流节流阀与调速阀不同，必须安装在执行元件的进口油路上。这样，溢流节流阀的进口压力就随负载的变化而变化，其功率利用比较合理，系统的损失小；但溢流节流阀的流量稳定性不如调速阀。

（4）流量阀常见故障及处理　见表2-4-10。

表2-4-10　流量阀常见故障及处理

<table>
<tr><th>故障现象</th><th colspan="2">原因分析</th><th>消除方法</th></tr>
<tr><td rowspan="3">（一）调整节流阀手柄无流量变化</td><td>1. 压力补偿阀不动作</td><td>压力补偿阀芯在关闭位置上卡死
①阀芯与阀套几何精度差，间隙太小
②弹簧侧向弯曲、变形而使阀芯卡住
③弹簧太弱</td><td>①检查精度，修配间隙达到要求，移动灵活
②更换弹簧
③更换弹簧</td></tr>
<tr><td>2. 节流阀故障</td><td>①油液过脏，使节流口堵死
②手柄与节流阀芯装配位置不合适
③节流阀阀芯上连接键失落或未装键
④节流阀阀芯因配合间隙过小或变形而卡死
⑤调节杆螺纹被脏物堵住，造成调节不良</td><td>①检查油质，过滤油液
②检查原因，重新装配
③更换键或补装键
④清洗，修配间隙或更换零件
⑤拆开清洗</td></tr>
<tr><td>3. 系统未供油</td><td>换向阀阀芯未换向</td><td>检查原因并消除</td></tr>
<tr><td rowspan="3">（二）执行元件运动速度不稳定（流量不稳定）</td><td>1. 压力补偿阀故障</td><td>（1）压力补偿阀阀芯工作不灵敏
①阀芯有卡死现象
②补偿阀的阻尼小孔时堵时通
③弹簧侧向弯曲、变形，或弹簧端面与弹簧轴线不垂直
（2）压力补偿阀阀芯在全开位置上卡死
①补偿阀阻尼小孔堵死
②阀芯与阀套几何精度差，配合间隙过小
③弹簧侧向弯曲、变形而使阀芯卡住</td><td>（1）采取以下措施
①修配，达到移动灵活
②清洗阻尼孔，若油液过脏应更换
③更换弹簧
（2）采取以下措施
①清洗阻尼孔，若油液过脏，应更换
②修理达到移动灵活
③更换弹簧</td></tr>
<tr><td>2. 节流阀故障</td><td>（1）节流口处积有污物，造成时堵时通
（2）节流阀外载荷变化会引起流量变化</td><td>（1）拆开清洗，检查油质，若油质不合格应更换
（2）对外载荷变化大的或要求执行元件运动速度非常平稳的系统，应改用调速阀</td></tr>
<tr><td>3. 油液品质劣化</td><td>（1）油温过高，造成通过节流口流量变化
（2）带有温度补偿的流量控制阀的补偿杆敏感性差，已损坏
（3）油液过脏，堵死节流口或阻尼孔</td><td>（1）检查温升原因，降低油温，并控制在要求范围内
（2）选用对温度敏感性强的材料做补偿杆，坏的应更换
（3）清洗，检查油质，不合格的应更换</td></tr>
</table>

续表

故障现象	原因分析		消除方法
(二)执行元件运动速度不稳定(流量不稳定)	4. 单向阀故障	在带单向阀的流量控制阀中,单向阀的密封性不好	研磨单向阀,提高密封性
	5. 管路振动	(1)系统中有空气 (2)由于管路振动使调定的位置发生变化	(1)应将空气排净 (2)调整后用锁紧装置锁住
	6. 泄漏	内泄和外泄使流量不稳定,造成执行元件工作速度不均匀	消除泄漏,或更换元件

3. 调速回路的组建与分析

调速回路组装步骤:

a. 选择组装各调压回路的元件:液压泵、液压缸、换向阀、溢流阀、节流阀或调速阀及其他元件。

b. 按图布置各元件的位置,进行组装,并检查可靠性。

c. 溢流阀全开,启动泵,将溢流阀开度逐渐减小,调试回路。分析工作原理、性能特点。

d. 拆卸回路,清洗元件及试验台。

(1) 节流调速回路组建与分析

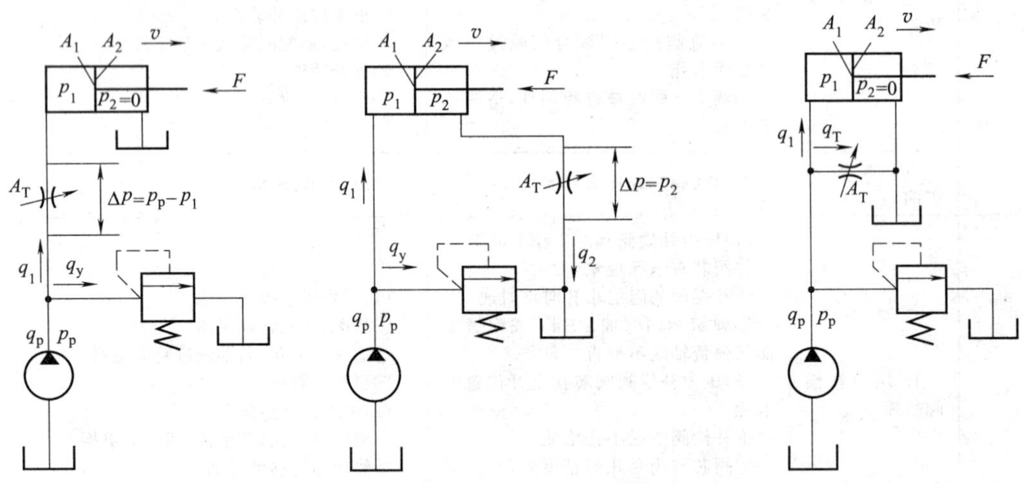

图 2-4-39 进油路节流调速回路　图 2-4-40 回油路节流调速回路　图 2-4-41 旁油路节流调速回路

① 进油路节流调速回路　如图 2-4-39 所示,将节流阀串联在液压泵和液压缸之间,用它来控制进入液压缸的流量从而达到调速的目的,称为进油路节流调速回路。在这种回路中,定量泵输出的多余流量通过溢流阀流回油箱。由于溢流阀有溢流,泵的出口压力 p_p 为溢流阀的调定压力并保持定值,这是进油节流调速回路能够正常工作的条件。

这种调速回路功率损失较大,效率较低,故适用于低速、轻载的场合。

② 回油路节流调速回路　如图 2-4-40 所示,把节流阀串联在液压缸的回油路上,借助于节流阀控制液压缸的排油量 q_2 来实现速度调节。由于进入液压缸的流量 q_1 受回油路排出流量 q_2 的限制,所以用节流阀来调节液压缸的排油量 q_2,也就调节了进油量 q_1,定量泵多余的油液仍经溢流阀流回油箱,从而使泵出口的压力稳定在调整值不变。

从以上分析可知，进、回油路节流调速回路有许多相同之处，但它们也有下述不同之处。

a. 承受负值负载的能力。对于回油节流调速，由于回油路上有节流阀而产生背压，而且速度越快，背压也越高，因此具有承受负值负载（与活塞运动方向相同的负载，如铣床的顺铣）的能力；而对于进油节流调速，由于回油腔没有背压，在负值负载作用下，会出现失控而造成前冲，因而不能承受负值负载。

b. 停车后的启动性能。对于回油节流调速，停车后液压缸油腔内的油液会流回油箱。当重新启动泵向液压缸供油时，液压泵输出的流量会全部进入液压缸，从而造成活塞前冲现象；而在进油节流调速回路中，进入液压缸的流量总是受到节流阀的限制，故活塞前冲很小，甚至没有前冲。

c. 实现压力控制的方便性。在进油节流调速回路中，进油腔的压力将随负载而变化。当工作部件碰到死挡铁而停止时，其压力升高并能达到溢流阀的调定压力，利用这一压力变化值，可方便地用来实现压力控制（例如用压力继电器发出信号）；但在回油节流调速中，只有回油腔的压力才会随负载而变化。当工作部件碰到死挡铁后，其压力降为零，虽然可用这一压力变化来实现压力控制，但其可靠性低，故一般均不采用。

d. 运动平稳性。在回油节流调速回路中，由于有背压存在，因此运动的平稳性较好，但对于单出杆缸，由于无杆腔的进油量大于有杆腔的回油量，所以进油节流调速回路能获得更低的稳定速度。

为了提高回路的综合性能，实际中较多的是采用进油路调速，并在回油路上加背压阀，以提高运动的平稳性。

综上所述，进油路、回油路节流调速回路结构简单，价格低廉，但效率较低，只宜用在负载变化不大，低速、小功率场合，如某些机床的进给系统中。

③ 旁油路节流调速回路　如图 2-4-41 所示，将节流阀装在与执行元件并联的支路上。用节流阀调节回油箱的流量，从而控制了进入液压缸的流量，调节节流阀的通流面积，就可调节活塞的运动速度。正常工作时溢流阀不打开而作安全阀用，起过载保护作用，其调整压力为最大负载所需压力的 1.1～1.2 倍。

旁路节流调速只有节流损失，而无溢流损失，因而功率损失比前两种调速回路小，效率高。这种调速回路一般用于功率较大且对速度稳定性要求不高的场合。例如牛头刨床的主运动传送系统、输送机械的液压系统等。

④ 采用调速阀的节流调速回路　前面采用节流阀的三种调速基本回路其速度的稳定性均随负载的变化而变化，对于一些负载变化较大，对速度稳定性要求较高的液压系统，可采用调速阀来改善。

如图 2-4-42 所示，采用调速阀也可按其安装位置不同，分为进油节流［图 2-4-42（a）］、回油节流［图 2-4-42（b）］、旁路节流［图 2-4-42（c）］三种基本调速回路。

由于调速阀本身能在负载变化的条件下保证节流阀进出油口间的压强差基本不变，因而使用调速阀后，系统的低速稳定性、回路刚度、调速范围等，要比采用节流阀的节流调速回路都好，所以它在机床液压系统中获得广泛的应用。但所有性能上的改进都是以加大流量控制阀的工作压差，即泵的供油压力相应地比采用节流阀时也要调得高些，故其功率损失也要大些。调速阀的工作压差一般最小须 0.5MPa，高压调速阀需 1.0MPa 左右。

综上所述，采用调速阀的节流调速回路的低速稳定性、回路刚度、调速范围等，要比采用节流阀的节流调速回路都好，所以它在机床液压系统中获得广泛的应用。

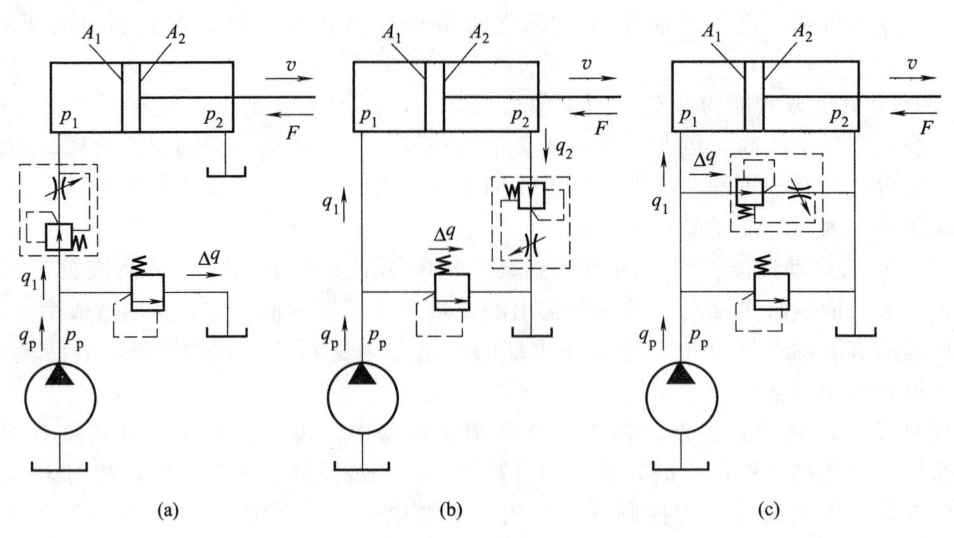

图 2-4-42　采用调速阀的节流调速回路

（2）容积调速回路

① 变量泵-液压缸容积调速回路　如图 2-4-43 所示开式回路为由变量泵及液压缸组成的容积调速回路。改变回路中变量泵 1 的排量，即可调节液压缸中活塞的运动速度。单向阀 2 的作用是当泵停止工作时，防止液压缸里的油液向泵倒流和进入空气，系统正常工作时安全阀 3 不打开，该阀主要用于防止系统过载，背压阀 6 可使运动平稳。

由于变量泵径向力不平衡，当负载增加压力升高时，其泄漏量增加，使活塞速度明显降低，因此活塞低速运动时其承载能力受到限制。常用于拉床、插床、压力机及工程机械等大功率的液压系统中。

② 变量泵-定量马达容积调速回路　图 2-4-44 为变量泵-定量马达容积调速回路。回路中压力管路上的安全阀 4，用以防止回路过载，低压管路上连接一个小流量的辅助油泵 1，以补偿泵 3 和马达 5 的泄漏，其供油压力由溢流阀 6 调定。辅助泵与溢流阀使低压管路始终保持一定压力，不仅改善了主泵的吸油条件，而且可置换部分发热油液，降低系统温升。在这种回路中，液压泵转速和液压马达排量都为恒值，改变液压泵排量可使马达转速和输出功

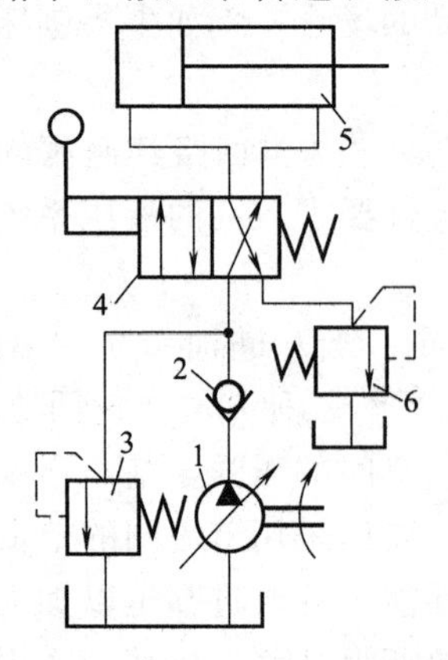

图 2-4-43　变量泵-液压缸容积调速回路

1—变量泵；2—单向阀；3—安全阀；
4—换向阀；5—液压缸；6—背压阀

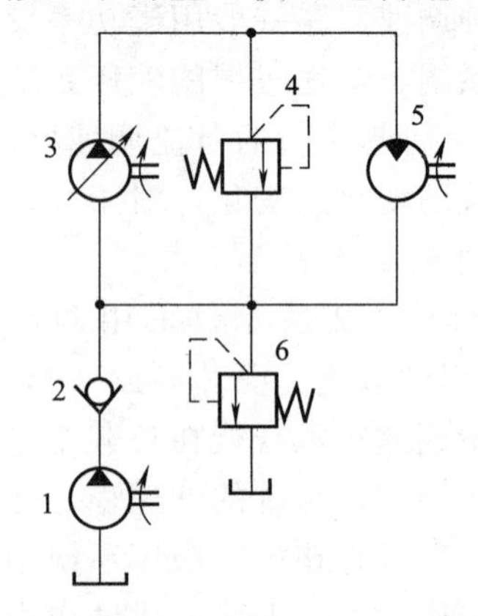

图 2-4-44　变量泵-定量马达容积调速回路

1，3—液压泵；2—单向阀；4—安全阀；
5—液压马达；6—溢流阀

率随之成比例地变化。马达的输出转矩和回路的工作压力都由负载转矩来决定，不因调速而发生改变，所以这种回路常被称为恒转矩调速回路。值得注意的是，在这种回路中，因泵和马达的泄漏量随负载的增加而增加，致使马达输出转速下降。该回路的调速范围 $R_c \approx 40$。

③ 定量泵-变量马达容积调速回路　图 2-4-45 为定量泵-变量马达容积调速回路，定量泵 1 的排量不变，变量液压马达 2 的排量的大小可以调节，3 为安全阀，4 为补油泵，5 为补油泵的低压溢流阀。

在这种回路中，液压泵转速和排量都是常值，改变液压马达排量时，马达输出转矩的变化与马达排量成正比，输出转速则与马达排量成反比。马达的输出功率和回路的工作压力都由负载功率决定，不因调速而发生变化，所以这种回路常被称为恒功率调速回路。该回路的优点是能在各种转速下保持很大输出功率不变，其缺点是调速范围小，因此这种调速方法往往不能单独使用。

④ 变量泵-变量马达容积调速回路　图 2-4-46 为双向变量泵和双向变量马达组成的容积式调速回路。回路中各元件对称布置，改变泵的供油方向，就可实现马达的正反向旋转，单向阀 2 和 3 用于辅助泵 1 双向补油，单向阀 4 和 5 使溢流阀 6 在两个方向上都能对回路起过载保护作用。一般机械要求低速时输出转矩大，高速时能输出较大的功率，这种回路恰好可以满足这一要求。第一阶段调节变量马达的排量到最大值并使之恒定，然后调节变量泵的排量从最小逐渐加大到最大值，则马达的转速便从最小逐渐升高到相应的最大值（变量马达的输出转矩不变，输出功率逐渐加大）。这一阶段相当于变量泵定量马达的容积调速回路，为恒转矩调速。第二阶段将已调到最大值的变量泵的排量固定不变，然后调节变量马达的排量，从最大逐渐调到最小，此时马达的转速便进一步逐渐升高到最高值（在此阶段中，马达的输出转矩逐渐减小，而输出功率不变）。这一阶段相当于定量泵变量马达的容积调速回路，为恒功率调速。这种容积调速回路的调速范围大（可达 100），并且有较高的效率，它适用于大功率的场合，如矿山机械、起重机械以及大型机床的主运动液压系统。

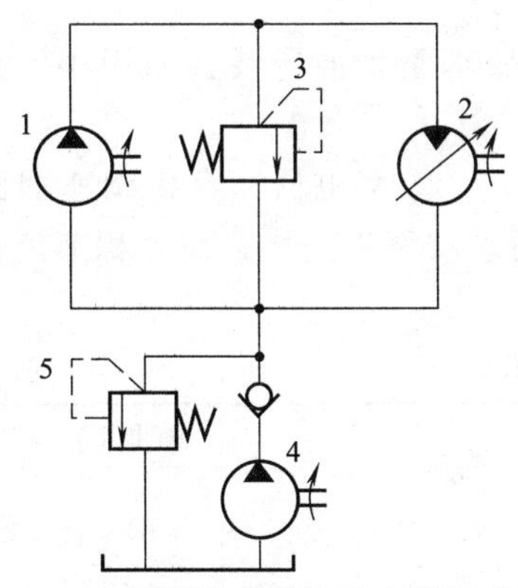

图 2-4-45　定量泵-变量马达容积调速回路
1,4—液压泵；2—变量液压马达；
3—安全阀；5—低压溢流阀

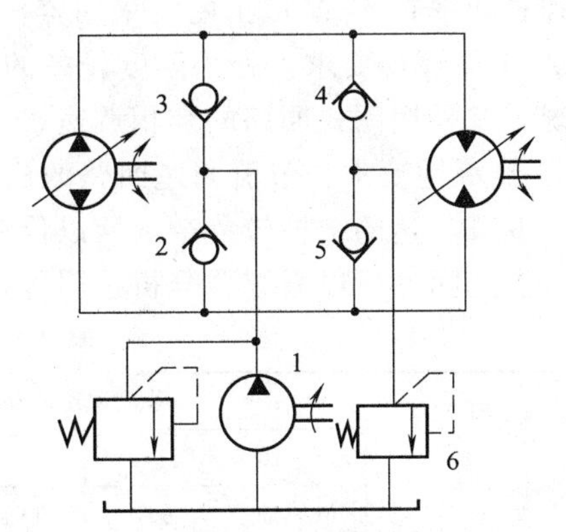

图 2-4-46　变量泵-变量马达容积调速回路
1—辅助泵；2～5—单向阀；6—溢流阀

(3) 容积节流调速回路　容积节流调速回路的基本工作原理是采用压力补偿式变量泵供油、调速阀（或节流阀）调节进入液压缸的流量并使泵的输出流量自动地与液压缸所需流量相适应。

常用的容积节流调速回路有：限压式变量泵与调速阀等组成的容积节流调速回路；变压式变量泵与节流阀等组成的容积调速回路。

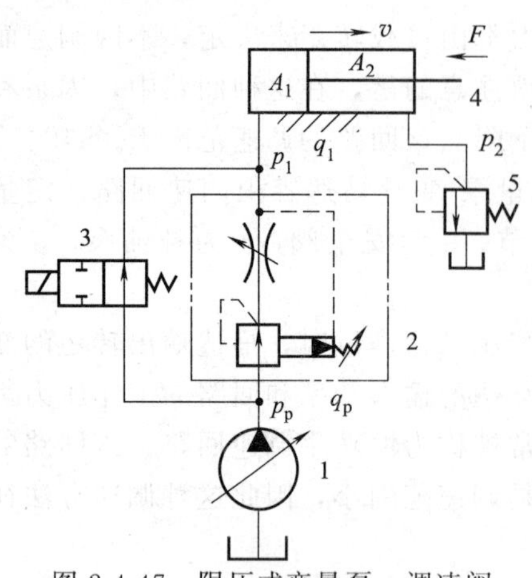

图 2-4-47　限压式变量泵、调速阀容积节流调速回路

1—液压泵；2—调速阀；3—换向阀；4—液压缸；5—背压阀

图 2-4-47 所示为限压式变量泵与调速阀组成的调速回路。在图示位置，活塞 4 快速向右运动，液压泵 1 按快速运动要求调节其输出流量，同时调节限压式变量泵的压力调节螺钉，使泵的限定压力大于快速运动所需压力。当换向阀 3 通电，泵输出的压力油经调速阀 2 进入缸 4，其回油经背压阀 5 回油箱。调节调速阀 2 的流量 q_1 就可调节活塞的运动速度，由于 $q_1 < q_p$，压力油迫使泵的出口与调速阀进口之间的油压憋高，即泵的供油压力升高，泵的流量便自动减小到 $q_p \approx q_1$ 为止。

这种调速回路的运动稳定性、速度负载特性、承载能力和调速范围均与采用调速阀的节流调速回路相同。此回路只有节流损失而无溢流损失，具有效率较高、调速较稳定、结构较简单等优点。目前已广泛应用于负载变化不大的中、小功率组合机床的液压系统中。

(4) 调速回路的比较和选用　调速回路的比较见表 2-4-11。

调速回路选用时主要考虑以下问题：

① 执行机构的负载性质、运动速度、速度稳定性等要求：负载小，且工作中负载变化也小的系统可采用节流阀节流调速；在工作中负载变化较大且要求低速稳定性好的系统，宜采用调速阀的节流调速或容积节流调速；负载大、运动速度高、油的温升要求小的系统，宜采用容积调速回路。

一般来说，功率在 3kW 以下的液压系统宜采用节流调速；3～5kW 范围宜采用容积节流调速；功率在 5kW 以上的宜采用容积调速回路。

② 工作环境要求：处于温度较高的环境下工作，且要求整个液压装置体积小、重量轻的情况，宜采用闭式回路的容积调速。

③ 经济性要求：节流调速回路的成本低，功率损失大，效率也低；容积调速回路因变量泵、变量马达的结构较复杂，所以价钱高，但其效率高、功率损失小；而容积节流调速则介于两者之间。所以需综合分析选用哪种回路。

表 2-4-11　调速回路的比较

主要性能＼回路类		节流调速回路				容积调速回路	容积节流调速回路	
		用节流阀		用调速阀			限压式	稳流式
		进回油	旁路	进回油	旁路			
机械特性	速度稳定性	较差	差	好		较好	好	
	承载能力	较好	较差	好		较好	好	
调速范围		较大	小	较大		大	较大	
功率特性	效率	低	较高	低	较高	最高	较高	高
	发热	大	较小	大	较小	最小	较小	小
适用范围		小功率、轻载的中、低压系统				大功率、重载、高速的中、高压系统	中、小功率的中压系统	

4. 快速运动回路

（1）液压缸差动连接的快速运动回路　这是在不增加液压泵输出流量的情况下，来提高工作部件运动速度的一种快速回路，其实质是改变了液压缸的有效作用面积。

图 2-4-48 是用于快、慢速转换的，其中快速运动采用差动连接的回路。当换向阀 3 左端的电磁铁通电时，阀 3 左位进入系统，液压泵输出的压力油同缸右腔的油经阀 3 左位、机动换向阀 5 下位（此时外控顺序阀 7 关闭）也进入缸 4 的左腔，进入液压缸 4 的左腔，实现了差动连接，使活塞快速向右运动。当快速运动结束，工作部件上的挡铁压下机动换向阀 5 时，泵的压力升高，阀 7 打开，液压缸 4 右腔的回油只能经调速阀 6 流回油箱，这时是工作进给。当换向阀 3 右端的电磁铁通电时，活塞向左快速退回（非差动连接）。

采用差动连接的快速回路方法简单，较经济，但快、慢速度的换接不够平稳。必须注意，差动油路的换向阀和油管通道应按差动时的流量选择，否则流动液阻过大，会使液压泵的部分油从溢流阀 2 流回油箱，速度减慢，甚至不起差动作用。

（2）双泵供油的快速运动回路　这种回路是利用低压大流量泵和高压小流量泵并联为系统供油，见图 2-4-49。

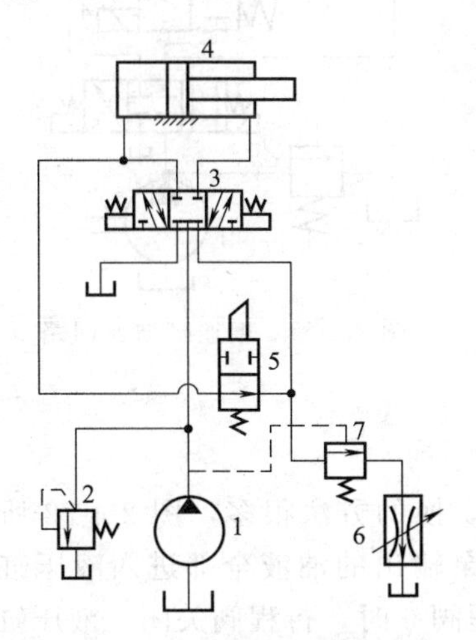

图 2-4-48　差动连接工作进给回路

1—液压泵；2—溢流阀；3—换向阀；4—液压缸；5—机动换向阀；6—调速阀；7—外控顺序阀

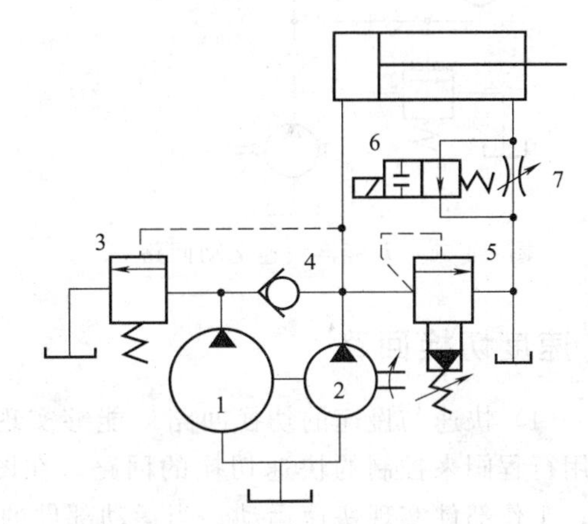

图 2-4-49　双泵供油回路

1—低压大流量泵；2—高压小流量泵；3—外控顺序阀；4—单向阀；5—溢流阀；6—换向阀；7—节流阀

由低压大流量泵 1 和高压小流量泵 2 组成的双联泵作为动力源。外控顺序阀 3 和溢流阀 5 分别设定双泵供油和小泵 2 单独供油时系统的最高工作压力。当换向阀 6 处于图示位置，并且由于外负载很小，使系统压力低于顺序阀 3 的调定压力时，两个泵同时向系统供油，活塞快速向右运动；当换向阀 6 的电磁铁通电，左位工作，液压缸有杆腔经节流阀 7 回油箱，当系统压力达到或超过顺序阀 3 的调定压力，大流量泵 1 通过阀 3 卸荷，单向阀 4 自动关闭，只有小流量泵 2 单独向系统供油，活塞慢速向右运动，小流量泵 2 的最高工作压力由溢流阀 5 调定。这里应注意，顺序阀 3 的调定压力至少应比溢流阀 5 的调定压力低 10%～20%。大流量泵 1 的卸荷减少了动力消耗，回路效率较高。这种回路常用在执行元件快进和工进速度相差较大的场合，特别是在机床中得到了广泛的应用。

（3）蓄能器快速运动回路　采用蓄能器的快速回路，是在执行元件不动或需要较少的压力油时，将其余的压力油储存在蓄能器中，需要快速运动时再释放出来。如图 2-4-50 所示，用于液压缸间歇式工作。当液压缸不动时，换向阀 5 中位将液压泵与液压缸断开，液压泵 1 的油经单向阀 3 给蓄能器充油。当蓄能器压力达到卸荷阀 2 的调定压力时，阀 2 开启，液压泵卸荷。当需要液压缸动作时，阀 5 换向，阀 2 关闭后，蓄能器和泵一起给液压缸供油实现快速运动。

（4）增速缸增速回路　增速缸快速运动回路如图 2-4-51 所示。增速缸是一种复合缸，图中活塞 6 既是缸体，又是活塞。在该回路中，当阀 2 和阀 4 均在左位时，泵 1 的油经柱塞 5 中间孔供给液压缸Ⅱ腔，液控单向阀 7 给Ⅰ腔补油，Ⅲ腔油液排回油箱，活塞 6 快速运动。接触工件前，阀 4 通电，压力油同时进入Ⅰ腔和Ⅱ腔，液控单向阀关闭，活塞速度减小，转入工作行程。回程时，液压缸Ⅲ腔进油，打开液控单向阀，活塞快速退回。该回路增速比大、效率高。但液压缸结构复杂，常用于液压机中。

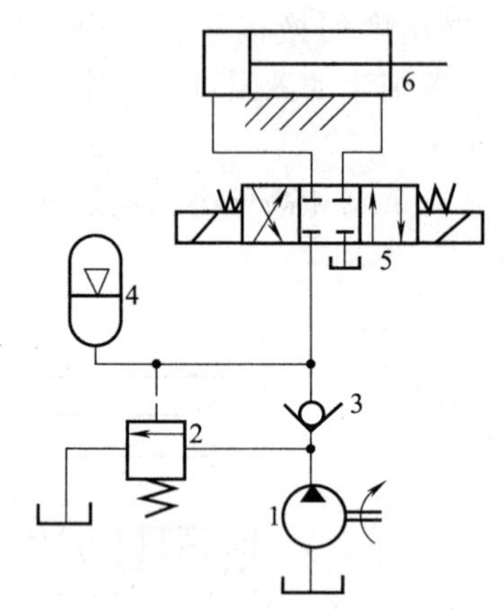

图 2-4-50　蓄能器快速运动回路

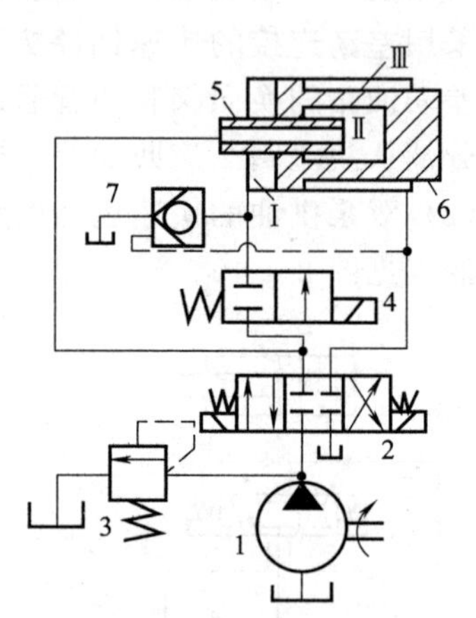

图 2-4-51　增速缸增速回路

5. 速度切换回路

（1）快速与慢速的切换回路　能够实现快速与慢速切换的方法很多，图 2-4-52 所示为采用行程阀来控制的快速切换的回路。在图示状态下，泵输出的油液全部进入液压缸的左腔，工作部件实现快速运动。当运动部件的挡铁压下行程阀 6 时，行程阀关闭。液压缸右腔的油液必须通过节流阀 5 能流回油箱，因而工作运动部件由快速运动转换成工作进给。当换向阀 2 的电磁铁通电时，泵输出的压力油经单向阀 4 进入液压缸右腔，工作运动部件实现快速退回运动。这种采用行程阀的快慢速切换回路，切换过程比较平稳，切换点的位置比较准确。在实际系统中，常将阀 4、阀 5 和阀 6 做成一个组合阀，叫做单向行程节流阀。

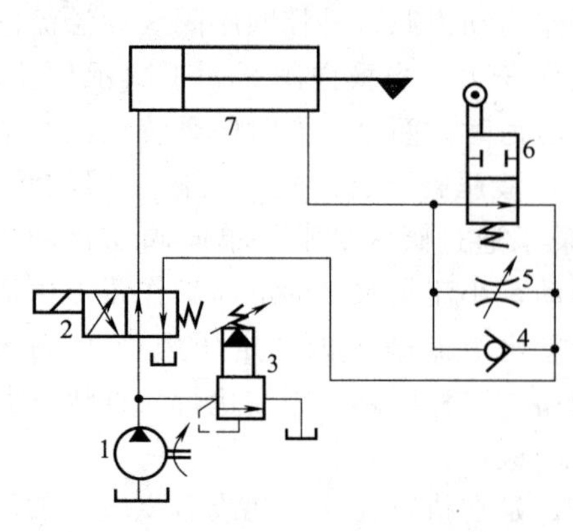

图 2-4-52　行程阀控制速度切换回路

（2）两种慢速的切换回路　图 2-4-53（a）为并联调速阀的二次进给切换回路图。当电磁铁 1YA 通电时压力油经调速阀 2 和阀 4 进入液压缸左腔，实现第一次进给。当电磁铁 1YA 和 3YA 通电时，调速阀 2 的通路被切断，压力油经调速阀 3 和阀 4 进入液压缸左腔实现第二次进给。由此可见，两个调速阀可以独立地调节各自的流量，互不影响。但是，一个调速阀工作时，另一个调速阀内无油通过，因此调速阀中的减压阀处于最大开度的非减压状态，当速度切换时，在减压阀阀口还未来得及关小时，已有大量油液通过阀口而进入液压缸，从而使工作部件产生突然前冲现象。可将图 2-4-53（a）中的二位三通阀换为二位四通阀，如图 2-4-53（b）所示，可避免并联调速阀切换回路的前冲现象。在一个调速阀工作时，另一个调速阀仍有油液通过（流回油箱），这时调速阀前后保持一定的压力差，使减压阀处于减压状态，转入工进时，因此克服了前冲现象。切换比较平稳，但是回路中有一定的能量损失。

图 2-4-53（c）为串联调速阀的二次进给切换回路。当电磁铁 1YA 通电时，压力油经调速阀 2 和二位二通电磁阀 4 进入液压缸左腔，此时调速阀 3 被短接，进给速度由调速阀 2 控制，从而实现第一次进给。当电磁铁 1YA 和 3YA 同时通电时，压力油先经调速阀 2，再经调速阀 3 进入液压缸左腔，速度由调速阀 3 控制，实现第二次工进。在这种回路中调速阀 3 的开口必须小于调速阀 2 的开口，这种调速方式速度切换平稳，但由于油液通过两个调速阀，所以能量损失较大。

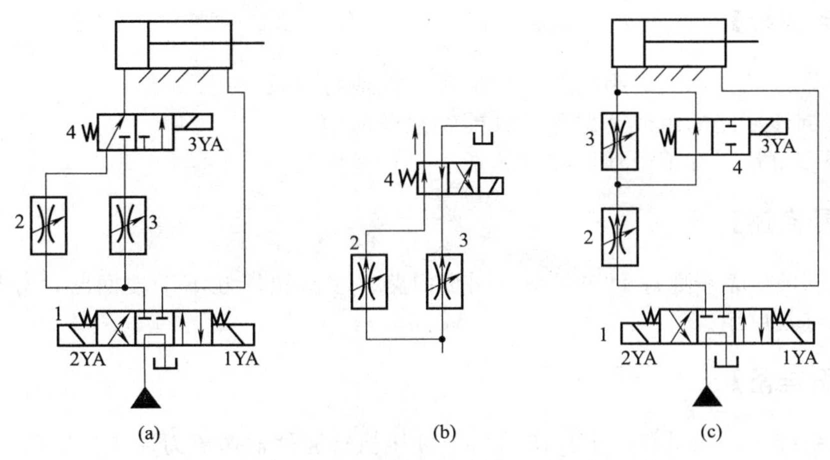

图 2-4-53　串并联调速阀控制的速度切换回路

【思考与练习】

1. 调速阀与节流阀在结构和性能上有哪些异同点？各适用于什么场合？
2. 试比较节流调速、容积调速、容积节流调速回路的特点，并说明其各应用在什么场合？
3. 在节流调速系统中，如果调速阀的进、出油口接反了，将会出现怎样的情况？
4. 溢流阀和节流阀都能做背压阀使用，其差别是什么？

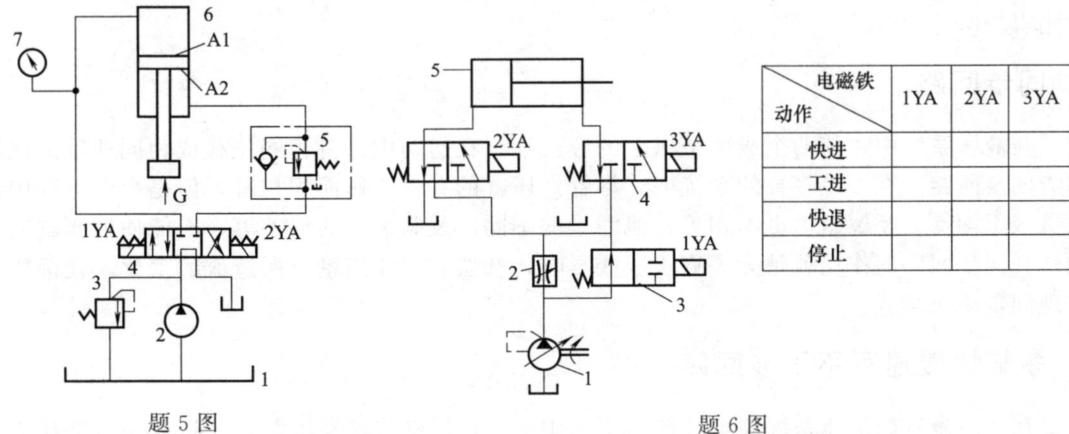

电磁铁 / 动作	1YA	2YA	3YA
快进			
工进			
快退			
停止			

题 5 图　　　　题 6 图

5. 如图所示为液压机液压回路示意图。设锤头及活塞的总重量 $G=3\times10^3$N，油缸无杆腔面积 $A_1=300\text{mm}^2$，油缸有杆腔面积 $A_2=200\text{mm}^2$，阀 5 的调定压力 $p=30$MPa。试分析并回答以下问题：

（1）写出元件 3、4、5 的名称；

（2）系统中换向阀采用何种滑阀机能，并形成了何种基本回路？

（3）当 1YA、2YA 两电磁铁分别通电动作时，压力表 7 的读数各为多少？

6. 如图所示系统可实现“快进→工进→快退→停止（卸荷）”的工作循环。

（1）指出标出数字序号的液压元件的名称。

（2）试列出电磁铁动作表（通电“+”，失电“－”）。

子任务 4　机床液压系统多缸动作回路组建与分析

【任务目标】

1. 掌握顺序动作回路的组成、工作原理、性能特点及应用。
2. 掌握同步回路的组成、原理、性能特点及应用。
3. 掌握多缸快慢互不干涉回路的组成、原理及应用。

【任务描述】

组建机床液压系统顺序动作回路、同步回路、多缸快慢互不干涉回路，分析控制原理、回路性能特点及应用。

【知识准备】

在液压系统中，如果有一个油源给多个液压执行元件输送压力油，这些执行元件会因压力和流量的彼此影响而在动作上互相牵制，因此，必须采用一些特殊的回路才能实现预定的动作要求。常见的这类回路有顺序动作回路、同步回路、浮动回路、互不干扰回路、多路换向阀控制回路等。

1. 顺序动作回路

在多缸液压系统中，往往需要按照一定的要求顺序动作。例如，自动车床中刀架的纵横向运动，夹紧机构的定位和夹紧等。

顺序动作回路按其控制方式不同，分为压力控制、行程控制和时间控制三类，其中前两类用得较多。

2. 同步回路

在液压系统中，使两个或两个以上的液压缸，在运动中保持相同位移或相同速度的回路称为同步回路。在一泵多缸的系统中，尽管液压缸的有效工作面积相等，但是由于运动中所受负载不均衡，摩擦阻力也不相等，泄漏量的不同以及制造上的误差等，不能使液压缸同步动作。同步回路的作用就是为了克服这些影响，补偿它们在流量上所造成的变化，使液压缸实现同步动作。

3. 多缸快慢速互不干涉回路

在一泵多缸的液压系统中，往往由于其中一个液压缸快速运动时，会造成系统的压力下降，影响其他液压缸工作进给的稳定性。因此，在工作进给要求比较稳定的多缸液压系统中，必须采用快慢速互不干涉回路。

【任务实施】

1. 场地与设备

(1) 场地　液压实训室、实训基地。

(2) 设备　液压实训台，各种液压元件、拆装工具等。

2. 顺序动作回路的组建与分析

回路组装步骤：

a. 选择组装各多缸回路的元件：泵、缸、换向阀、溢流阀、节流阀或调速阀及其他元件。

b. 按图布置各元件的位置，进行组装，并检查可靠性。

c. 溢流阀全开，启动泵，将溢流阀开度逐渐减小，调试回路。分析工作原理、性能特点。

d. 拆卸回路，清洗元件及试验台。

(1) 用压力控制的顺序动作回路　压力控制就是利用油路本身的压力变化来控制液压的先后动作顺序，它主要利用压力继电器和顺序阀来控制顺序动作。

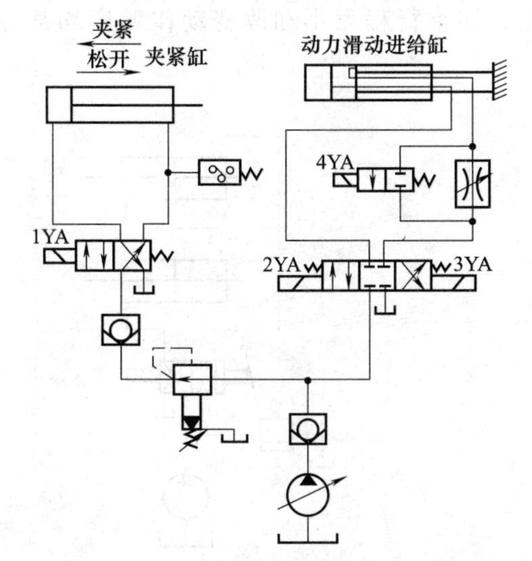

图 2-4-54　压力继电器控制的顺序回路

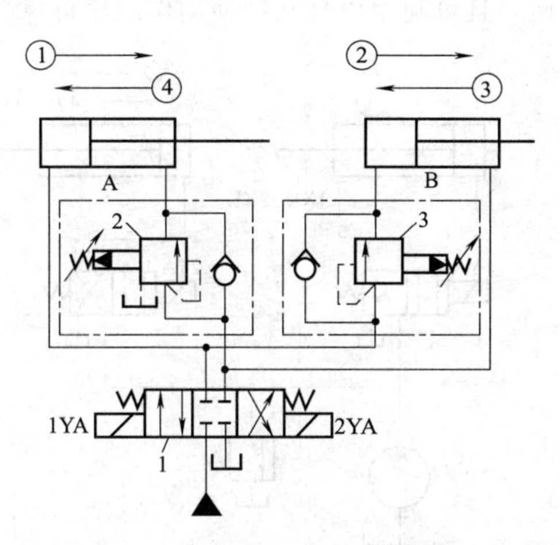

图 2-4-55　顺序阀控制的顺序回路
1—电磁换向阀；2，3—单向顺序阀

① 用压力继电器控制的顺序回路　图 2-4-54 是机床的夹紧、进给系统，要求的动作顺序是：先将工件夹紧，然后动力滑台进行切削加工，动作循环开始时，二位四通电磁阀处于图示位置，液压泵输出的压力油进入夹紧缸的右腔，左腔回油，活塞向左移动，将工件夹紧。夹紧后，液压缸右腔的压力升高，当油压超过压力继电器的调定值时，压力继电器发出信号，指令电磁阀的电磁铁 2YA、4YA 通电，进给液压缸动作（其动作原理详见速度换接回路）。油路中要求先夹紧后进给，工件没有夹紧则不能进给，这一严格的顺序是由压力继电器保证的。压力继电器的调整压力应比减压阀的调整压力低 $3\times10^5\sim5\times10^5$ Pa。

② 用顺序阀控制的顺序动作回路　图 2-4-55 是采用两个单向顺序阀的压力控制顺序动作回路。其中单向顺序阀 3 控制两液压缸前进时的先后顺序，单向顺序阀 2 控制两液压缸后退时的先后顺序。当电磁换向阀 1YA 通电时，压力油进入液压缸 A 的左腔，右腔经阀 2 中的单向阀回油，此时由于压力较低，顺序阀 3 关闭，缸 A 的活塞向右移动实现动作①。当液压缸 A 的活塞运动至终点时，油压升高，达到单向顺序阀 3 的调定压力时，顺序阀开启，压力油进入液压缸 B 的左腔，右腔直接回油，缸 B 的活塞向右移动实现动作②。当液压缸 B 的活塞右移达到终点后，电磁换向阀 2YA 通电，此时压力油进入液压缸 B 的右腔，左腔经阀 3 中的单向阀回油，使缸 B 的活塞向左返回实现动作③，到达终点时，压力油升高打开顺序阀 2 再使液压缸 A 的活塞返回实现动作④。

这种顺序动作回路的可靠性，在很大程度上取决于顺序阀的性能及其压力调整值。顺序阀的调整压力应比先动作的液压缸的工作压力高 $8\times10^5\sim10\times10^5$ Pa，以免在系统压力波动时，发生误动作。

(2) 用行程控制的顺序动作回路　行程控制顺序动作回路是利用工作部件到达一定位置时，发出信号来控制液压缸的先后动作顺序，它可以利用行程开关、行程阀或顺序缸来实现。

图 2-4-56 是利用电气行程开关发信号来控制电磁阀先后换向的顺序动作回路。其动作顺序是：按启动按钮，电磁铁 1YA 通电，缸 1 活塞右行；当挡铁触动行程开关 2XK，使 2YA 通电，缸 2 活塞右行；缸 2 活塞右行至行程终点，触动 3XK，使 1YA 断电，缸 1 活塞左行；而后触动 1XK，使 2YA 断电，缸 2 活塞左行。至此完成了缸 1、缸 2 的全部顺序动作的自动循环。采用电气行程开关控制的顺序回路，调整行程大小和改变动作顺序均甚方便，且可利用电气互锁使动作顺序可靠。

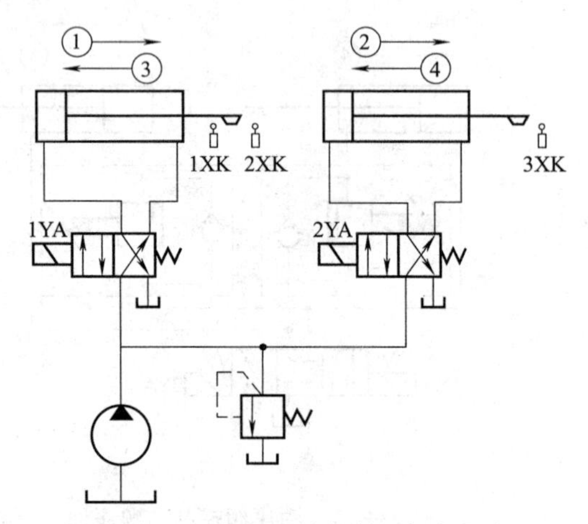

图 2-4-56　行程开关控制的顺序回路

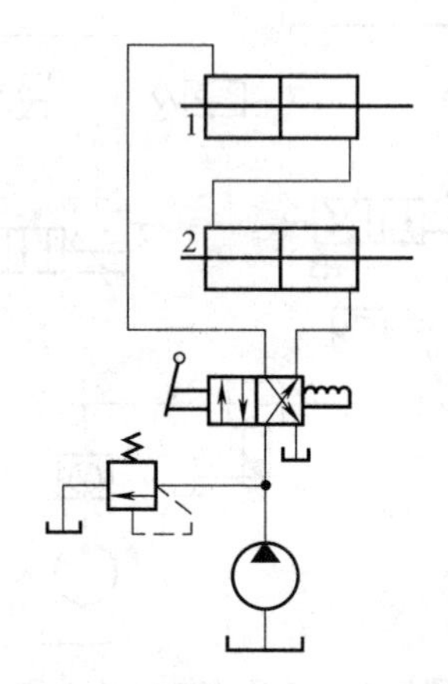

图 2-4-57　串联液压缸的同步回路

3. 同步回路的组建与分析

(1) 串联液压缸的同步回路　如图 2-4-57 所示，图中液压缸 1 回油腔排出的油液，被送入液压缸 2 的进油腔。如果串联油腔活塞的有效面积相等，便可实现同步运动。这种回路两缸能承受不同的负载，但泵的供油压力要大于两缸工作压力之和。

由于泄漏和制造误差，影响了串联液压缸的同步精度，当活塞往复多次后，会产生严重的失调现象，为此要采取补偿措施。

（2）带有补偿装置的同步回路　如图 2-4-58 所示，为了达到同步运动，缸 1 有杆腔 A 的有效面积应与缸 2 无杆腔 B 的有效面积相等。在活塞下行的过程中，如液压缸 1 的活塞先运动到底，触动行程开关 1XK 发信号，使电磁铁 1YA 通电，此时压力油便经过二位三通电磁阀 3、液控单向阀 5，向液压缸 2 的 B 腔补油，使缸 2 的活塞继续运动到底。如果液压缸 2 的活塞先运动到底，触动行程开关 2XK，使电磁铁 2YA 通电，此时压力油便经二位三通电磁阀 4 进入液控单向阀的控制油口，液控单向阀 5 反向导通，使缸 1 能通过液控单向阀 5 和二位三通电磁阀 3 回油，使缸 1 的活塞继续运动到底，对失调现象进行补偿。

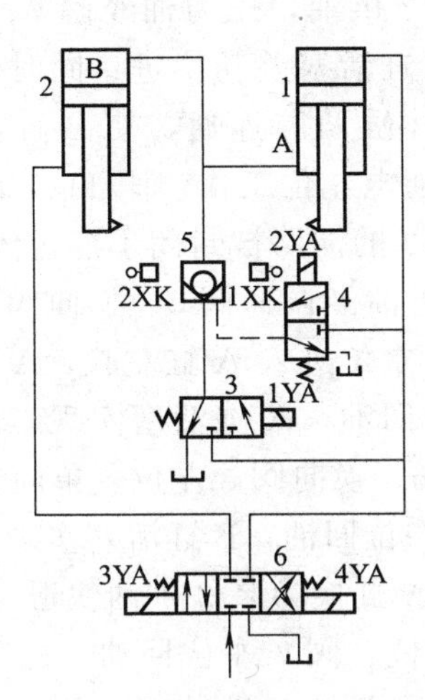

图 2-4-58　采用补偿措施的串联液压缸同步回路

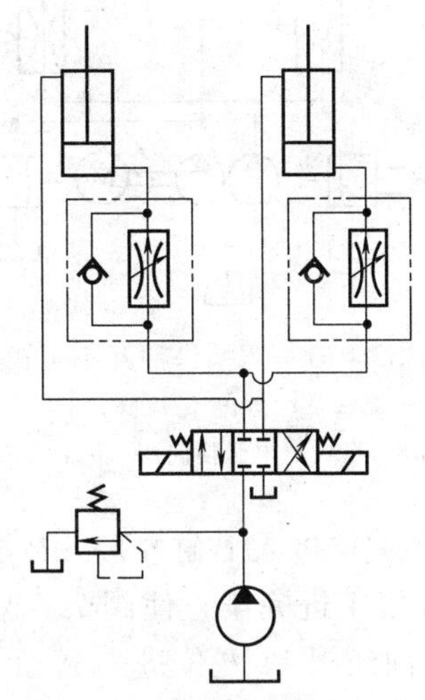

图 2-4-59　调速阀控制的同步回路

（3）流量控制式同步回路

① 用调速阀控制的同步回路　如图 2-4-59 所示为两个并联的液压缸分别用调速阀控制的同步回路。两个调速阀分别调节两缸活塞的运动速度，当两缸有效面积相等时，则流量也调整得相同；若两缸面积不等时，则改变调速阀的流量也能达到同步的运动。

用调速阀控制的同步回路，结构简单，并且可以调速，但是由于受到油温变化以及调速阀性能差异等影响，同步精度较低，一般在 5%～7%左右。

② 同步阀的同步回路　如图 2-4-60 所示，换向阀 3 右位工作时，压力油经等量分流阀 5 后以相等的流量进入两液压缸的左腔，两缸右腔回油，两活塞同步向右伸出。当换向阀 3 左位工作时，两缸左腔分别经单向阀 6 和 4 回油，两活塞快速退回。同步阀控制的同步回路，简单方便，能承受变动负载与偏载。

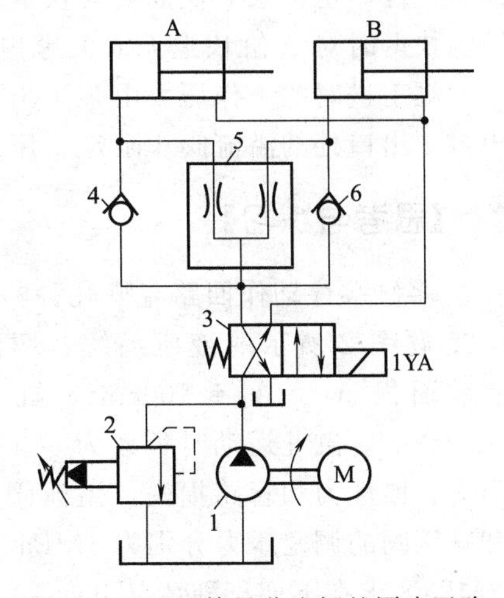

图 2-4-60　用等量分流阀的同步回路

1—液压泵；2—溢流阀；3—换向阀；4，6—单向阀；5—等量分流阀

4. 多缸快慢速互不干涉回路的组建与分析

如图 2-4-61 所示，各液压缸分别要完成快进、工作进给和快速退回的自动循环，且要求

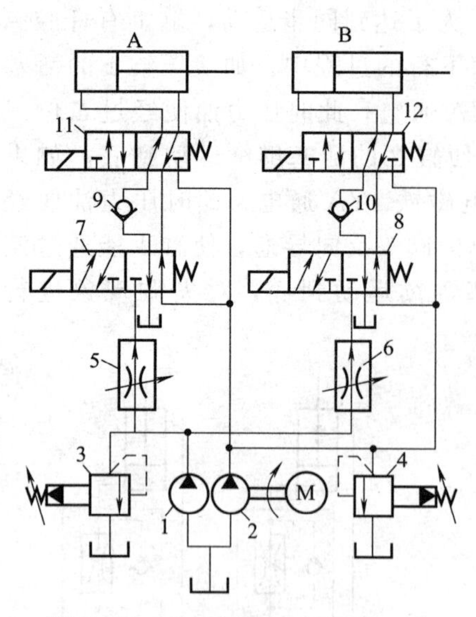

图 2-4-61　双泵供油互不干扰回路

1,2—双联泵；3,4—溢流阀；5,6—调速阀；7,8,11,12—电磁换向阀；9,10—单向阀

工进速度平稳，回路采用双泵的供油系统，泵 1 为高压小流量泵，泵 2 为低压大流量泵。

两缸的“快进”和“快退”均由低压大流量泵 2 供油，“工进”均由高压小流量泵 1 供油。快速和慢速供油渠道不同，因而避免了相互的干扰。它们的压力分别由溢流阀 3 和 4 调定。

当图示位置电磁换向阀 7、8、11、12 均不通电，液压缸 A、B 活塞均处于左端位置。当阀 11、阀 12 通电左位工作时，泵 2 供油，压力油经阀 7、阀 11 与 A 缸两腔连通，使 A 缸活塞差动快进；同时泵 2 压力油经阀 8、阀 12 与 B 缸两腔连通，使 B 缸活塞差动快进。当阀 7、阀 8 通电左位工作，阀 11、阀 12 断电换为右位时，液压泵 2 的油路被封闭不能进入液压缸 A、B。泵 1 供油，压力油经调速阀 5、换向阀 7 左位、单向阀 9、换向阀 11 右位进入 A 缸左腔，A 缸右腔经阀 11 右位、阀 7 左位回油，A 缸活塞实现工进，同时泵 1 压力油经调速阀 6、换向阀 8 左位、单向阀 10、换向阀 12 右位进入 B 缸左腔，B 缸右腔经阀 12 右位、阀 8 左位回油，B 缸活塞实现工进。这时若 A 缸工进完毕，使阀 7、阀 11 均通电换为左位，则 A 缸换为泵 2 供油快退。其油路为：泵 2 油经阀 11 左位进入 A 缸右腔，A 缸左腔经阀 11 左位、阀 7 左位回油。这时由于 A 缸不由泵 1 供油，因而不会影响 B 缸工进速度的平稳性。当 B 缸工进结束，阀 8、阀 12 均通电换为左位，也由泵 2 供油实现快退。由于快退时为空载，对速度的平稳性要求不高，故 B 缸转为快退时对 A 缸快退无太大影响。

两缸工进时的工作压力由泵 1 出口处的溢流阀 3 调定，压力较高；两缸快速时的工作压力由泵 2 出口处的溢流阀 4 限定，压力较低。

【思考与练习】

1. 多缸顺序动作回路有哪几种？

2. 题图 2 所示的液压系统，两液压缸的有效面积 $A_1=A_2=100\text{cm}^2$，缸Ⅰ负载 $F=35000\text{N}$，缸Ⅱ运动时负载为零。不计摩擦阻力、惯性力和管路损失，溢流阀、顺序阀和减压阀的调定压力分别为 4MPa、3MPa 和 2MPa。求在下列三种情况下，A、B 和 C 处的压力。

(1) 液压泵启动后，两换向阀处于中位；

(2) 1YA 通电，液压缸 1 活塞移动时及活塞运动到终点时；

(3) 1YA 断电，2YA 通电，液压缸 2 活塞运动时及活塞碰到固定挡块时。

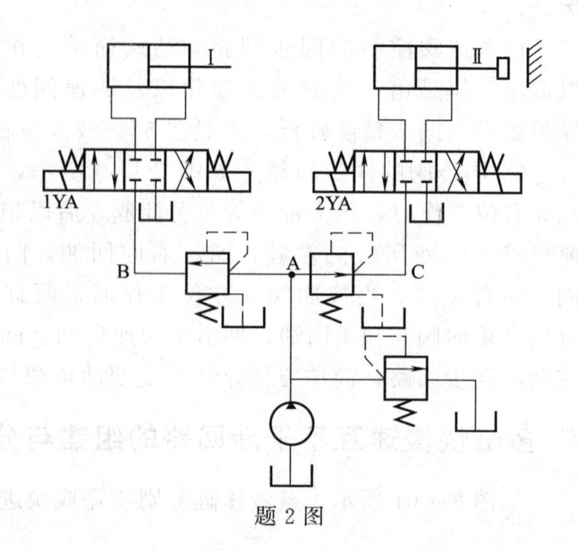

题 2 图

任务5 机床液压系统其他液压阀及应用

【任务目标】

1. 了解一些特殊液压阀的结构组成、工作原理、性能特点，能合理使用和选用。

2. 了解插装阀、比例阀和伺服阀等组建的控制回路，分析控制原理、回路性能特点及应用。

【任务描述】

观察分析机床液压系统的插装阀、比例阀和伺服阀等实物和透明元件，观察分析结构组成、工作原理、性能特点，能合理使用和选用。组建控制回路，分析控制原理、回路性能特点及应用。

【知识准备】

前面所介绍的方向阀、压力阀、流量阀是普通液压阀，除此之外还有一些特殊的液压阀，如插装阀、比例阀和伺服阀等。

1. 插装阀

插装阀又称为逻辑阀，特点是通流能力大，密封性能好，动作灵敏、结构简单，因而主要用于流量较大系统或对密封性能要求较高的系统。它是以锥阀式（又称单向阀式）为基本单元，以芯子插入式为基本连接形式，配以不同的先导阀来满足各种动作要求的阀类，又称锥阀集成阀或插式阀。液压插装阀是不带阀体的阀类，其过流量大，应用比较灵活。当插装阀装入具有标准阀孔的集成阀块时，阀块体既成为插装阀的公共阀体，又起连接管道的作用。而且当插装阀装入具有标准阀孔的阀体时，又可构成板式和管式等分立式液压阀。

插装阀有两类：一类是二通滑入式插装阀，国内通常称为二通插装阀，又称二通盖板式插装阀、锥阀或逻辑阀，在国内外均已广泛应用；另一类是二通、三通、四通螺纹插装阀。后者在国外小型工程机械、农业机械、汽车和其他车辆等领域已广泛使用，但国内生产螺纹式插装阀的厂家较少，其应用还有待发展。

由逻辑阀组成的液压系统称为液压逻辑系统。根据用途不同，逻辑阀又分为逻辑压力阀、逻辑流量阀和逻辑换向阀三种。

2. 电液比例阀

电液比例阀是一种按输入的电气信号连续地、按比例地对油液的压力、流量或方向进行远距离控制的阀。与手动调节的普通液压阀相比，电液比例阀能够提高液压系统参数的控制水平。它结构简单、成本低，所以它广泛应用于要求对液压参数进行连续控制或程序控制，但对控制精度和动态特性要求不太高的液压系统中。

电液比例控制阀的构成，从原理上讲相当于在普通液压阀上，装上一个比例电磁铁以代替原有的控制（驱动）部分。根据用途和工作特点的不同，按其控制的参量可以分为电液比例压力阀、电液比例流量阀和电液比例方向阀三大类。

3. 叠加阀

叠加式液压阀简称叠加阀，其阀体本身既是元件又是具有油路通道的连接体，阀体的上、下两面制成连接面。选择同一通径系列的叠加阀，叠合在一起用螺栓紧固，即可组成所需的液压传动系统。

叠加阀现有五个通径系列：ϕ6mm、ϕ10mm、ϕ16mm、ϕ20mm、ϕ32mm，额定压力为20MPa，额定流量为10～200L/min。叠加阀按功用的不同分为压力控制阀、流量控制阀和方向控制阀三类，其中方向控制阀仅有单向阀类，主换向阀不属于叠加阀。

4. 电液伺服阀

电液伺服阀是把微弱的电气模拟信号转变为大功率液压能（流量、压力），是一种比电液比例阀的精度更高、响应更快的液压控制阀。其输出流量或压力受输入的电气信号控制，它集中了电气和液压的优点．具有控制灵活、精度高、输出功率大等特性，已广泛应用于电液位置、速度、加速度、力伺服系统中。

【任务实施】

1. 场地与设备

（1）场地　液压实训室、实训基地。

（2）设备　二通插装阀5个，拆装工具，液压实训台等。

2. 二通插装阀的组装与分析

（1）安装步骤

① 检查插孔的尺寸（如内径、各台阶的深度、倒角等）、粗糙度、同轴度，清除倒角处和交口处的棱角或毛刺。

② 检查各元件的型号及各密封圈。

③ 用专用的检具检查插孔的同轴度。

④ 安装时，应先在插孔内和插装组件的外圈（特别是密封圈处）涂上润滑脂或机油，再把插装组件放入插孔内，用橡胶锤敲入或用盖板螺钉压入插孔内，用内六角螺钉把控制盖板固定，最后安装先导控制阀。

安装二通插装阀时应该注意以下几点：

① 安装插装组件时注意不要漏装弹簧，密封圈和挡圈不要在装配的过程中被切坏。

② 安装控制盖板时一定要注意对齐油口或定位销的位置。

（2）插装阀的工作原理分析　插装阀的结构及图形符号如图2-5-1所示。它由控制盖板、插装单元（由阀套、弹簧、阀芯及密封件组成）、插装块体和先导控制阀（如先导阀为二位三通电磁换向阀，见图2-5-2）组成。由于这种阀的插装单元在回路中主要起通、断作用，故又称二通插装阀。

二通插装阀的工作原理相当于一个液控单向阀。图2-5-1中A和B为主油路仅有的两个工作油口，K为控制油口（与先导阀相接）。当K口无液压力作用时，阀芯受到的向上的液压力大于弹簧力，阀芯开启，A与B相通，至于液流的方向，视A、B口的压力大小而定。反之，当K口有液压力作用时，且K口的油液压力大于A和B口的油液压力，才能保证A

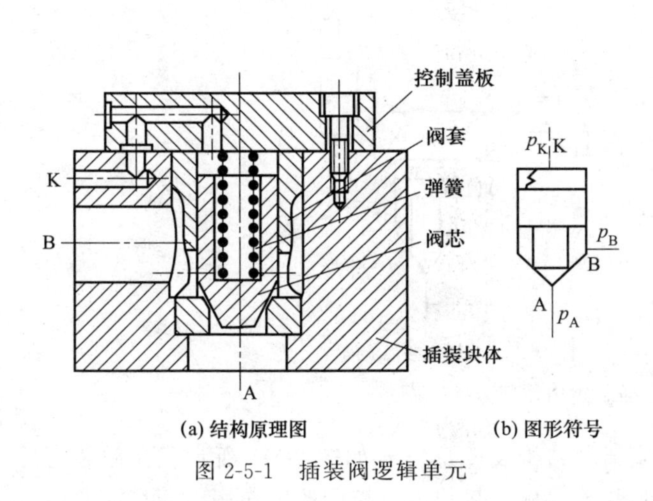

图 2-5-1　插装阀逻辑单元

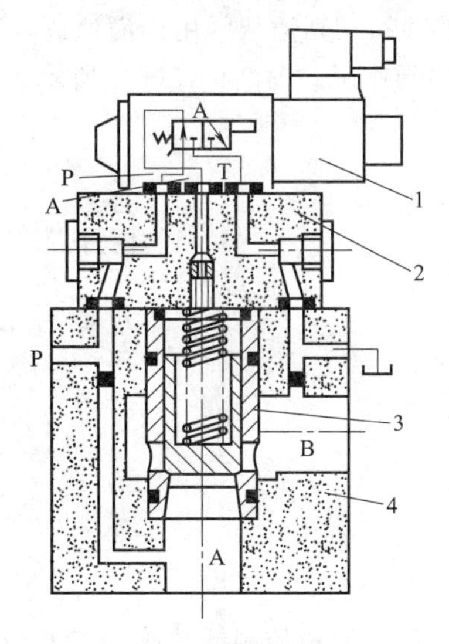

图 2-5-2　插装阀的组成

1—先导控制阀；2—控制盖板；3—逻辑单元（主阀）；4—阀块体

与B之间关闭。插装阀与各种先导阀组合，便可组成方向控制阀、压力控制阀和流量控制阀。

（3）方向控制插装阀　插装阀组成各种方向控制阀如图 2-5-3 所示。图 2-5-3（a）为单向阀，当 $p_A > p_B$ 时，阀芯关闭，A 与 B 不通；而当 $p_B > p_A$ 时，阀芯开启，油液从 B 流向 A。图 2-5-3（b）为二位二通阀，当二位三通电磁阀断电时，阀芯开启，A 与 B 接通；电磁阀通电时，阀芯关闭，A 与 B 不通。图 2-5-3（c）为二位三通阀，当二位四通电磁阀断电时，A 与 T 接通；电磁阀通电时，A 与 P 接通。图 2-5-3（d）为二位四通阀，电磁阀断电时，P 与 B 接通，A 与 T 接通；电磁阀通电时，P 与 A 接通，B 与 T 接通。

（4）压力控制插装阀　插装阀组成压力控制阀如图 2-5-4 所示。在图 2-5-4（a）中，如

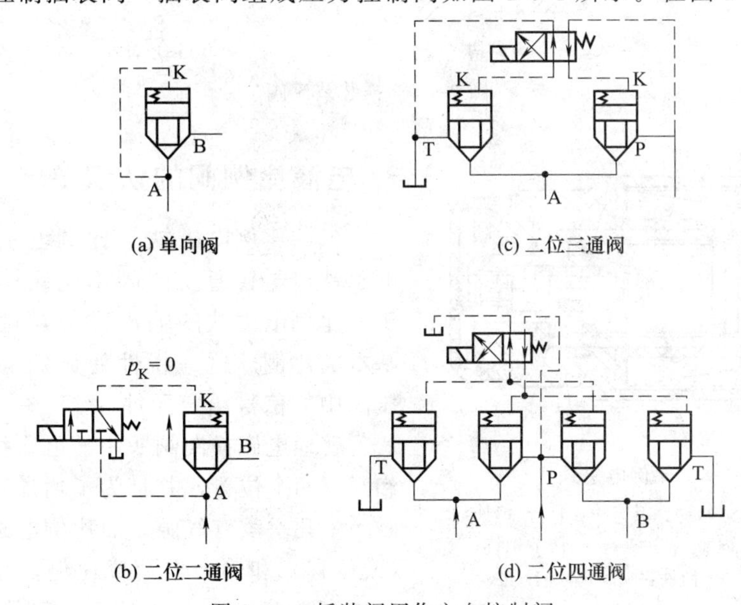

图 2-5-3　插装阀用作方向控制阀

B接油箱，则插装阀用作溢流阀，其原理与先导式溢流阀相同。如B接负载时，则插装阀起顺序阀作用。图2-5-4（b）所示为电磁溢流阀，当二位二通电磁阀通电时起卸荷作用。

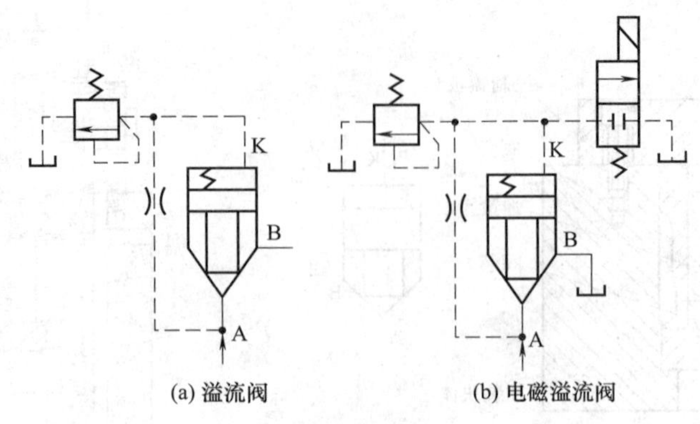

图2-5-4　插装阀用作压力控制阀

（5）流量控制插装阀　二通插装节流阀的结构及图形符号如图2-5-5所示。在插装阀的控制盖板上有阀芯限位器，用来调节阀芯开度，从而起到流量控制阀的作用。若在二通插装阀前串联一个定差减压阀，则可组成二通插装调速阀。

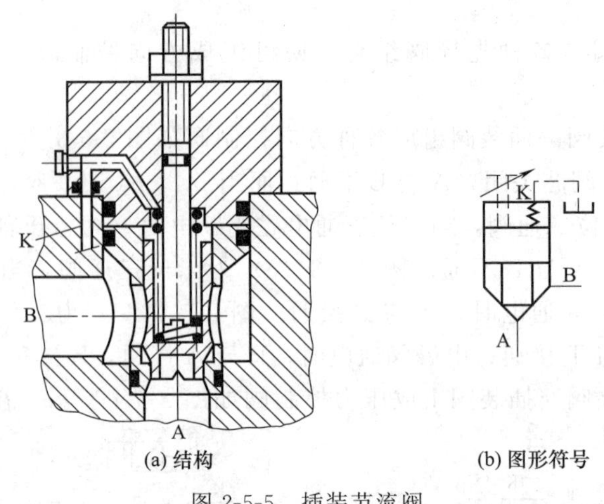

图2-5-5　插装节流阀

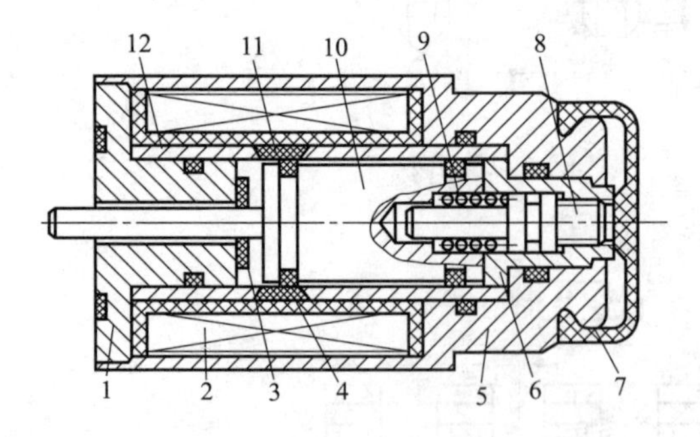

图2-5-6　比例电磁铁

1—轭铁；2—线圈；3—限位环；4—隔磁环；5—壳体；6—内盖；7—盖；8—调节螺钉；9—弹簧；10—衔铁；11—（隔磁）支承环；12—导向套

3. 电液比例阀的认识

（1）比例电磁铁　比例电磁铁是一种直流电磁铁，与普通换向阀用电磁铁的不同主要在于，比例电磁铁的输出推力与输入的线圈电流基本成比例。这一特性使比例电磁铁可作为液压阀中的信号给定元件。

普通电磁换向阀所用的电磁铁只要求有吸合和断开两个位置，并且为了增加吸力，在吸合时磁路中几乎没有气隙。而比例电磁铁则要求吸力（或位移）和输入电流成比例，并在衔铁的全部工作位置上，磁路中保持一定的气隙。图2-5-6

所示为比例电磁铁的结构。

（2）电液比例溢流阀

① 电液比例溢流阀结构及其工作原理分析　用比例电磁铁取代先导型溢流阀导阀的手调装置（调压手柄），便成为先导型比例溢流阀，如图 2-5-7 所示。该阀下部与普通溢流阀的主阀相同，上部则为比例先导压力阀。该阀还附有一个手动调整的安全阀（先导阀）9，用以限制比例溢流阀的最高压力，以避免因电子仪器发生故障使得控制电流过大，压力超过系统允许最大压力的可能性。比例电磁铁的推杆向先导阀芯施加推力，该推力作为先导级压力负反馈的指令信号。随着输入电信号强度的变化，比例电磁铁的电磁力将随之变化，从而改变指令力的大小，使锥阀的开启压力随输入信号的变化而变化。若输入信号连续地、按比例地或按一定程序变化，则比例溢流阀所调节的系统压力也连续地、按比例地或按一定的程

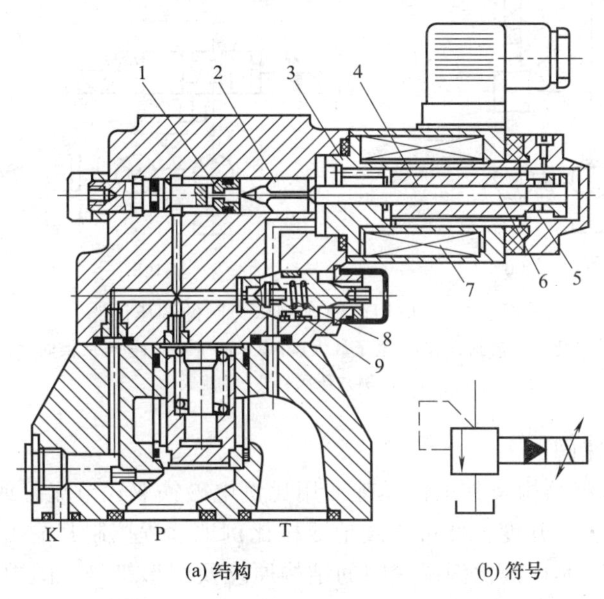

图 2-5-7　比例溢流阀的结构及图形符号

1—阀座；2—先导锥阀；3—轭铁；4—衔铁；5—弹簧；6—推杆；7—线圈；8—弹簧；9—先导阀

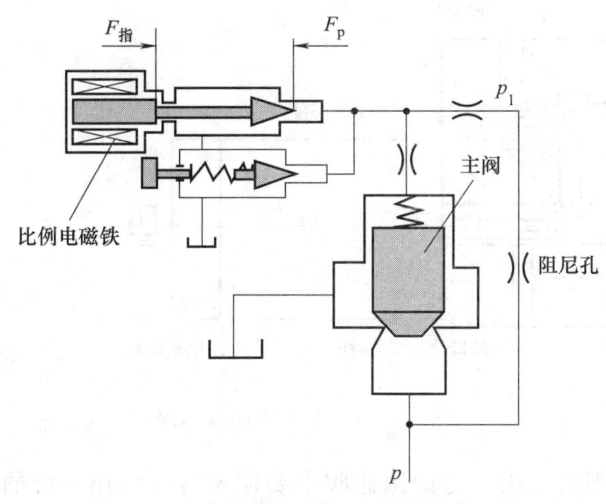

图 2-5-8　先导型比例溢流阀的工作原理

序进行变化。因此比例溢流阀多用于系统的多级调压或实现连续的压力控制。直动型比例溢流阀作先导阀与其他普通的压力阀的主阀相配，便可组成先导型比例溢流阀、比例顺序阀和比例减压阀。图 2-5-8 为先导型比例溢流阀的工作原理。

② 电液比例压力阀的应用　图 2-5-9 为利用比例溢流阀和比例减压阀的多级调压回路。图中 2 和 6 为电子放大器。改变输入电流 I，即可控制系统的工作压力。用它可以代替普通多级调压回路中的若干个压力阀，且能对系统进行连续控制。

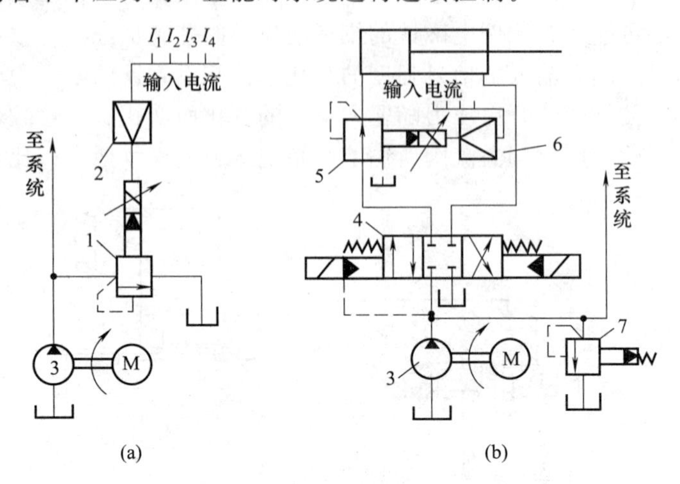

图 2-5-9　应用电液比例压力阀的调压回路

1—比例溢流阀；2,6—电子放大器；3—液压泵；4—电液换向阀；
5—比例减压阀；7—溢流阀

（3）电液比例调速阀

① 电液比例调速阀结构及其工作原理　用比例电磁铁取代节流阀或调速阀的手调装置，以输入电信号控制节流口开度，便可连续地或按比例地远程控制其输出流量，实现执行部件的速度调节。图 2-5-10 是电液比例调速阀的结构原理及图形符号。图中的节流阀芯由比例电磁铁的推杆操纵，输入的电信号不同，则电磁力不同，推杆受力不同，与阀芯左端弹簧力平衡后，便有不同的节流口开度。由于定差减压阀已保证了节流口前后压差为定值，所以一定的输入电流就对应一定的输出流量，不同的输入信号变化，就对应着不同的输出流量变化。

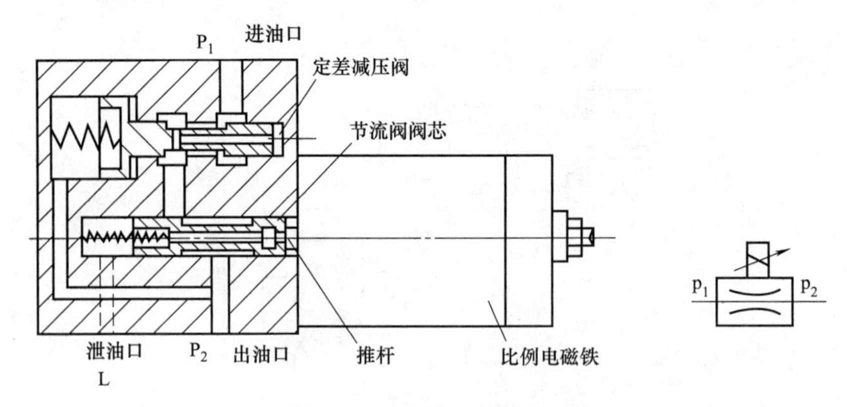

图 2-5-10　电液比例调速阀

② 电液比例调速阀的应用　比例调速阀主要用于各类液压系统的连续变速与多速控制。图 2-5-11（b）为采用的比例调速阀的调速回路，与使用手动调速阀的调速回路［图 2-5-11

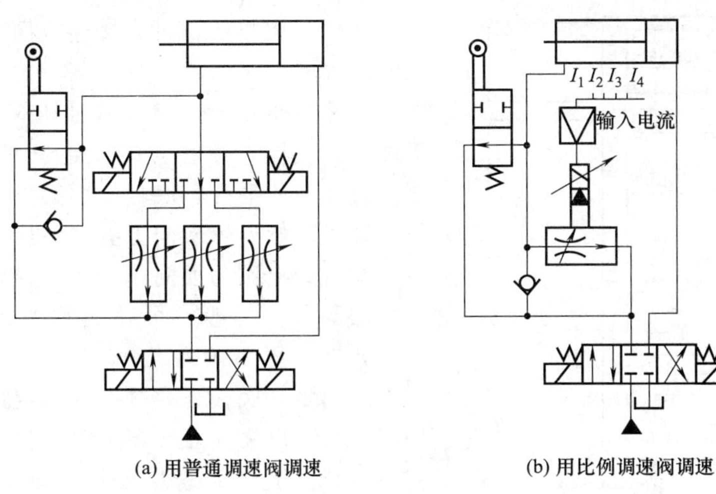

(a) 用普通调速阀调速　　(b) 用比例调速阀调速

图 2-5-11　应用比例调速阀的调速回路

(a)］相比，不但减少了控制元件的数量，而且使液压缸工作速度更符合加工工艺或设备要求。

4. 叠加阀的认识

(1) 叠加阀的结构及工作原理　叠加阀的工作原理与一般液压阀相同，只是具体结构有所不同。现以溢流阀为例，说明其结构和工作原理。

图 2-5-12 (a) 所示为 Y_1-F10D-P/T 先导型叠加式溢流阀，其型号意义是：Y 表示溢流阀，F 表示压力等级（20MPa），10 表示 ϕ10mm 通径系列，D 表示叠加阀，P/T 表示进油口为 P、回油口为 T。它由先导阀和主阀两部分组成，先导阀为锥阀，主阀相当于锥阀式的单向阀。其工作原理是：压力油由进油口 P 进入主阀阀芯 6 右端的 e 腔，并经阀芯上阻尼孔 d 流至阀芯 6 左端 b 腔，再经小孔 a 作用于锥阀阀芯 3 上。当系统压力低于溢流阀的调定压力时，锥阀阀芯 3 打开，b 腔的油液经锥阀口及孔 c 由油口 T 流回油箱，主阀阀芯 6 右腔的油经阻尼孔 d 向左流动，于是使主阀阀芯的两端油液产生压力差，此压力差使主阀阀芯克服弹簧 5 而左移，主阀阀口打开，实现了自油口 T 的溢流。调节弹簧 2 的预压缩量便可调节溢流阀的调整压力，即溢流压力。图 2-5-12 (b) 所示为叠加式溢流阀的图形符号。

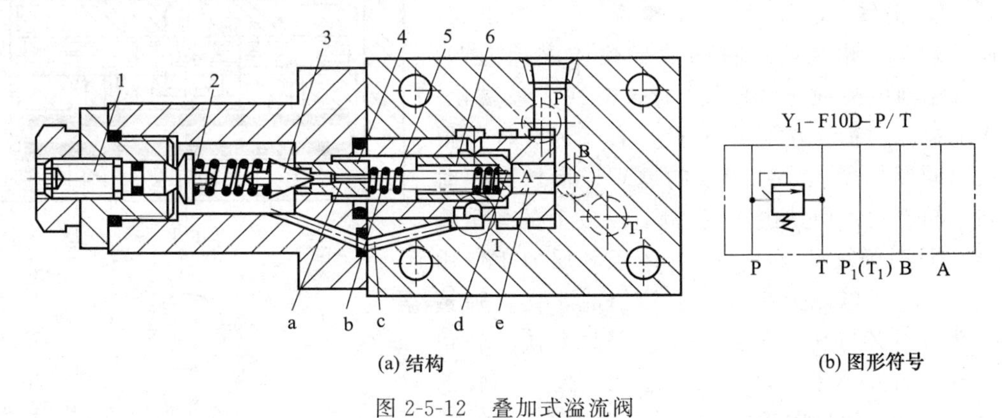

(a) 结构　　(b) 图形符号

图 2-5-12　叠加式溢流阀

1—推杆；2—弹簧；3—锥阀阀芯；4—阀座；5—弹簧；6—主阀阀芯

(2) 叠加式液压阀系统的组装　叠加阀自成体系，每一种通径系列的叠加阀，其主油路通道和螺钉孔的大小、位置、数量都与相应通径的板式换向阀相同。因此，将同一通径系列

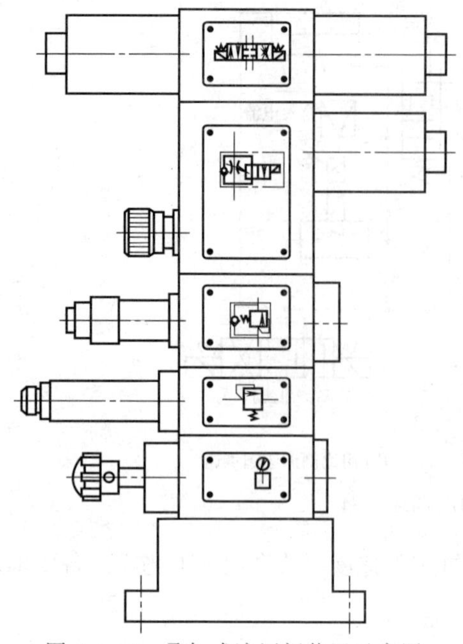

图 2-5-13 叠加式液压阀装置示意图

的叠加阀互相叠加，可直接连接而组成集成化液压系统。

图 2-5-13 所示为叠加式液压阀装置示意图。最下面的是底板，底板上有进油孔、回油孔和通向液压执行元件的油孔，底板上面第一个元件一般是压力表开关，然后依次向上叠加各压力控制阀和流量控制阀，最上层为换向阀，用螺栓将它们紧固成一个叠加阀组。一般一个叠加阀组控制一个执行元件。如果液压系统有几个需要集中控制的液压元件，则用多联底板，并排在上面组成相应的几个叠加阀组。元件之间可实现无管连接，不仅省掉大量管件，减少了产生压力损失、泄漏和振动的环节，而且使外观整齐，便于维护保养。

(3) 叠加式液压系统的特点

① 用叠加阀组装液压系统，不需要另外的连接块，因而结构紧凑，体积小，重量轻。

② 系统的设计工作量小，绘制出叠加阀式液压系统原理图，即可进行组装，且组装简便、组装周期短。

③ 调整、改换或增减系统的液压元件方便简单。

5. 电液伺服阀的认识

(1) 电液伺服阀的结构与工作原理　由力矩马达、喷嘴挡板式液压前置放大级和四边滑阀功率放大级等三部分组成。

如图 2-5-14 所示为力反馈电液伺服工作原理图，各部分工作原理分析如下：

① 力矩马达。力矩马达由一对永久磁铁 1，导磁体 2、4，衔铁 3，线圈 12 和弹簧管 11 等组成。其工作原理为：永久磁铁将两块导磁体磁化为 N、S 极。当控制电流通过线圈 12 时，衔铁 3 被磁化。若通入的电流使衔铁左端为 N 极，右端为 S 极，根据磁极间同性相斥、异性相吸的原理，衔铁向逆时针方向偏转 θ 角。衔铁由固定在阀体 10 上的弹簧管 11 支承，这时弹簧管弯曲变形，产生一反力矩作用在衔铁上。由于电磁力与输入电流值成正比，弹簧管的弹性力矩又与其转角成正比，因此衔铁的转角与输入电流的大小成正比。电流越大，衔铁偏转的角度也越大。电流反向输入时，衔铁也反向偏转。

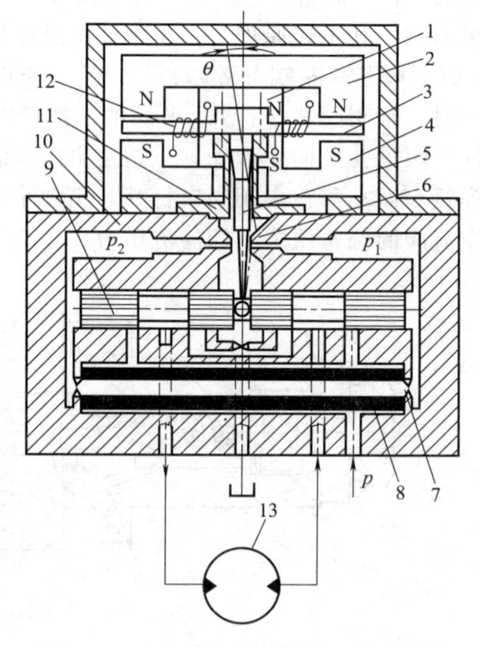

图 2-5-14 力反馈电液伺服工作原理图

1—永久磁铁；2,4—导磁体；3—衔铁；5—挡板；6—喷嘴；7—固定节流口；8—滤油器；9—滑阀；10—阀体；11—弹簧管；12—线圈；13—液压马达

② 前置放大级。力矩马达产生的力矩很小，不能直接用来驱动四边控制滑阀，必须先进行放大。前置放大级由挡板 5（与衔铁固连在一起）、喷嘴 6、

固定节流孔 7 和滤油器 8 组成。工作原理为：力矩马达使衔铁偏转，挡板 5 也一起偏转。挡板偏离中间对称位置后，喷嘴腔内的油液压力 p_1、p_2 发生变化。若衔铁带动挡板逆时针偏转时，挡板的节流间隙右侧减小，左侧增大，于是，压力 p_1 增大，p_2 减小，滑阀 9 在压力差的作用下向左移动。

③ 功率放大级。功率放大级由滑阀 9 和阀体 10 组成。其作用是将前置放大级输入的滑阀位移信号进一步放大，实现控制功率的转换和放大。工作原理为：当电流使衔铁和挡板作逆时针方向偏转时，滑阀受压差作用而向左移动，这时油源的压力油从滑阀左侧通道进入液压马达 13，回油经滑阀右侧通道，经中间空腔流回油箱，使液压马达 13 旋转。与此同时，随着滑阀向左移动，使挡板在两喷嘴的偏移量减小，实现了反馈作用，当这种反馈作用使挡板又恢复到中位时，滑阀受力平衡而停止在一个新的位置不动，并有相应的流量输出。

由上述分析可知，滑阀位置是通过反馈杆变形力反馈到衔铁上，使诸力平衡而决定的，所以也称此阀为力反馈式电液伺服阀，其工作原理可用图 2-5-15 所示的方框图表示。

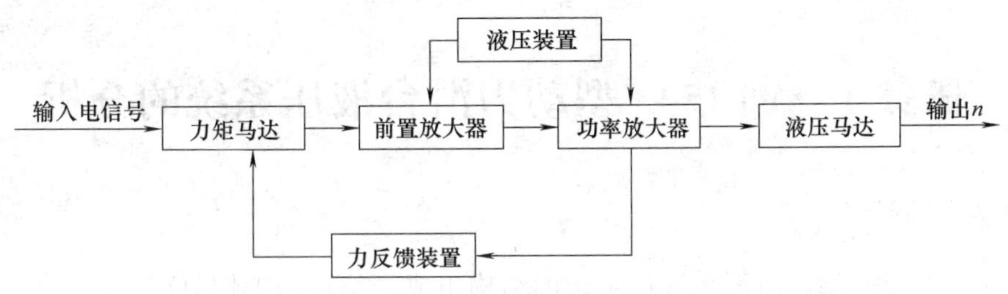

图 2-5-15　力反馈式电液伺服阀方框图

（2）电液伺服阀应用　图 2-5-16 所示是用电液伺服阀准确控制工作台位置的控制原理图。要求工作台的位置随控制电位器触点位置的变化而变化。触点的位置由控制电位器转换成电压。工作台的位置由反馈电位器检测，并转换成电压。当工作台的位置与控制触点的相应位置有偏差时，通过桥式电路即可获得该偏差值的偏差电压。若工作台位置落后于控制触点的位置时，偏差电压为正值，送入放大器，放大器便输出一正向电流给电液伺服阀。伺服阀给液压缸一正向流量，推动工作台正向移动，减小偏差，直至工作台与控制触点相应位置吻合时，伺服阀输入电流为零，工作台停止移动。当偏差电压为负值时，工作台反向移动，直至消除偏差时为止。如果控制触点连续变化，则工作台的位置也随之连续变化。

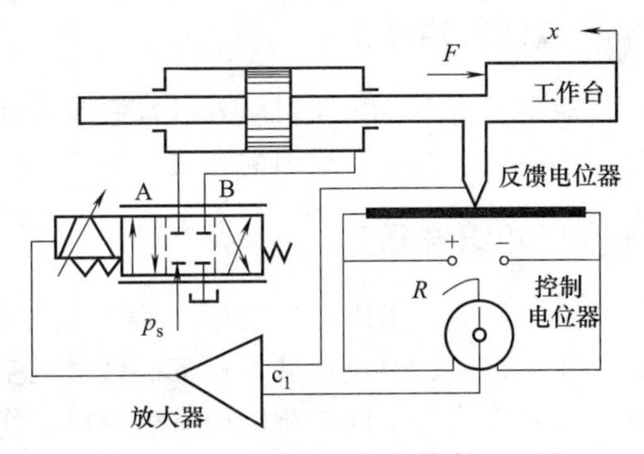

图 2-5-16　电液伺服位置控制原理图

【思考与练习】

1. 说明插装阀的工作原理分类。
2. 说明电液比例阀的工作原理及应用。
3. 说明电液比例调速阀的工作原理及应用。
4. 说明叠加阀、插装阀与普通液压阀的主要区别。
5. 试举例说明伺服系统的工作原理及基本特点。

学习情境3

典型液压系统的分析

任务1　YT4543型动力滑台液压系统的分析

【任务目标】

1. 了解YT4345型动力滑台液压系统的结构组成、特点、工作原理。

2. 进一步理解元件和回路的功用和原理，增强对各种元件和基本回路综合应用的理性认识，了解和掌握分析液压系统的方法、工作原理。

【任务描述】

观察分析YT4543型动力滑台液压系统的工作过程，了解系统结构组成、特点、工作原理，学会识读液压系统图的方法。

【知识准备】

液压传动技术广泛应用于工程机械、起重运输机械、机械制造业、冶金机械、矿山机械、建筑机械、农业机械、轻工机械、航空航天等领域。由于液压系统的工况要求、动作循环、控制方式等不同，相应的系统组成、作用和特点也不同。但一个液压设备的液压系统，无论它要完成的动作有多么复杂，总是由一些基本回路组成的，基本回路的特性决定整个系统的特性。

由若干液压元件组成（包括能源装置、控制元件、执行元件等）与管路组合起来，并能完成一定动作的整体，或能完成一定动作的各个液压基本回路的组合，称为液压传动系统，简称为液压系统。

1. 液压系统图

液压系统图表明了组成液压系统的所有液压元件及它们之间相互连接情况，以及执行元件所实现的运动循环及循环的控制方式等，从而表明了整个液压系统的工作原理。

分析和阅读较复杂的液压系统图的步骤如下。

① 了解设备的功用及对液压系统动作和性能的要求，以及液压系统应实现的运动和工

作循环。

② 分析各元件的功用与原理，弄清它们之间的相互连接关系（若有几个执行元件，按执行元件数将其分解为若干个子系统，逐个分析）。一般原则为“先看两头，后看中间”。

③ 分析各工况工作原理及油流路线。一般原则为“先看图示位置，后看其他位置”，“先看主油路，后看辅助油路”。

④ 找出液压基本回路，归纳液压系统特点。

组合机床是由通用部件和某些专用部件所组成的高效率和自动化程度较高的专用机床。它能完成钻、镗、铣、刮端面、倒角、攻螺纹等加工和工件的转位、定位、夹紧、输送等动作。

2. 动力滑台的认识

动力滑台是组合机床的一种通用部件，如图 3-1-1 所示。在滑台上可以配置各种工艺用途的切削头，例如安装动力箱和主轴箱、钻削头、铣削头、镗削头、镗孔、车端面等。YT4543 型组合机床液压动力滑台的液压传动系统是以速度变换和控制为主的系统，可以实现多种不同的工作循环，如“快进→ 工进 →死挡块停留→ 快退→原位停止”、“快进→第一次工进→第二次工进→死挡块停留→快退→原位停止”等。

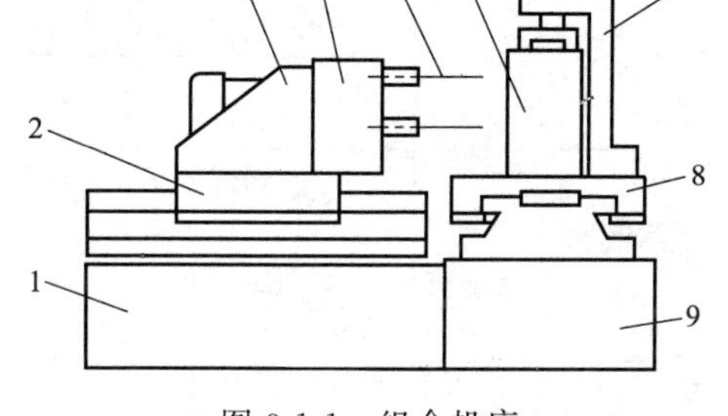

图 3-1-1　组合机床

1—床身；2—动力滑台；3—动力头；4—主轴箱；5—刀具；6—工件；7—夹具；8—工作台；9—底座

【任务实施】

1. 场地与设备

（1）场地　液压实训室、实训基地。

（2）设备　液压实训台、模拟仿真软件等。

2. YT4543 型组合机床液压动力滑台的液压传动系统的分析

YT4543 型组合机床液压动力滑台的液压传动系统其中一种比较典型的工作循环是快进→一工进→二工进→死挡铁停留→快退→停止。动作循环的动力滑台液压系统工作原理图如图 3-1-2 所示。系统中采用限压式变量叶片泵供油，并使液压缸差动连接以实现快速运动。由电液换向阀换向，用行程阀、液控顺序阀实现快进与工进的转换，用二位二通电磁换向阀实现一工进和二工进之间的速度换接。为保证进给的尺寸精度，采用了死挡铁停留来限位。

（1）工作分析

① 快进　按下启动按钮，三位五通电液动换向阀 5 的先导电磁换向阀 1YA 得电，使之阀芯右移，左位进入工作状态。

进油路：滤油器 1→变量泵 2→单向阀 3→管路 4→电液换向阀 5 的 P 口到 A 口→管路 10，11→行程阀 17→管路 18→液压缸 19 左腔。

回油路：缸 19 右腔→管路 20→电液换向阀 5 的 B 口到 T 口→油路 8→单向阀 9→油路 11→行程阀 17→管路 18→缸 19 左腔。

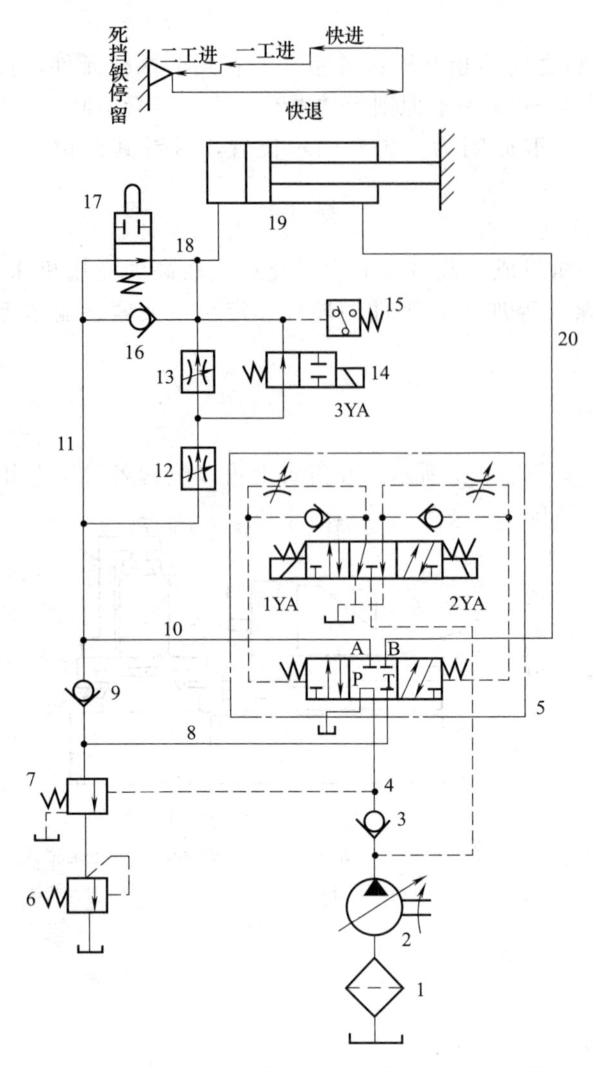

图 3-1-2　YT4543 型组合机床液压动力滑台系统原理图
1—滤油器；2—变量泵；3,9,16—单向阀；4,8,10,11,18,20—管路；5—电液换向阀；6—背压阀；7—顺序阀；12,13—调速阀；14—电磁阀；15—压力继电器；17—行程阀；19—液压缸

这时形成差动连接回路。因为快进时，滑台的载荷较小，同时进油可以经阀 17 直通油缸左腔，系统中压力较低，所以变量泵 2 输出流量大，动力滑台快速前进，实现快进。

② 第一次工进　在快进行程结束，滑台上的挡铁压下行程阀 17，行程阀上位工作，使油路 11 和 18 断开。电磁铁 1YA 继续通电，电液动换向阀 5 左位仍在工作，电磁换向阀 14 的电磁铁处于断电状态。进油路必须经调速阀 12 进入液压缸左腔，与此同时，系统压力升高，将液控顺序阀 7 打开，并关闭单向阀 9，使液压缸实现差动连接的油路切断。回油经顺序阀 7 和背压阀 6 回到油箱。

进油路：滤油器 1→变量泵 2→单向阀 3→电液换向阀 5 的 P 口到 A 口→油路 10→调速阀 12→二位二通电磁换向阀 14→油路 18→液压缸 19 左腔。

回油路：缸 19 右腔→油路 20→电液换向阀 5 的 B 口到 T2 口→管路 8→顺序阀 7→背压阀 6→油箱。

因为工作进给时油压升高，所以变量泵 2 的流量自动减小，动力滑台向前作第一次工作进给，进给量的大小可以用调速阀 12 调节。

③ 第二次工作进给　在第一次工作进给结束时，滑台上的挡铁压下行程开关，使电磁阀 14 的电磁铁 3YA 得电，阀 14 右位接入工作，切断了该阀所在的油路，经调速阀 12 的油液必须经过调速阀 13 进入液压缸的右腔，其他油路不变。由于调速阀 13 的开口量小于阀 12，进给速度降低，进给量的大小可由调速阀 13 来调节。

④ 死挡铁停留　当动力滑台第二次工作进给终了碰上死挡铁后，液压缸停止不动，系统的压力进一步升高，达到压力继电器 15 的调定值时，经过时间继电器的延时，再发出电信号，使滑台退回。在时间继电器延时动作前，滑台停留在死挡块限定的位置上。

⑤ 快退　时间继电器发出电信号后，2YA 得电，1YA 失电，3YA 断电，电液换向阀 5 右位工作。

进油路：滤油器 1→变量泵 2→单向阀 3→油路 4→换向阀 5 的 P 口到 B 口→油路 20→缸 19 的右腔。

回油路：缸 19 的左腔→油路 18→单向阀 16→油路 11→电液换向阀 5 的 A 口到 T 口→

油箱。

这时系统的压力较低，变量泵 2 输出流量大，动力滑台快速退回。由于活塞杆的面积大约为活塞的一半，所以动力滑台快进、快退的速度大致相等。

⑥ 原位停止　当动力滑台退回到原始位置时，挡块压下行程开关，这时电磁铁 1YA、2YA、3YA 都失电，电液换向阀 5 处于中位，动力滑台停止运动，变量泵 2 输出油液的压力升高，使泵的流量自动减至最小。表 3-1-1 是该液压系统的电磁铁和行程阀的动作表。

表 3-1-1　YT4543 组合机床动力滑台液压系统电磁铁和行程阀的动作表

	1YA	2YA	3YA	17
快进	+	−	−	−
一工进	+	−	−	+
二工进	+	−	+	+
死挡铁停留	−	−	−	−
快退	−	+	−	−
原位停止	−	−	−	−

（2）YT4543 型动力滑台液压系统的特点　由上述分析可知，这个液压系统有以下特点。

① 系统采用了限压式变量叶片泵、调速阀、背压阀组成的调速回路，提高了系统的稳定性，并获得较好的速度负载特性。

② 采用限压式变量泵和差动连接式液压缸实现快进，能量利用经济合理，功率损失小、系统效率高。

③ 采用进油路串联调速阀二次进给调速回路，且调速阀装在进油路上，启动和换速冲击小。

④ 系统采用了行程阀和顺序阀实现了快进和工进的换接，使电路简化，动作可靠。

⑤ 采用死挡块停留，提高了进给位置精度，扩大了滑台工艺使用范围，更适合于镗阶梯孔、锪孔和锪端面等工序。

【思考与练习】

1. 说明分析和阅读液压系统图的步骤。

2. 分析 YT4543 型液压滑台的液压系统由哪些基本回路组成？各元件在系统中的作用是什么？并说明二工进自动工作循环的液压传动原理。

3. 如题 3 图所示液压系统，可实现“快进→一工进→二工进→快退→停止”工作循环。试填写电磁铁的动作顺序表。

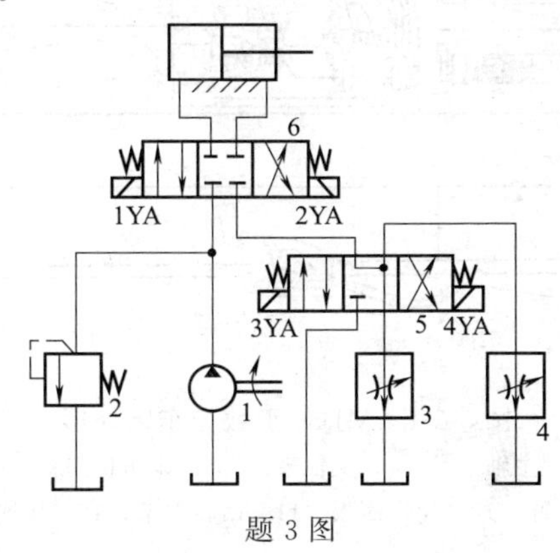

题 3 图

动　作	1YA	2YA	3YA	4YA
快进				
一工进				
二工进				
快退				
停止				

任务2　MJ-50型数控车床分析

【任务目标】

1. 了解MJ-50型数控车床液压系统的结构组成、特点、工作原理。
2. 了解液压系统调试方法。

【任务描述】

观察分析MJ-50型数控车床液压系统的工作过程，了解系统结构组成、特点、工作原理，了解液压系统调试方法。

【知识准备】

随着机床设备的自动化程度和精度越来越高，数控技术的飞速发展，由于液压传动能方便地实现电气控制而实现自动化，使数控机床极其有效的传动与控制方式，得到了充分的应用。

MJ-50型数控车床是两坐标连续控制的卧式车床，主要用来加工轴类零件的内外圆柱面、圆锥面、螺纹表面、成形回转体表面，对于盘类零件可进行钻孔、扩孔、铰孔和镗孔等加工，还可以完成车端面、切槽、倒角等加工。

MJ-50型数控车床的液压系统主要承担卡盘、回转刀架、刀盘及尾架套筒的驱动与控制。它能实现卡盘的夹紧与放松，两种夹紧力（大与小）之间的转换，回转刀盘的正、反

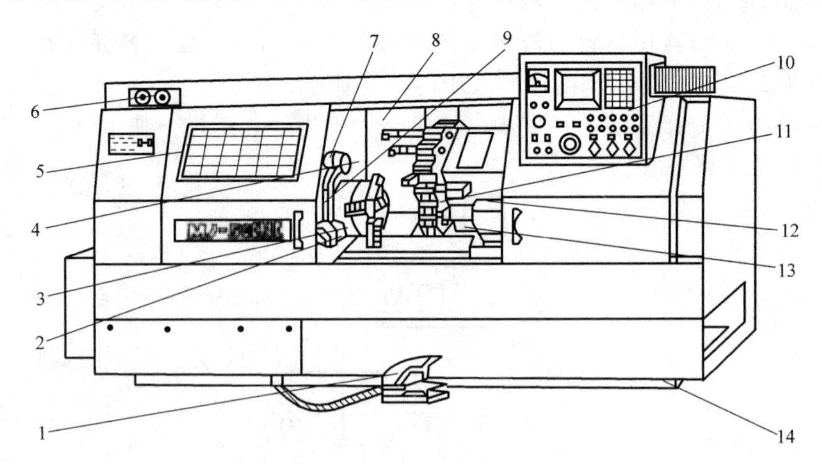

图3-2-1　MJ-50型数控车床外形

1—脚踏开关；2—对刀仪；3—主轴卡盘；4—主轴箱；5—机床防护门；6—压力表；7—对刀仪防护罩；8—防护罩；9—对刀仪转臂；10—操作面板；11—回转刀架；12—尾座；13—滑板；14—床身

转，刀盘的松开与夹紧，尾架套筒的伸缩。液压系统所用电磁铁的通、断均由数控系统的PLC控制，整个系统由卡盘、回转刀架与尾架套筒三个分系统组成。机床采用变量液压泵作为动力源，系统的调定压力为4MPa。

【任务实施】

1. 场地与设备

（1）场地 液压实训室、实训基地。

（2）设备 液压实训台、模拟仿真软件等。

2. MJ-50型数控车床液压系统的分析

图3-2-2为所示为MJ-50型数控车床液压系统原理图。

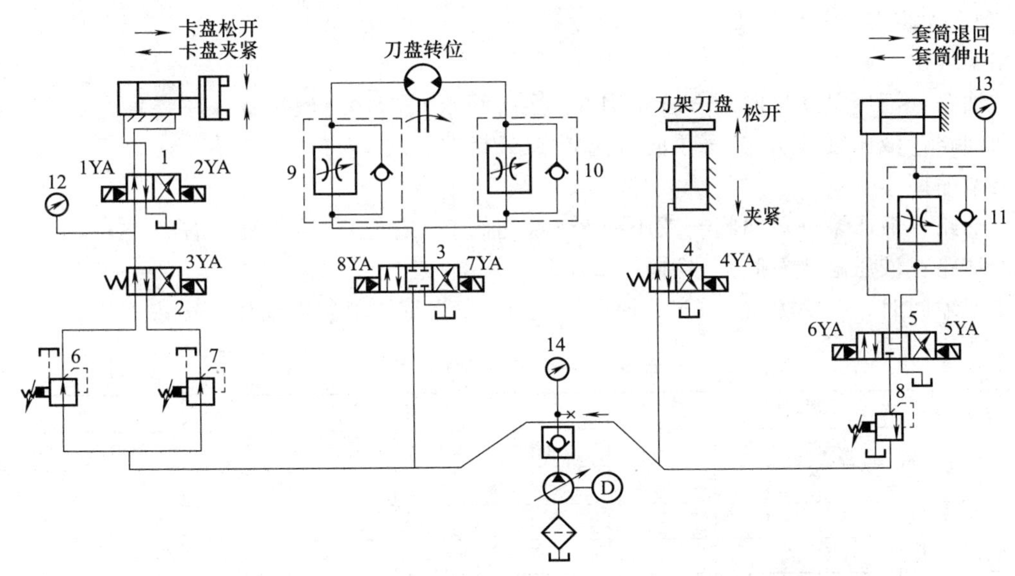

图3-2-2 MJ-50型数控车床液压系统原理图

（1）工作分析

① 卡盘系统 卡盘系统的执行元件是油缸，控制油路由二位四通换向阀1、二位四通换向阀2、两个减压阀6和7组成。高压夹紧时，3YA失电，1YA得电，换向阀1和2均左位工作，其油路为：

进油路：液压泵→单向阀→减压阀6→换向阀2（左位）→换向阀1（左位）→油缸右腔。

回油路：液压缸左腔→换向阀1（左位）→油箱。

这时液压缸活塞左移使卡盘夹紧（正卡或外卡），夹紧力的大小由减压阀6调节。由于减压阀6的调定值高于减压阀7，所以卡盘处于高压紧力状态。低夹紧力时，3YA通电，换向阀2切换至右位工作。液压泵输出的压力油只能经减压阀7进入液压缸左腔，实现夹紧力夹紧工件。其油路与高夹紧力油路基本相同。卡盘松开时：让1YA失电，2YA通电，换向阀1切换至右位工作，其油路为

进油路：液压泵→单向阀→减压阀6→换向阀2（左位）→换向阀1（右位）→油缸左腔。

回油路：液压缸右腔→换向阀1（右位）→油箱，活塞右移，卡盘松开。

② 回转刀盘系统　回转刀盘系统有两个执行元件，刀盘的松开与夹紧由液压缸执行，刀盘的转位则由双向液压马达完成。该系统的油路有两个回路，一条回路由三位四通换向阀3和两个单向调速阀9和10组成。通过三位四通换向阀3的切换使液压马达正、反转时都能通过进油路容积节流调速来调节刀盘的旋转速度。另一条回路通过二位四通换向阀4的切换控制刀盘的放松与夹紧，油路比较简单。刀盘的完整工作循环是：刀盘松开→刀盘左转→（或右转）就近到达指定刀位→刀盘夹紧→转回。

因此，电磁铁的动作顺序为：4YA得电（刀盘松开）→8YA得电（正转），7YA得电（反转）→失电（刀盘停电）→4YA失电（刀盘夹紧）。油路较简单，可以照图写出具体的进、回油路。

③ 尾架套筒系统　尾架套筒通过液压缸顶出与缩回，油路由减压阀8、三位四通换向阀5和单向调速阀11组成，通过减压阀8将系统的压力降为顶紧所需的压力。单向调调速阀11用于尾架套筒伸出时，实现回油路节流调速，以控制尾架的伸出速度。故尾架伸出时，电磁铁6YA得电，其油路如下

尾架伸出

进油路：液压泵→单向阀→减压阀8→换向阀5（左位）→液压缸（左腔）

回油路：液压缸（右腔）→单向调速阀11→换向阀5（左位）→油箱

尾架缩回

进油路：液压泵→单向阀→减压阀8→换向阀5（右位）→液压缸（右腔）

回油路：液压缸（左腔）→换向阀5（右位）→油箱

尾架缩回时，6YA失电，5YA得电。表3-2-1为系统电磁铁动作顺序表。

表 3-2-1　电磁铁动作顺序表

	卡盘			刀架				尾架	
	夹紧		松开	正转	反转	松开	夹紧	伸出	缩回
	高	低							
1YA	+	+	−						
2YA			+						
3YA	−	+							
4YA						+	−		
5YA								−	+
6YA								+	−
7YA				−	+				
8YA				+	−				

（2）液压系统的特点

① 采用变量叶片泵向系统供油，能量损失小。

② 用换向阀和减压阀调节卡盘高压夹紧或低压夹紧压力的大小以及尾座套筒伸出工作时的预紧力大小，以适应不同工件的需要，操作方便简单。

③ 用液压马达实现刀架的转位，可实现无级调速，并能控制刀架正、反转。

④ 压力计12、13、14可分别显示系统相应处的压力，以便于故障诊断和调试。

3. 液压系统的安装调试

（1）安装前的准备工作与要求

① 仔细分析液压系统工作原理图、电气原理图、系统管道连接布置图、元件清单和产品样本等技术资料。

② 第一次清洗液压元件和管件，自制重要元件应进行密封和耐压试验。

(2) 液压元件的安装要求

① 安装各种泵和阀时，不能接反和接错；各接口要固紧，密封应可靠。

② 液压泵轴与电动机轴的安装应符合形位公差要求。

③ 液压缸活塞杆（或柱塞）的轴线与运动部件导轨面的平行度要符合技术要求。

④ 方向阀一般应保持水平安装；蓄能器应保持轴线竖直安装。

(3) 管路的安装要求

① 系统全部管道应进行两次安装，即第一次试装后拆下管路，按相关工序严格清洗、处理后进行第二次安装。

② 管道的布置要整齐、油路走向应平直、距离短，尽量少转弯。

③ 液压泵吸油管的高度一般不大于500mm，吸油管和泵吸油口连接处应保证密封良好。

④ 溢流阀的回油管口与液压泵的吸油管不能靠得太近。

⑤ 电磁阀的回油、减压阀和顺序阀等的泄油与回油管相连通时不应有背压。

⑥ 吸油管路上应设置滤油器，过滤精度为0.1～0.2mm，要有足够的通油能力。

⑦ 回油管应插入油面以下有足够的深度，以防飞溅形成气泡。

(4) 空载调试

① 启动液压泵，检查泵在卸荷状态下的运转。

② 调整溢流阀，逐步提高压力使之达到规定的系统压力值。

③ 调整流量控制阀，先逐步关小流量阀，检查执行元件能否达到规定的最低速度及平稳性，然后按其工作要求的速度来调整。

④ 调整自动工作循环和顺序动作，检查各动作的协调性和顺序动作的正确性。

⑤ 各工作部件的空载条件下，按预定的工作循环或顺序连续运转2～4h后，检查油温及系统所要求的各项精度，一切正常后，方可进入负载调试。

(5) 负载调试　负载调试是在规定负载条件下运转，进一步检查系统的运行质量和存在的问题。负载调试时，一般应逐步加载和提速，轻载试车正常时，才逐步将压力阀和流量阀调节到规定值，以进行最大负载试车。

【思考与练习】

1. 分析MJ-50型数控车床液压系统由哪些基本回路组成？各元件在系统中的作用是什么？

2. 液压系统安装调试过程应注意什么？

任务3　Q2-8汽车起重机液压系统分析

【任务目标】

1. 了解Q2汽车起重机液压系统的结构组成、特点、工作原理。

2. 了解液压系统常见故障及排除方法。

【任务描述】

观察分析 Q2 汽车起重机液压系统的工作过程，了解系统结构组成、特点、工作原理，了解液压系统常见故障及排除方法。

【知识准备】

汽车起重机是一种使用广泛的工程机械，速度较快，机动性好、适应性强、自备动力不需要配备电源、能在野外作业、操作简便灵活，因此在交通运输、城建、消防、大型物料场、基建、急救等领域得到了广泛的使用。承载能力大，可在有冲击、振动和环境较差的条件下工作。系统执行元件需要完成的动作较为简单，位置精度要求较低。所以，对于汽车起重机的液压系统以手动操纵为主，一般要求输出力大、动作要平稳、耐冲击、操作要灵活、方便、可靠、安全。

汽车起重机是将起重机安装在汽车底盘上的一种起重运输设备。起重机工作时，汽车的轮胎不受力，依靠四条液压支撑腿将整个汽车抬起来，并将起重机的各个部分展开，进行起重作业；当需要转移起重作业现场时，需要将起重机的各个部分收回到汽车上，使汽车恢复到车辆运输功能状态，进行转移。它主要由起升、回转、变幅、伸缩和支腿等工作机构组成，这些动作的完成由液压系统来实现。

图 3-3-1 所示为 Q2-8 汽车起重机外形简图，它主要由如下五个部分构成。

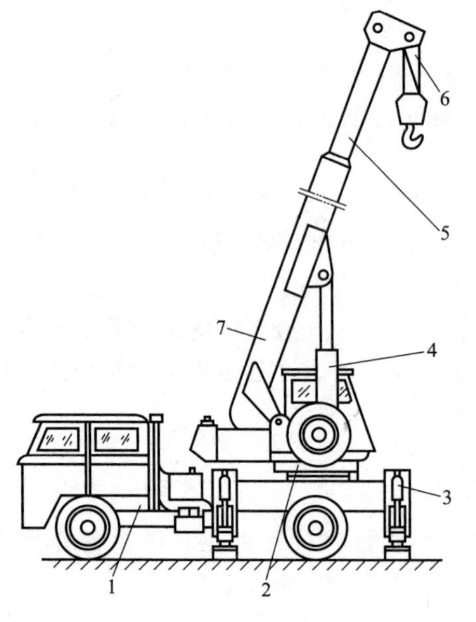

图 3-3-1　Q2-8 汽车起重机外形简图

1—载重汽车；2—回转机构；3—支腿；4—吊臂变幅缸；5—吊臂伸缩缸；6—起升机构；7—基本臂

（1）支腿装置　起重作业时使汽车轮胎离开地面，架起整车，不使载荷压在轮胎上，并可调节整车的水平度，一般为四腿结构。

（2）吊臂回转机构　使吊臂实现 360°任意回转，在任何位置能够锁定停止。

（3）吊臂伸缩机构　使吊臂在一定尺寸范围内可调，并能够定位，用以改变吊臂的工作长度。一般为 3 节或 4 节套筒伸缩结构。

（4）吊臂变幅机构　使吊臂在 150°～80°之间角度任意可调，用以改变吊臂的倾角。

（5）吊钩起降机构　使重物在起吊范围内任意升降，并在任意位置负重停止，起吊和下降速度在一定范围内无级可调。

【任务实施】

1. 场地与设备

（1）场地　液压实训室、实训基地。

（2）设备　液压实训台、模拟仿真软件等。

2. Q2-8 汽车起重机液压系统的分析

图 3-3-2 为 Q2-8 型汽车起重机液压系统原理图。

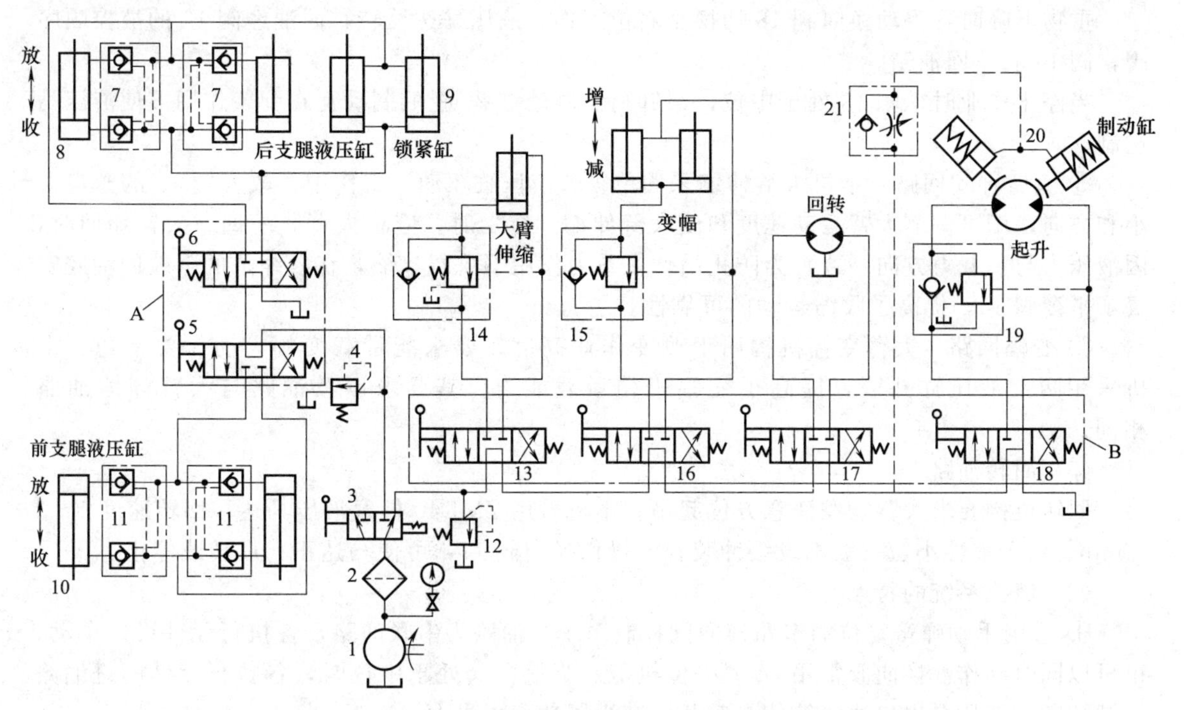

图 3-3-2　Q2-8 型汽车起重机液压系统原理图

1—液压泵；2—滤油器；3—二位三通手动换向阀；4,12—溢流阀；5,6,13,16～18—三位四通手动换向阀；7,11—液压锁；8—后支腿缸；9—锁紧缸；10—前支腿缸；14,15,19—平衡阀；20—制动缸；21—单向节流阀

（1）工作分析

① 支腿回路　汽车轮胎的承载能力是有限的，在起吊重物时，必须由支腿液压缸来承受负载，而使轮胎架空，这样也可以防止起吊时整机的前倾或颠覆。

支腿动作的顺序：缸 9 锁紧后桥板簧，同时缸 8 放下后支腿到所需位置，再由缸 10 放下前支腿。作业结束后，先收前支腿，再收后支腿。当手动换向阀 6 右位接入工作时，后支腿放下，其油路为：

泵 1→滤油器 2→阀 3 左位→阀 5 中位→阀 6 右位→锁紧缸下腔锁紧板簧→液压锁 7→缸 8 下腔。

回油路：缸 8 上腔→双向液压锁 7→阀 6 右位→油箱。缸 9 上腔→阀 6 右位→油箱。

回路中的双向液压锁 7 和 11 的作用是防止液压支腿在支撑过程中因泄漏出现“软腿现象”，或行走过程中支腿自行下落，或因管道破裂而发生倾斜事故。

② 起升回路　起升机构要求所吊重物可升降或在空中停留，速度要平稳、变速要方便、冲击要小、启动转矩和制动力要大，本回路中采用 ZMD40 型柱塞液压马达带动重物升降，变速和换向是通过改变手动换向阀 18 的开口大小来实现的，用液控单向顺序阀 19 来限制重物超速下降。单作用液压缸 20 是制动缸，单向节流阀 21 是保证液压油先进入马达，使马达产生一定的转矩，再解除制动，以防止重物带动马达旋转而向下滑。二是保证吊物升降停止时，制动缸中的油马上与油箱相通，使马达迅速制动。

起升重物时，手动阀 18 切换至左位工作，泵 1 打出的油经滤油器 2、阀 3 右位、阀 13、16、17 中位，阀 18 左位、阀 19 中的单向阀进入马达左腔；同时压力油经单向节流阀到制动缸 20，从而解除制动、使马达旋转。

重物下降时，手动换向阀 18 切换至右位工作，液压马达反转，回油经阀 19 的液控顺序阀，阀 18 右位回油箱。

当停止作业时，阀 18 处于中位，泵卸荷。制动缸 20 上的制动瓦在弹簧作用下使液压马达制动。

③ 大臂伸缩回路　本机大臂伸缩采用单级长液压缸驱动。工作中，改变阀 13 的开口大小和方向，即可调节大臂运动速度和使大臂伸缩。行走时，应将大臂收缩回。大臂缩回时，因液压力与负载力方向一致，为防止吊臂在重力作用下自行收缩，在收缩缸的下腔回油腔安置了平衡阀 14，提高了收缩运动的可靠性。

④ 变幅回路　大臂变幅机构用于改变作业高度，要求能带载变幅，动作要平稳。本机采用两个液压缸并联，提高了变幅机构承载能力。其要求以及油路与大臂伸缩油路相同。

（5）回转油路

回转机构要求大臂能在任意方位起吊。本机采用 ZMD40 柱塞液压马达，回转速度 1～3 r/min。由于惯性小，一般不设缓冲装置，操作换向阀 17，可使马达正、反转或停止。

（2）液压系统的特点

① 采用手动弹簧复位的多路换向阀控制系统，油路为串联油路，各执行元件可以单动，也可以同时动作。换向阀常用 M 型中位机能。当换向阀处于中位时，各执行元件的进油路均被切断，液压泵出口通油箱使泵卸荷，减少了功率损失。

② 支腿回路采用了双向液压锁，可防止发生“软腿”和支腿自行下落的现象。

③ 在起升、吊臂伸缩和变幅回路中都设有平衡阀，可有效地防止重物因自重自行下落。

④ 起升马达上设有制动缸，可防止马达因泄漏严重而产生“溜车”现象。

3. 液压传动系统的使用与维护

使用液压设备，必须建立有关使用和维护方面的制度，以保证液压系统系统正常地工作。

（1）液压系统的使用

① 泵启动前应检查油温。油温过高或过低时都应使油温达到相应要求才能正式工作。工作中也应随时注意油液温升。

② 液压油要定期检查更换。对于新用设备，使用三个月左右即应清洗油箱，更换新油。以后应按要求每隔半年或一年进行清洗和换油一次。要注意观察油液位高度，及时排除气体。

③ 使用中应注意过滤器的工作情况，滤芯应定期清理或更换。

④ 设备若长期不用，应将各调节旋钮全部放松，防止弹簧产生永久变形而影响元件性能。

（2）液压设备的维护保养　维护保养应分日常检查、定期检查和综合检查三个阶段进行。

① 日常检查通常是在泵启动前、启动后和停止运转前检查油量、油温、压力、漏油、噪声、振动等情况，并随之进行维护和保养。

② 定期检查的内容包括：调查日常检查中发现异常现象的原因并进行排除；对需要维修的部位，分解检修。定期检查的间隔时间，通常为 2～3 个月。

③ 综合检查大约每年一次，其主要内容是检查液压装置的各元件和部件，判断其性能

和寿命，并对产生故障的部位进行检修或更换元件。

定期检查和综合检查均应做好记录，以此作为设备出现故障查找原因或设备大修的依据。

4. 液压传动系统的故障分析和排除

液压设备是由机械、液压、电气及仪表等装置有机地组合成的统一体，系统中，各种元件和机械以及油液大都在封闭的壳体和管道内，出现故障时，比较难找出故障原因，排除故障也比较麻烦。一般情况下，任何故障在演变为大故障之前都会伴随着有种种不正常的征兆，如出现不正常的声音，工作机构速度下降、无力或不动作，油箱液面下降，油液变质，外泄漏加剧，油温过高，管路损伤，出现糊焦气味等等。通过肉眼观察、耳听、手摸、鼻嗅等发现，加上翻阅记录，可找到原因和处理方法。分析故障之前必须弄清液压系统的工作原理、结构特点与机械、电气的关系，然后根据故障现象进行调查分析，缩小可疑范围，确定故障区域、部位，直至某个液压元件。

液压系统故障许多是由元件故障引起的，因此首先要熟悉和掌握液压元件的故障分析和排除方法，参见前面相关内容。液压系统常见故障的分析和排除方法见表 3-3-1。

表 3-3-1　液压系统常见故障的分析和排除方法

故障现象	故障原因		排除方法
产生振动和噪声	液压泵吸空	进油口密封不严，以致空气进入	拧紧进油管接头螺母，或更换密封件
		液压泵轴颈处油封损坏	更换油封
		进口过滤器堵塞或通流面积过小	清洗或更换过滤器
		吸油管径过小、过长	更换管路
		油液黏度太大，流动阻力增加	更换黏度适当的液压油
		吸油管距回油管太近	扩大两者距离
		油箱油量不足	补充油液至油标线
	固定管卡松动或隔振垫脱落		加装隔振垫并紧固
	压力管路管道长且无固定装置		加设固定管卡
	溢流阀阀座损坏、高压弹簧变形或折断		修复阀座、更换高压弹簧
	电动机底座或液压泵架松动		紧固螺钉
	泵与电动机的联轴器安装不同轴或松动		重新安装，保证同轴度小于 0.1mm
系统无压力或压力不足	溢流阀	在开口位置被卡住	修理阀芯及阀孔
		阻尼孔堵塞	清洗
		阀芯与阀座配合不严	修研或更换
		调压弹簧变形或折断	更换调压弹簧
	液压泵、液压阀、液压缸等元件磨损严重或密封件破坏造成压力油路大量泄漏		修理或更换相关元件
	压力油路上的各种压力阀的阀芯被卡住而导致卸荷		清洗或修研，使阀芯在阀孔内运动灵活
	动力不足		检查动力源
系统流量不足（执行元件速度不够）	液压泵吸空		见前
	液压泵磨损严重，容积效率下降		修复达到规定的容积效率或更换
	液压泵转速过低		检查动力源将转速调整到规定值
	变量泵流量调节变动		检查变量机构并重新调整
	油液黏度过小，液压泵泄漏增大，容积效率降低		更换黏度适合的液压油
系统流量不足（执行元件速度不够）	油液黏度过大，液压泵吸油困难		更换黏度适合的液压油
	液压缸活塞密封件损坏，引起内泄漏增加		更换密封件
	液压马达磨损严重，容积效率下降		修复达到规定的容积效率或更换
	溢流阀调定压力值偏低，溢流量偏大		重新调节

续表

故障现象	故障原因	排除方法
液压缸爬行（或液压马达转动不均匀）	液压泵吸空	见前
	接头密封不严，有空气进入	拧紧接头或更换密封件
	液压元件密封损坏，有空气进入	更换密封件保证密封
	液压缸排气不彻底	排尽缸内空气
油液温度过高	系统在非工作阶段有大量压力油损耗	改进系统设计，增设卸荷回路或改用变量泵
	压力调整过高，泵长期在高压下工作	重新调整溢流阀的压力
	油液黏度过大或过小	更换黏度适合的液压油
	油箱容量小或散热条件差	增大油箱容量或增设冷却装置
	管道过细、过长、弯曲过多，造成压力损失过大	改变管道的规格及管路的形状
	系统各连接处泄漏，造成容积损失过大	检查泄漏部位，改善密封性

【思考与练习】

1. Q2-8 型汽车起重机液压系统为什么采用弹簧复位式手动换向阀控制各执行元件的动作？
2. 简述液压系统的使用维护要求。
3. 简要说明噪声过大的诊断与排除方法。

学习情境4

认识气压传动

任务1　机床气压传动的认识

【任务目标】

1. 了解气压传动系统的组成及特点。
2. 掌握气压传动的工作原理。

【任务描述】

观察分析气动剪切机的结构组成、特点，掌握其工作原理。

【知识准备】

1. 气压传动

气压传动是以空气压缩机为动力源，以压缩空气为工作介质，进行能量与信号的传递，实现各种生产过程和自动控制的一门技术。

气压传动的工作原理是利用空压机把电动机或其他原动机输出的机械能转换为空气的压力能，然后在控制元件的作用下，通过执行元件把压力能转换为直线运动或回转运动形式的机械能，从而完成各种动作，并对外做功。由此可知，气压传动系统和液压传动系统类似。

2. 气压传动及控制系统的组成

气压传动的组成如图 4-1-1 所示。

（1）气源装置　是获得压缩空气的装置。其主体部分是空气压缩机，它将原动机供给的机械能转变为气体的压力能。

（2）控制元件　是用来控制压缩空气的压力、流量和流动方向的，以便使执行机构完成预定的工作循环，它包括各种压力控制阀、流量控制阀和方向控制阀等。

（3）执行元件　是将气体的压力能转换成机械能的一种能量转换装置。它包括实现直线往复运动的气缸和实现连续回转运动或摆动的气马达或摆动马达等。

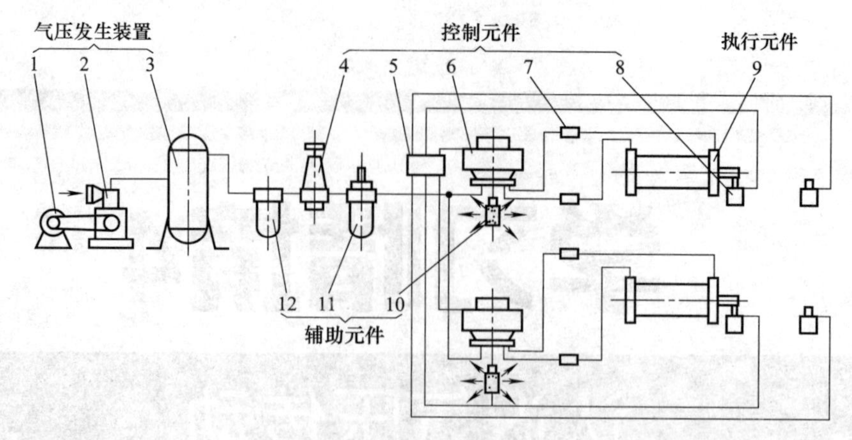

图 4-1-1　气压传动及控制系统的组成

1—电动机；2—空气压缩机；3—气罐；4—压力控制阀；5—逻辑元件；6—方向控制阀；7—流量控制阀；8—行程阀；9—气缸；10—消声器；11—油雾器；12—分水滤气器

（4）辅助元件　是保证压缩空气的净化、元件的润滑、元件间的连接及消声等所必需的，它包括过滤器、油雾器、管接头及消声器等。

【任务实施】

1. 场地及设备

（1）场地　液压实训室、实训基地。

（2）设备　活塞式空气压缩机，拆装工具。

2. 气压传动系统的工作原理

如图 4-1-2 所示为气动剪切机的工作原理图，图示位置为剪切前的情况。空气压缩机 1 产生的压缩空气经后冷却器 2、分水排水器 3、储气罐 4、分水滤气器 5、减压阀 6、油雾器 7，到达换向阀 9，部分气体经节流通路进入换向阀 9 的下腔，使上腔弹簧压缩，换向阀 9 阀芯位于上端；大部分压缩空气经换向阀 9 后进入气缸 10 的上腔，而气缸的下腔经换向阀与大气相通，故气缸活塞处于最下端位置。当上料装置把工料 11 送入剪切机并到达规定位置时，工料压下行程阀 8，此时换向阀 9 阀芯下腔压缩空气经行程阀 8 排入大气，在弹簧的推动下，换向阀 9 阀芯向下运动至下端；压缩空气则经换向阀 9 后进入气缸的下腔，上腔经换向阀 9 与大气相通，气缸活塞向上运动，带动剪刀上行剪断工料。工料剪下后，即与行程阀 8 脱开。行程阀 8 阀芯在弹簧作用下复位、出路堵死。换向阀 9 阀芯上移，气缸活塞向下运动，

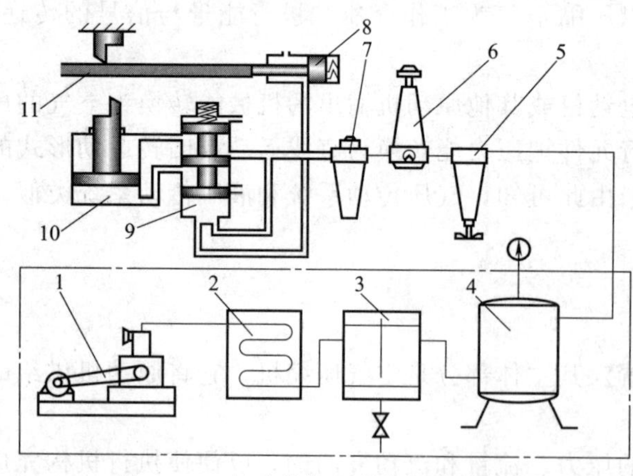

图 4-1-2　气动剪切机的气压传动系统

1—空气压缩机；2—后冷却器；3—分水排水器；4—储气罐；5—分水滤气器；6—减压阀；7—油雾器；8—行程阀；9—气控换向阀；10—气缸；11—工料

又恢复到剪断前的状态。

图 4-1-3 所示为用图形符号绘制的气动剪切机系统原理图。

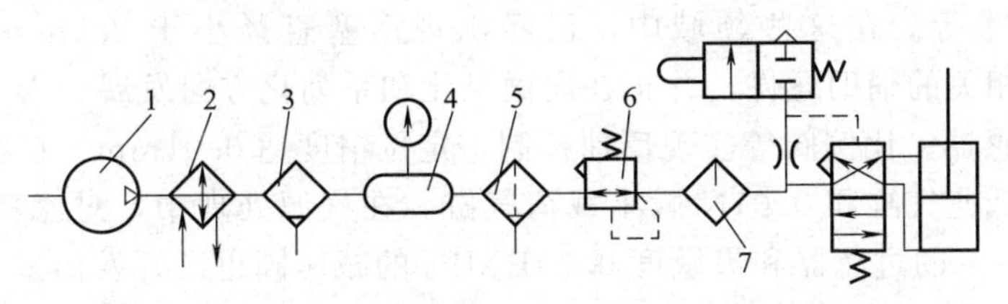

图 4-1-3　气动剪切机系统原理图

由上例可知，气压传动系统的工作原理是通过空气压缩机将电动机或其他原动机输出的机械能转变为空气的压力能，然后利用各种控制和辅助元件组成的回路，通过执行元件把空气的压力能转变为机械能，实现预定的运动。

3. 气压传动的优缺点

(1) 气压传动的优点　气压传动与其他传动相比，具有以下优点。

① 使用方便。空气作为工作介质，来源方便，使用以后直接排入大气，不会污染环境，可少设置或不必设置回气装置。

② 系统结构简单，安装方便。系统的组装、维修以及元件的更换比较简单。工作压力低，使用安全。

③ 动作迅速，反应快。可在较短的时间内达到所需的压力和速度。

④ 工作适应性好。压缩空气不会爆炸或着火，可安全可靠地应用于易燃、易爆、多尘埃、辐射、强磁、振动、冲击等恶劣的环境中。

⑤ 可远距离传输。空气的黏度小，流动阻力小，在管道中流动的损失小，有利于集中供应和远距离输送。

⑥ 能过载保护。气动机构与工作部件，可以超载而停止不动，过载能自动保护。

(2) 气压传动的缺点　气压传动与其他传动相比，存在以下的缺点。

① 速度稳定性差。空气可压缩性大，气缸的工作速度易受负载的变化而变化，稳定性较差，对位置控制和速度控制精度影响较大。

② 输出力小，效率较低。工作压力低（一般低于 0.8MPa），在相同输出力的情况下，气动装置比液压装置尺寸大。

③ 需要净化和润滑装置。压缩空气须去除含有的灰尘和水分，且空气没有润滑性，系统中必须设置净化和润滑装置。

④ 噪声大。排气的噪声很大，需要加装消音器。

4. 气压传动技术的应用和发展

气动技术应用于简单的机械已有相当长的时间了。最近几年，气动技术发展很快，被广泛应用于机械、电子、轻工、纺织、食品、医药、包装、冶金、石化、航空、交通运输等各个工业部门，如气动机械手、组合机床、加工中心、生产自动线、自动检测和实验装置等已大量使用，它们在提高生产效率、自动化程度、产品质量、工作可靠性和实现特殊工艺等方面显示出极大的优越性。

气动产品的发展趋势主要体现在以下方面。

(1) 小型化、精密化　小型化气动元件（如气缸及阀类）正应用于许多工业领域。要求气动元件功能增强及体积缩小，不但用于精密机械加工及电子制造业，而且用于制药业、医疗技术、包装技术等。在这些领域中，已经出现活塞直径小于 2.5mm 的气缸、宽度为 10mm 的气阀及相关的辅助元件，并正在向微型化和系列化方向发展。为了使气缸的定位更精确，使用了传感器、比例阀等实现反馈控制，定位精度达 0.01mm。在精密气缸方面已开发了 0.3 mm/s 低速气缸和 0.01N 微小载荷气缸。在气源处理中，过滤精度 0.01 mm，过滤效率为 99.9999%的过滤器和灵敏度 0.001 MPa 的减压阀也已开发出来。

(2) 模块化和集成化　随着气动技术的发展，元件正从单功能性向多功能系统、通用化模块方向发展，并将具有向上或向下的兼容性。最常见的组合是带阀、带开关气缸。在物料搬运中，还使用了气缸、摆动气缸、气动夹头和真空吸盘的组合体，同时配有电磁阀、程控器，结构紧凑，占用空间小，行程可调。

(3) 高速化、高可靠性　目前气缸的活塞速度范围为 50～750mm/s。为了提高生产率，自动化的节拍正在加快。今后要求气缸的活塞速度提高到 5～10m/s。与此相应，阀的响应速度也将加快，要求由现在的 1/100 秒级提高到 1/1000 秒级，也同时对气动元件的工程可靠性提出了更高的要求。

(4) 无污染、低功耗　由于人类对环境的要求越来越高，希望排放的废气无油雾污染环境，对某些特殊行业，如食品、饮料、制药、电子等，要求更为严格，还要求无味、无菌等，这类特殊要求的过滤器将被不断开发出来。同时要求气动元件的功耗低，能够节约能源，并能更好地与微电子技术相结合，功耗≤0.5W 的电磁阀已开发和商品化，可由计算机直接控制。

(5) 智能气动　智能气动是指具有集成微处理器，并具有处理指令和程序控制功能的元件或单元。最典型的智能气动是内置可编程控制器的阀岛，以阀岛和现场总线技术的结合实现的气电一体化是目前气动技术的一个发展方向。

(6) 应用新技术、新工艺、新材料　在气动元件制造中，型材挤压、铸件浸渗和模块拼装等技术已在国内广泛应用；压铸新技术（液压抽芯、真空压铸等）目前已在国内逐步推广；压电技术、总线技术，新型软磁材料、透析滤膜等正在被应用。

【思考与练习】

1. 气压传动系统由哪几部分组成？在系统中作用是什么？
2. 简要说明气压传压系统的工作原理。
3. 简述气压传动的优缺点。

任务 2　机床气压传动系统的气源装置的认识

【任务目标】

1. 掌握气源装置的组成、结构、功用。
2. 掌握空气压缩机的选用方法。

【任务描述】

拆装机床气压传动系统的活塞式空气压缩机，观察分析其结构组成、特点，掌握其工作原理，能够合理选用。

【知识准备】

1. 气源装置及辅件

气源装置是气动系统的动力源，它为气动系统提供一定压力和流量、达到质量要求的压缩空气，是气动系统的一个重要组成部分。气源装置的主体是空气压缩机。

如图 4-2-1 所示，气源装置一般包括压缩空气的发生装置以及压缩空气的存储、净化等辅助装置、传输压缩空气的管道系统和气动三大件四部分。

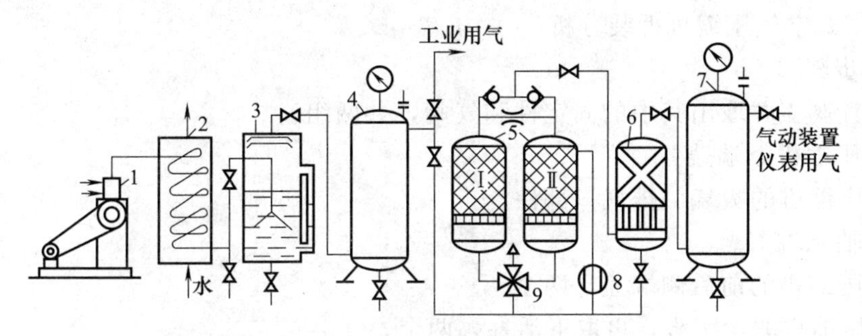

图 4-2-1 气源装置的组成和布置示意图

1—空气压缩机；2—后冷却器；3—油水分离器；4，7—储气罐；
5—干燥器；6—过滤器；8—加热器；9—四通阀

图 4-2-1 中，1 为空气压缩机，用以产生压缩空气，一般由电动机带动。其吸气口装有空气过滤器，以减少进入空气压缩机内气体的杂质量。2 为后冷却器，用以降温冷却压缩空气，使气化的水、油凝结起来。3 为油水分离器，用以分离并排出降温冷却凝结的水滴、油滴、杂质等。4 为储气罐，用以储存压缩空气，稳定压缩空气的压力，并除去部分油分和水分。5 为干燥器，用以进一步吸收或排除压缩空气中的水分及油分，使之变成干燥空气。6 为过滤器，用以进一步过滤压缩空气中的灰尘、杂质颗粒。7 为储气罐。储气罐 4 输出的压缩空气可用于一般要求的气压传动系统，储气罐 7 输出的压缩空气可用于要求较高的气动系统（如气动仪表及射流元件组成的控制回路等）。8 为加热器，可将空气加热，使热空气吹入闲置的干燥器中进行再生，以备干燥器Ⅰ、Ⅱ交替使用。9 为四通阀，用于转换两个干燥器的工作状态。气动三大件的组成及布置由用气设备确定，图中未画出。

一般规定，当排气量大于或等于 6～12m^3/min 时，应独立设置压缩空气站；若排气量小于 6m^3/min 时，可将压缩机或气泵直接安装在主机旁。

2. 空气压缩机

空气压缩机简称空压机，是气源装置的核心，用以将原动机输出的机械能转化为气体的压力能。空压机其种类很多，分类形式也有数种。按输出压力可分为低压型（0.2～1.0MPa）、中压型（1.0～10MPa）和高压型（>10MPa）、超高压（>100MPa）；按其工作原理可分为容积型压缩机和速度型（叶片式）压缩机。容积型压缩机的工作原理是压缩气体的体积，使单位体积内气体分子的密度增大以提高压缩空气的压力。速度型压缩机的工作原理是提高气体分子的运动速度，然后使气体的动能转化为压力能以提高压缩空气的压力。容积型压缩机按结构不同又可分为活塞式、膜片式和螺杆式等；速度型按结构不同可分为离心式和轴流式等。目前，使用最广泛的是活塞式压缩机。

【任务实施】

1. 场地及设备

（1）场地　液压实训室、实训基地。

（2）设备　活塞式空气压缩机，拆装工具。

2. 气源装置的认识

（1）活塞式空气压缩机拆装分析

① 拆解步骤

a. 拆解气阀盖并取出其中的固定件和气阀，共两组。

b. 卸下压缩机上端盖。

c. 拆解压缩机的吸气、排气口部件。

d. 拆解轴承端盖。

e. 拆解压缩机的前后侧端盖，两个。

f. 卸下压缩机的十字头，再取下活塞，两个。

② 组装步骤

a. 安装轴承端盖。

b. 安装压缩机的十字头及活塞。

c. 安装压缩机的前后侧端盖。

d. 安装压缩机上端盖。

e. 安装压缩机的固定件和气阀，安装气阀端盖。

f. 安装吸气、排气部件。

③ 注意事项

a. 务必注意安全。由于压缩机机体及部分部件比较重，需要注意不要让其对自己造成伤害。

b. 务必轻拿轻放。因为压缩机的一些部件加工精度较高，在较大外力作用下可能造成损坏，影响正常的使用。

c. 务必记住拆解步骤，以免影响安装。

d. 注意有关部件的结构，以便了解压缩机工作原理。

（2）活塞式压缩机的工作原理

如图 4-2-2 所示，当活塞 2 向右运动时，由于左腔容积增加，压力下降，而当压力低于大气压力时，吸气阀 6 被打开，气体进入气缸 1 内，此为吸气过程。当活塞向左运动时，吸气阀 6 关闭，缸内气体被压缩，压力升高，此过程即为压缩过程。当缸内气体压力高于排气管道内的压力时，顶开排气阀 7，压缩空气被排入排气管内，此过程为排气过程。至此完成一个工作循环，电动机带动曲柄作回转运动，通过连杆、滑块、活塞杆、推动活塞作往复运动，空气压缩机就连续输出高压气体。图中只表示了一个活塞一个缸的空气压缩机，大多数空气压缩机是多缸多活塞的组合。

（3）压缩空气净化设备　空气压缩机多采用油润滑，输出的压缩空气温度在 140～170℃之间，故为水汽、油气和灰尘的混合体，有易燃、易爆的危险，以及腐蚀、堵塞和磨

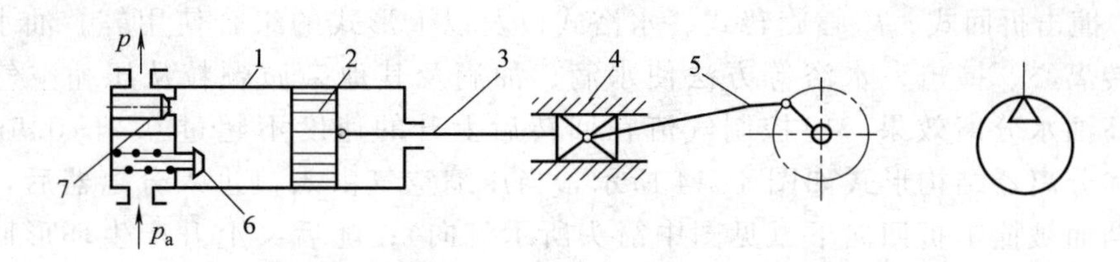

图 4-2-2 组装步骤

损不良影响。因此必须设置一些除油、除水、除尘并使压缩空气干燥的气源净化处理的辅助设备，提高压缩空气质量。

压缩空气净化设备一般有后冷却器、油水分离器、储气罐和干燥器。

① 后冷却器　后冷却器安装在空气压缩机出口管道上，将排出的具有 140～170℃的压缩空气降至 40～50℃。可使压缩空气中油雾和水汽达到饱和，使其大部分凝结成水滴、油滴而析出。

后冷却器的结构形式有蛇形管式、列管式、散热片式和套管式等，冷却方式有水冷（常用）和气冷式两种。常用冷却器结构见图 4-2-3。蛇管式冷却器如图 4-2-3（a）所示，主要由一只蛇状空心盘管和一只盛装此盘管的圆筒组成。蛇状盘管可用铜管或钢管弯制而成，蛇管的表面积也就是该冷却器的散热面积。由空气压缩机排出的热空气由蛇管上部进入，通过管外壁与管外的冷却水进行热交换，冷却后，由蛇管下部输出。这种冷却器结构简单，使用和维修方便，因而被广泛用于流量较小的场合；列管式冷却器如图 4-2-3（b）所示，主要由外壳、封头、隔板、活动板、冷却水管、固定板所组成。冷却水管与隔板、封头焊在一起。冷却水在管内流动，空气在管间流动，活动板为月牙形。这种冷却器可用于较大流量的场合。套管式冷却器的结构如图 4-2-3（c）所示，压缩空气在外管与内管之间流动，内、外管之间由支承架来支承。这种冷却器流通截面小，易达到高速流动，有利于散热冷却。管间清理也较方便。但其结构笨重，消耗金属量大，主要用在流量不太大，散热面积较小的场合。具体参数可查阅有关资料。

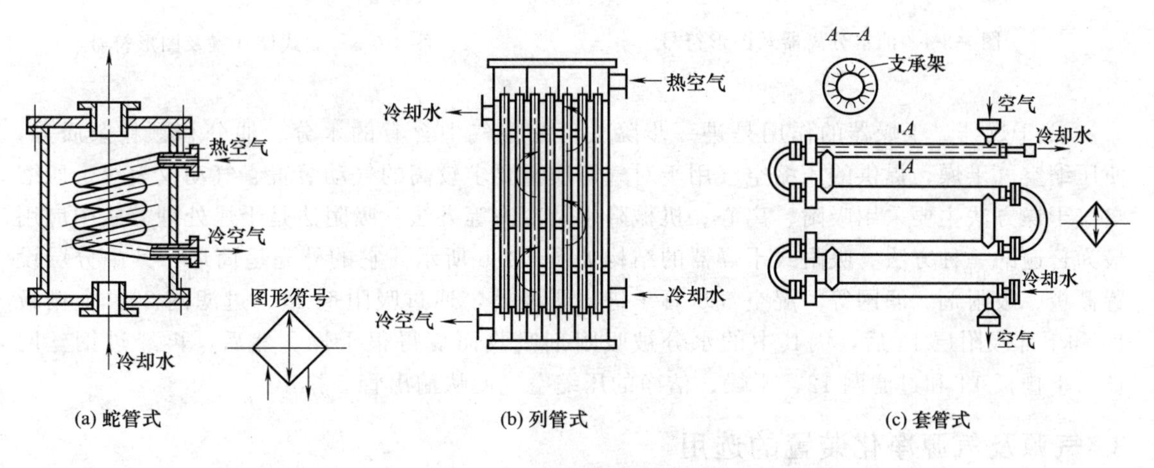

图 4-2-3 冷却器及图形符号

② 油水分离器　油水分离器安装在后冷却器出口管道上，它的作用是分离并排出压缩空气中的油分、水分和灰尘杂质等，使压缩空气得到初步净化。油水分离器的结构形式有环

形回转式、撞击折回式、离心旋转式、水浴式以及以上形式的组合使用等。油水分离器主要利用回转离心、撞击、水浴等方法使水滴、油滴及其他杂质颗粒从压缩空气中分离出来。为提高油水分离效果，应控制气流在回转后上升的速度不超过0.3～0.5m/s。撞击折回式油水分离器结构形式如图4-2-4所示，当压缩空气由入口进入分离器后，气流先受到隔板阻挡而被撞击折回向下（见图中箭头所示流向）；随后又上升产生环形回转，这样凝聚在压缩空气中的油滴、水滴等杂质受惯性力作用而分离析出，沉降于壳体底部，由放水阀定期排出。

③ 储气罐　储气罐的主要作用是储存一定数量的压缩空气，减少气源输出气流脉动，保证气流连续性，减弱空气压缩机排出气流脉动引起的管道振动，进一步分离压缩空气中的水分和油分。储气罐一般采用圆筒状焊接结构，有立式和卧式两种，一般以立式居多。立式储气罐的结构如图4-2-5所示，高度约为其直径 D 的2～3倍，同时应使进气管在下，出气管在上，并尽可能加大两管之间的距离，以利于进一步分离空气中的油水。同时，储气罐应有安全阀、压力表及底部排放阀等附件。

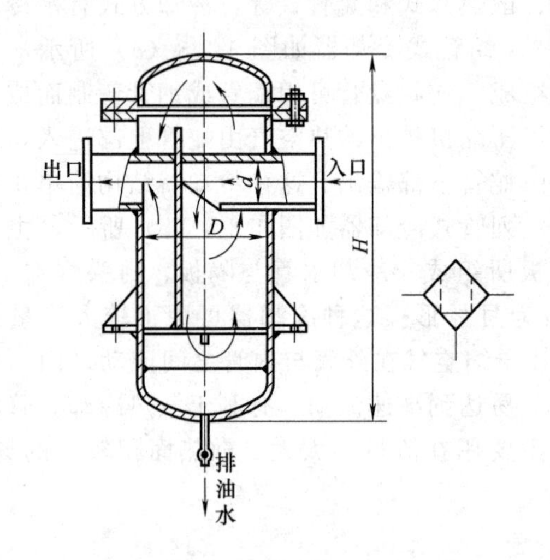

图4-2-4　油水分离器及图形符号

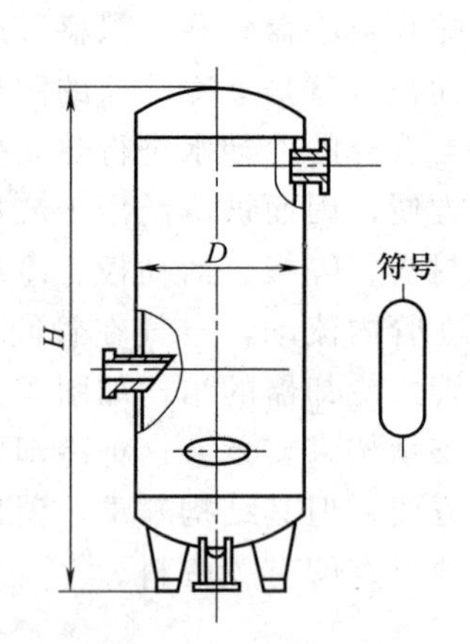

图4-2-5　立式储气罐及图形符号

④ 干燥器　干燥器的作用是进一步除去压缩空气中含有的水分、油分和颗粒杂质等，使压缩空气干燥，提供的压缩空气用于对气源质量要求较高的气动装置、气动仪表等。压缩空气干燥方法主要采用吸附、离心、机械降水及冷冻等方法。吸附法是干燥处理方法中应用最为普遍的一种方法。吸附式干燥器的结构如图4-2-6所示。它的外壳呈筒形，其中分层设置栅板、吸附剂、滤网等。湿空气从管1进入干燥器，通过吸附剂21、过滤网20、上栅板19和下部吸附层16后，因其中的水分被吸附剂吸收而变得很干燥。然后，再经过钢丝网15、下栅板14和过滤网12，干燥、洁净的压缩空气便从输出管8排出。

3. 气源及气源净化装置的选用

（1）空气压缩机的选用

① 根据气动系统所需要的工作压力和流量确定空压机的输出压力 P_c 和供气量 Q_c。

空压机的供气压力 P_c 为

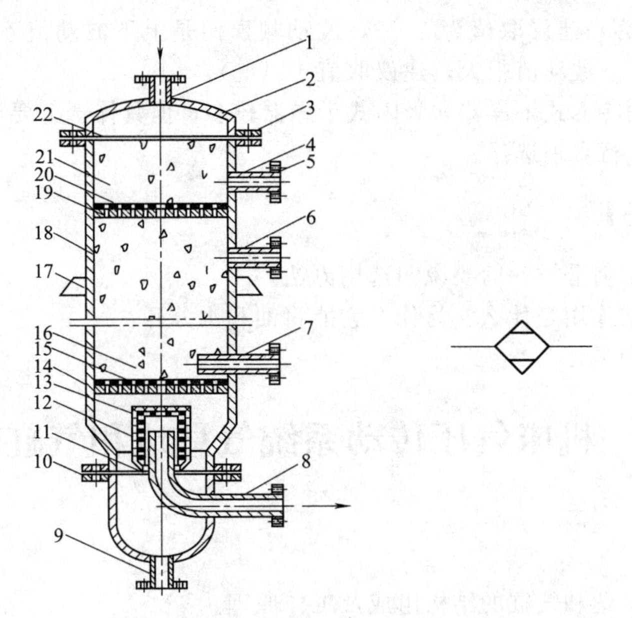

图 4-2-6 吸附式干燥器结构及图形符号

1—湿空气进气管；2—顶盖；3,5,10—法兰；4,6—再生空气排气管；7—再生空气进气管；8—干燥空气输出管；9—排水管；11,22—密封座；12,15,20—钢丝过滤网；13—毛毡；14—下栅板；16,21—吸附剂层；17—支撑板；18—筒体；19—上栅板

$$P_c = P + \sum \Delta P$$

式中 P_c——空压机的输出压力；

P——气动执行元件的最高使用压力；

$\sum \Delta P$——气动系统的总压力损失。

气动系统的工作压力应为系统中各气动执行元件工作压力的最高值。气动系统的总压力损失除了考虑管路的沿程阻力损失和局部阻力损失外，还应考虑为了保证减压阀的稳压性能所必需的最低输入压力，以及气动元件工作时的压降损失。一般空气压缩机为中压空气压缩机，额定排气压力为1MPa。另外还有低压空气压缩机，排气压力0.2MPa；高压空气压缩机，排气压力为10MPa；超高压空气压缩机，排气压力为100MPa。

空压机供气量Q_c也是空压机的主要参数之一。它的大小应和目前气动系统中各设备所需的耗气量相匹配，并留有10%左右的余量。可用下式表达

$$Q_c = kQ \ (\mathrm{m^3/min})$$

式中 Q——气动系统同时工作的执行机构用气的最大耗气量，$\mathrm{m^3/min}$；

k——修正系数，一般可取$k=1.3 \sim 1.5$。

② 在确定供气压力P_c与供气量Q_c后，按空压机的特性要求，选择空压机的类型和型号。

(2) 压缩空气净化设备的选用　在选择冷却器时应首先要求冷却器安全可靠、压力损失小、散热效率高、体积小、重量轻等。然后根据使用场合、作业环境情况选择冷却器类型。

油水分离器可根据压缩空气的流量、压力以及管道接口尺寸的大小来具体选型。

储气罐的选择要根据气动系统所需要的工作压力和流量两个参数，利用公式$V=N\times Q/(P+1)$选用。其中V为储气罐容积，Q为空压机排气量，P为排气压力，N为参数

（用气量比较稳定的客户建议取值为 1～2，波动频繁但是上下波动值不大的建议取值为 3，假如波动频繁而且上下波动值很大，建议取值 4 以上）。

干燥器一般选用冷冻式干燥器和吸附式干燥器较多，但具体选型要根据工艺要求、购买成本和使用成本等进行合理选择。

【思考与练习】

1. 空气压缩机如何分类？简要说明选用方法。
2. 油水分离器的作用是什么？为什么它能将油和水分开？
3. 干燥器的作用是什么？

任务 3 机床气压传动系统气马达和气缸的认识

【任务目标】

1. 了解常用气马达和气缸的结构组成及工作原理。
2. 掌握双作用气缸的拆装方法。
3. 掌握常用气马达和气缸的选用方法。

【任务描述】

拆装机床气压传动系统的双作用气缸，观察分析其结构组成及特点，能合理选用。

【知识准备】

气马达和气缸是气动执行元件，是将压缩空气的压力能转换为机械能的装置。气缸用于直线往复运动或摆动，气马达用于实现连续回转运动。

1. 气马达分类及特点

气马达有叶片式、活塞式、齿轮式等多种类型。与液压马达相比，气马达具有以下特点。

① 工作安全。可以在易燃易爆场所工作，同时不受高温和振动的影响。

② 可以长时间满载工作而温升较小。

③ 可以无级调速。控制进气流量，就能调节马达的转速和功率。额定转速为每分钟几十转到几十万转。

④ 具有较高的启动力矩。可以直接带负载运动。

⑤ 结构简单，操纵方便，维护容易，成本低。

⑥ 输出功率相对较小，最大只有 20kW 左右。

⑦ 耗气量大，效率低，噪声大。

2. 气缸的分类及特点

气缸按活塞承受气体压力是单向还是双向可分为单作用气缸和双作用气缸；按结构特点不同分为活塞式、薄膜式、柱塞式和摆动式气缸等；按气缸的安装形式可分为固定式气缸、轴销式气缸和回转式气缸；按气缸的功能及用途可分为普通气缸、缓冲气缸、气-液阻尼缸、摆动气缸和冲击气缸等。除几种特殊气缸外，普通气缸其种类及结构形式与液压缸基本相同。

【任务实施】

1. 场地及设备

（1）场地　液压实训室、实训基地。

（2）设备　双作用气缸、拆装工具等。

2. 气缸和气马达的认识

（1）气缸的拆装分析　气缸结构主要由缸筒、活塞杆、前后端盖及密封件等组成。如图4-3-1所示。

① 拆装步骤

a. 将气缸两端的端盖与缸筒连接螺栓取下，依次取下端盖、活塞组件、端盖与缸筒端面之间的密封圈、缸筒。观察其具体结构。然后再分解端盖、活塞组件等。

b. 活塞组件由活塞、活塞杆、密封元件及其连接件组成。拆除连接件（连接件有螺母、半环、锥销等多种，依具体情况而定），依次取下活塞、活塞杆及密封元件。

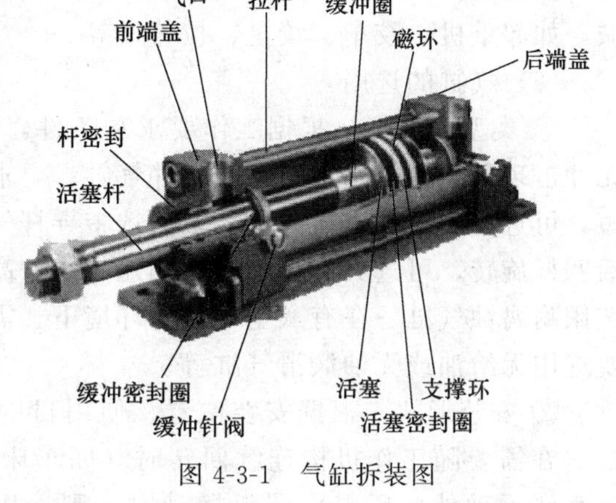

图 4-3-1　气缸拆装图

装配顺序与拆卸相反。

② 拆装注意事项

a. 注意气缸密封装置的拆卸和安装，连接缸体与缸盖的螺栓应按规定扭矩拧紧。

b. 对设有缓冲装置的气缸，应注意缓冲装置的装配和调整。

③ 气缸的工作原理分析　图4-3-2所示为双作用气缸。所谓双作用是指活塞的往复运动均由压缩空气来推动。在单伸出活塞杆的动力缸中，因活塞右边面积比较大，当空气压力作用在右边时，提供较慢速的和作用力大的工作行程；返回行程时，由于活塞左边的面积较小，所以速度较快而作用力变小。此类气缸的使用最为广泛。

（2）气马达的工作原理　在气压传动中使用最广泛的是叶片式和活塞式马达，现以叶片式气动马达为例简单介绍气动马达的工作原理。

图4-3-3为双向旋转叶片式气动马达的结构示意图。当压缩空气从进气口进入气室后立即喷向叶片1，作用在叶片的外伸部分，产生转矩带动转子2作逆时针转动，输出机械能。

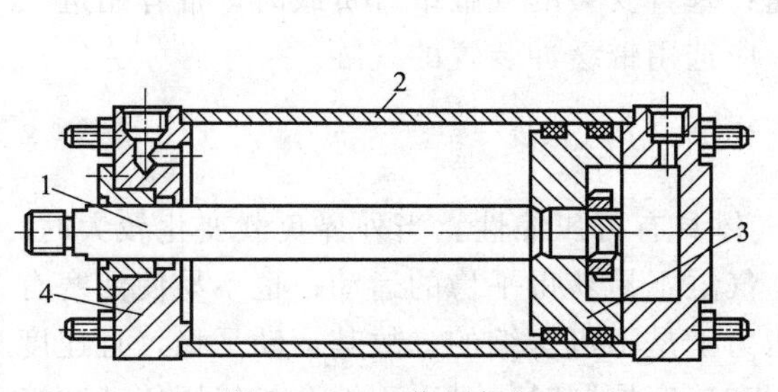

图 4-3-2　双作用气缸

1—活塞杆；2—缸体；3—活塞；4—缸盖

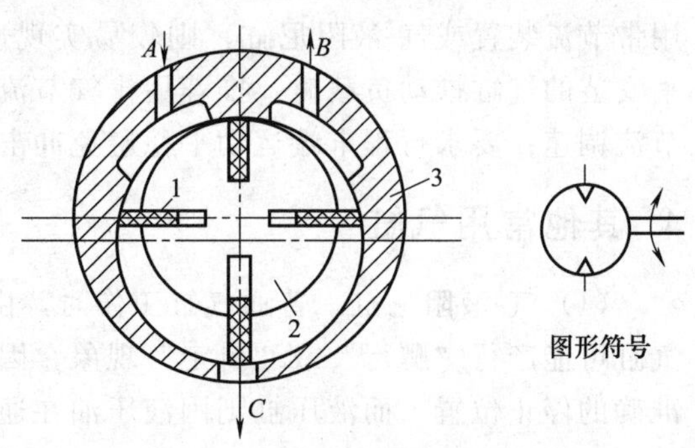

图 4-3-3　双向旋转叶片式气动马达

1—叶片；2—转子；3—定子

若进气、出气口互换，则转子反转，输出相反方向的机械能。转子转动的离心力和叶片底部的气压力、弹簧力（图中未画出）使得叶片紧贴在定子3的内壁上，以保证密封，提高容积效率。

气动马达的突出特点是具有防爆、高速等优点，也有其输出功率小、耗气量大、噪声大和易产生振动等缺点。

3. 气马达和气缸的选用

（1）气马达的选用　选用气马达时，首先确定气马达类型，然后根据功率、扭矩、转速及耗气量等确定气马达规格型号。叶片式气马达制造简单，结构紧凑，但低速运动转矩小，低速性能不好，适用于中、低功率的机械，目前在矿山及风动工具中应用普遍。活塞式气马达在低速情况下有较大的输出功率，它的低速性能好，适宜于载荷较大和要求低速转矩的机械，如起重机、绞车、绞盘、拉管机等。

（2）气缸的选用

① 类型的选择　根据工作要求和条件，正确选择气缸的类型。要求气缸到达行程终端无冲击现象和撞击噪声应选择缓冲气缸；要求重量轻，应选轻型缸；要求安装空间窄且行程短，可选薄型缸；有横向负载，可选带导杆气缸；要求制动精度高，应选锁紧气缸；不允许活塞杆旋转，可选具有杆不回转功能气缸；高温环境下需选用耐热缸；在有腐蚀环境下，需选用耐腐蚀气缸。在有灰尘等恶劣环境下，需要活塞杆伸出端安装防尘罩。要求无污染时需要选用无给油或无油润滑气缸等。

② 安装形式　根据安装位置、使用目的等因素决定。在一般情况下，采用固定式气缸。在需要随工作机构连续回转时（如车床、磨床等），应选用回转气缸。在要求活塞杆除直线运动外，还需作圆弧摆动时，则选用轴销式气缸。有特殊要求时，应选择相应的特殊气缸。

③ 作用力的大小　即缸径的选择。根据负载力的大小来确定气缸输出的推力和拉力。一般均按外载荷理论平衡条件所需气缸作用力，根据不同速度选择不同的负载率，使气缸输出力稍有余量。缸径过小，输出力不够，但缸径过大，使设备笨重，成本提高，又增加耗气量，浪费能源。在夹具设计时，应尽量采用扩力机构，以减小气缸的外形尺寸。

④ 活塞行程　与使用的场合和机构的行程有关，但一般不选满行程，防止活塞和缸盖相碰。如用于夹紧机构等，应按计算所需的行程增加10～20mm的余量。

⑤ 活塞的运动速度　主要取决于气缸输入压缩空气流量、气缸进排气口大小及导管内径的大小。要求高速运动应取大值。气缸运动速度一般为50～800mm/s。对高速运动气缸，应选择大内径的进气管道；对于负载有变化的情况，为了得到缓慢而平稳的运动速度，可选用带节流装置或气-液阻尼缸，则较易实现速度控制。选用节流阀控制气缸速度需注意：水平安装的气缸推动负载时，推荐用排气节流调速；垂直安装的气缸举升负载时，推荐用进气节流调速；要求行程末端运动平稳避免冲击时，应选用带缓冲装置的气缸。

4. 其他常用气缸

（1）气-液阻尼缸　普通气缸工作时，由于气体具有可压缩性，当外界负载变化较大时，气缸可能产行“爬行”或“自走”现象，因此，气缸不易获得平稳的运动；也不易使活塞有准确的停止位置。而液压缸则因液压油在通常压力下是不可压缩的，故其运动平稳，且速度调节方便。在气压传动中，需要准确的位置控制和速度控制时，可采用综合了气压传动和液压传动优点的气-液阻尼缸。气-液阻尼缸按其组合方式不同可分为串联式和并联式两种。

图 4-3-4（a）为串联式气-液阻尼缸工作原理图，它由气缸和液压缸串联而成。两缸的活塞用一根活塞杆带动，在液压缸进出口之间装有单向节流阀，当气缸 1 右腔进气时，气缸带动液压缸 2 的活塞向左运动，此时液压缸左腔排油，由于单向阀关闭，油液只能通过节流阀缓慢流入液压缸右腔，对运动起阻尼作用。调节节流阀的开口量，即可调节活塞的运动速度。活塞杆的输出力等于气缸的输出力和液压缸活塞上的阻力之差。当换向阀换向至气缸左腔进气时，液压缸右腔的油液可通过单向阀迅速流向液压缸左腔，活塞快速返回原位。

串联式气-液阻尼缸的缸体较长，加工和安装时对同轴度要求较高，并要注意解决气缸和液压缸之间的油与气的互窜。一般都将双活塞杆缸作为液压缸，这样可使液压缸两腔进、排油量相等，以减小高位油箱 3 的容积。

图 4-3-4（b）为并联式气-液阻尼缸，它由气缸和液压缸并联而成，其工作原理和作用与串联气-液阻尼缸相同。这种气-液阻尼缸的缸体短，结构紧凑，消除了气缸和液压缸之间的窜气现象。但由于气缸和液压缸不在同一轴线上，安装时对其平行度要求较高，此外还必须设置油箱，以便在工作时用它来储油和补充油液。

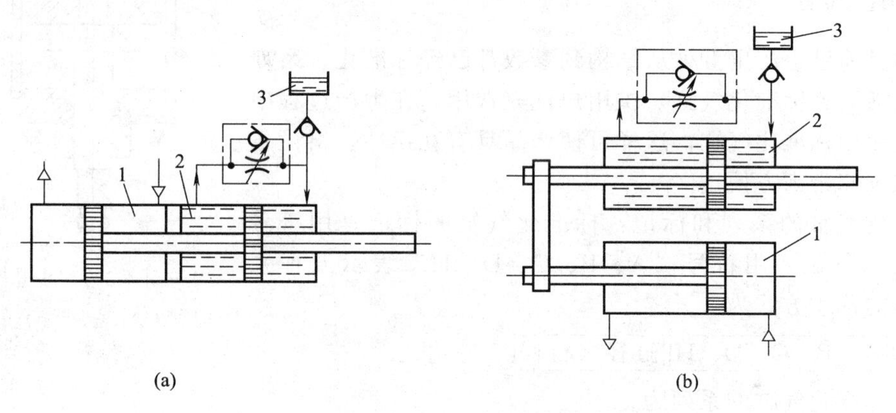

图 4-3-4　气-液阻尼缸

1—气缸；2—液压缸；3—高位油箱

（2）薄膜式气缸　薄膜式气缸是一种利用膜片在压缩空气作用下产生变形来推动活塞杆作直线运动的气缸。图 4-3-5 为薄膜式气缸结构简图。它可以是单作用的，也可以是双作用的。

薄膜式气缸与活塞式气缸相比较，具有结构紧凑、简单、成本低、维修方便、寿命长和

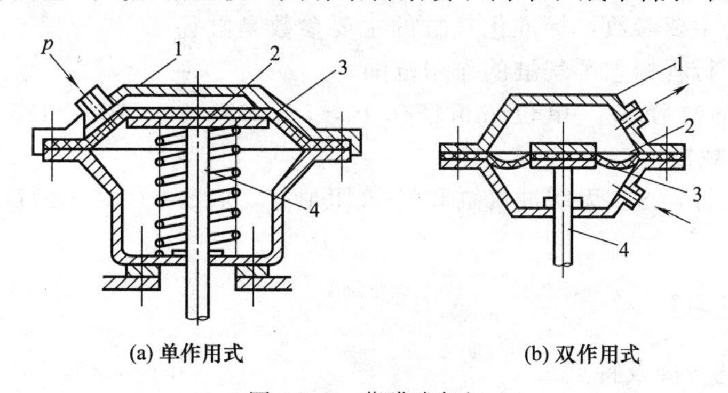

图 4-3-5　薄膜式气缸

1—缸体；2—膜片；3—膜盘；4—活塞杆

效率高等优点。但因膜片的变形量有限，其行程较短，一般不超过 40～50mm，且气缸活塞上的输出力随行程的加大而减小，因此它的应用范围受到一定限制，适用于气动夹具、自动调节阀及短行程工作场合。

(3) 冲击气缸　冲击气缸是把压缩空气的压力能转换为活塞和活塞杆的高速运动，输出动能，产生较大的冲击力，打击工件做功的一种气缸。

图 4-3-6 为冲击气缸结构示意图。冲击气缸与普通气缸相比较增加了蓄能腔和具有排气小孔的中盖 2，中盖 2 与缸体 1 固接在一起，它与活塞 6 把气缸分隔成蓄能腔、活塞腔和活塞杆腔三部分，中盖 2 中心开有一个喷气口。

冲击气缸结构简单、成本低，耗气功率小，且能产生相当大的冲击力，应用十分广泛。它可完成下料、冲孔、弯曲、打印、铆接、模锻和破碎等多种作业。为了有效地应用冲击气缸，应注意正确地选择工具，并正确地确定冲击气缸尺寸，选用适用的控制回路。

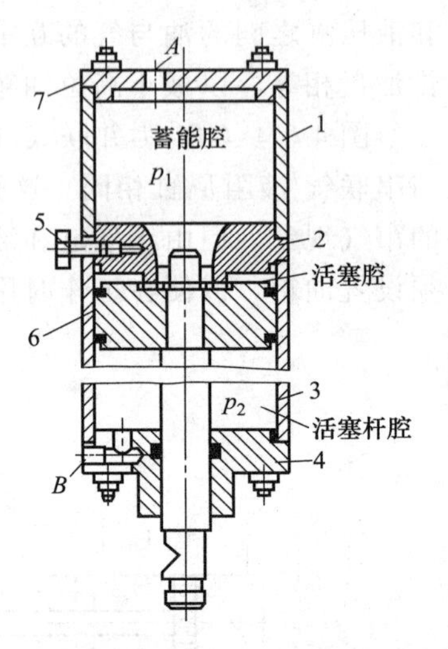

图 4-3-6　冲击气缸
1,3—缸体；2—中盖；5—排气塞；7—端盖；6—活塞

5. 标准化气缸

我国目前已生产出五种从结构到参数都已经标准化、系列化的气缸（简称标准化气缸）供用户优先选用，在生产过程中应尽可能使用标准化气缸，这样可使产品具有互换性，给设备的使用和维修带来方便。

标准化气缸的系列和标记：标准化气缸的标记是用符号“QG”表示气缸，用符号“A、B、C、D、H”表示五种系列。具体的标志方法为：

QG	A、B、C、D、H	缸径×行程

五种标准化气缸的系列为：

QGA——无缓冲普通气缸；

QGB——细杆（标准杆）缓冲气缸；

QGC——粗杆缓冲气缸；

QGD——气-液阻尼缸；

QGH——回转气缸。

例如，标记为 QG　A80×100，表示直径为 80mm、行程为 100mm 的无缓冲普通气缸。

标准化气缸的主要参数：标准化气缸的主要参数是缸径 D 和行程 S。缸径标志了气缸活塞杆的输出力，行程标志了气缸的作用范围。

标准化气缸的缸径 D（单位 mm）有 40，50，63，80，100，125，160，200，250，320，400 共 11 种规格。

标准化气缸的行程 S：无缓冲气缸和气-液阻尼缸，取 $S=(0.5\sim2)D$；有缓冲气缸，取 $S=(1\sim10)D$。

【思考与练习】

1. 简述气马达分类及特点。
2. 简述常见气缸的类型、功能和用途。
3. 简要说明气-液阻尼缸的工作原理。

4. 简述冲击气缸是如何工作的。

5. 什么是标准气缸？

任务4　机床气压传动辅助元件的认识

【任务目标】

1. 了解各种气动辅助元件的作用及工作原理。
2. 了解气动辅助元件的选用方法。

【任务描述】

通过对机床气压传动系统辅助元件的拆装及观摩，了解其结构、作用及工作原理。

【知识准备】

气动辅助元件主要包括以下几部分。

1. 空气过滤器

空气过滤器又名分水滤气器、空气滤清器，它的作用是滤除压缩空气中的水分、油滴及杂质，以达到气动系统所要求的净化程度。它属于二次过滤器，大多与减压阀、油雾器一起构成气动三联件，安装在气动系统的入口处。

2. 油雾器

油雾器是以压缩空气为动力，将润滑油喷射成雾状并混合于压缩空气中，使该压缩空气具有润滑气动元件的能力。油雾器是一种特殊的注油装置，目前气动控制阀、气缸和气马达主要是靠这种带有油雾的压缩空气来实现润滑的，其优点是方便、干净、润滑质量高。

3. 减压阀

减压阀起减压和稳压作用，工作原理与液压系统减压阀相同。

4. 气动三大件

空气过滤器、减压阀和油雾器一起称为气动三大件，三大件依次无管化连接而成的组件称为三联件。压缩空气经过三大件的最后处理，将进入各气动元件及气动系统。因此，三大件是气动元件及气动系统使用压缩空气质量的最后保证。其组成及规格，须由气动系统具体的用气要求确定，可以少于三大件，只用一件或两件，也可多于三件。

5. 消声器

消声器是一种能阻止声音传播而允许气流通过的气动元件。在气动系统的排气口，尤其是在换向阀的排气口，装设消声器。气动装置中的消声器主要有吸收型消声器、膨胀干涉型消声器及膨胀干涉吸收复合型消声器三大类。

吸收型消声器：这种消声器能在较宽的中高频范围内消声，特别对刺耳的高频声波消声效果更为显著。

膨胀干涉型消声器：相当于将一段比排气口孔径大的管件接在元件的排气口，气流在管道里膨胀、扩散、反射、相互干涉而消声。它具有良好的低频消声性能，但消声频带窄，对高频消声效果差。

膨胀干涉吸收复合型消声器：是上述两种消声器的综合，结构上既有阻性吸声材料，又有抗性消声器的干涉等作用，能在很宽的频率范围内起消声作用。

【任务实施】

1. 场地与设备

（1）场地　液压实训室、实训基地。

（2）设备　空气过滤器、油雾器、减压阀、消声器，拆装工具。

2. 过滤器的拆装分析

（1）过滤器的结构组成　图 4-4-1 为普通空气过滤器（二次过滤器）的结构。主要由旋风叶子 1、滤芯 2、存水杯 3、挡水板 4 及手动排水阀 5 组成。

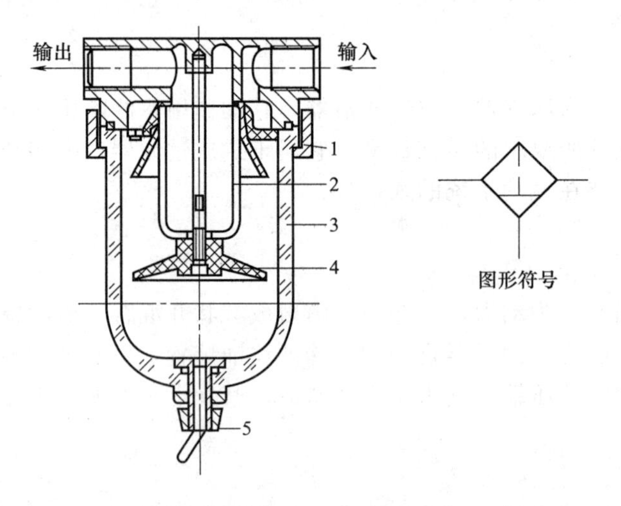

图 4-4-1　普通空气过滤器结构

1—旋风叶子；2—滤芯；3—存水杯；4—挡水板；5—手动排水阀

（2）过滤器的拆装分析

① 拆装步骤　将过滤器端盖与壳体连接螺栓取下，依次取下端盖、滤芯及排水阀组件。观察其具体结构。然后再拆解排水阀组件。

装配顺序与拆卸相反。

② 拆装注意事项

a. 注意气缸密封装置的拆卸和安装，连接缸体与缸盖的螺栓应按规定扭矩拧紧。

b. 对所设有缓冲装置的气缸，应注意缓冲装置的装配和调整。

注意过滤器芯的清洗及壳体下端排水口的畅通。

（3）过滤器的工作原理分析　压缩空气从输入口进入后，被引入旋风叶子 1，旋风叶子上有许多成一定角度的缺口，迫使空气沿切线方向产生强烈旋转。这样夹杂在空气中的较大水滴、油滴和灰尘便依靠自身的惯性与存水杯 3 的内壁碰撞，并从空气中分离出来沉到杯底。而微粒灰尘和雾状水汽则由滤芯 2 滤除。为防止气体旋转将存水杯中积存的污水卷起，在滤芯下部设挡水板 4。为保证其正常工作，必须及时将存水杯 3 中的污水通过手动排水阀 5 放掉。

空气过滤器一般装在减压阀之前，也可单独使用。按壳体上的箭头方向正确连接其进、出口，不可将进、出口接反，也不可将存水杯朝上倒装。

3. 油雾器的拆装分析

(1) 油雾器的结构组成　如图 4-4-2 所示为普通型油雾器的结构。

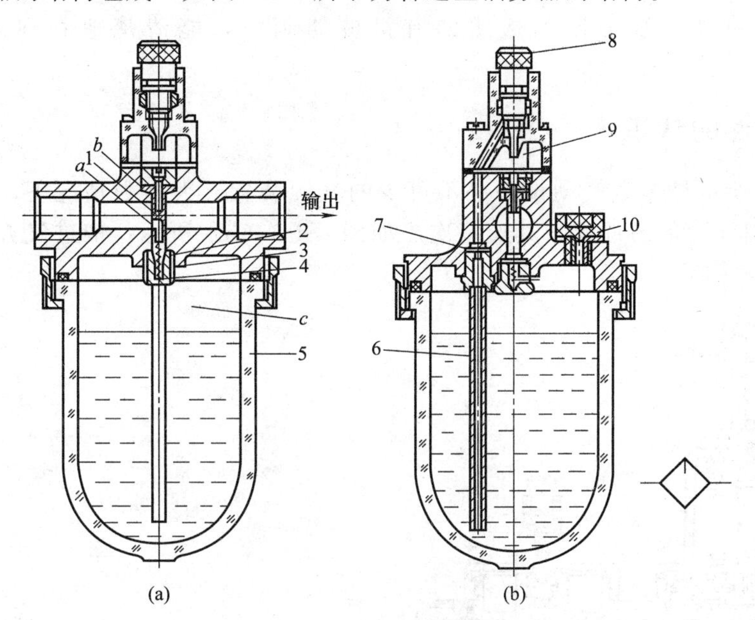

图 4-4-2　普通型油雾器

1—立杆；2—阀芯；3—弹簧；4—截止阀座；5—储油杯；6—吸油管；7—单向阀；8—节流阀；9—视油口；10—油塞

(2) 油雾器的拆装

① 拆装步骤　将端盖与壳体连接螺栓取下，依次取下端盖、滤芯及排水阀组件。观察其具体结构。然后再拆解排水阀组件。

装配顺序与拆卸相反。

② 拆装注意事项

a. 注意油雾器喷嘴杆上两孔的畅通。

b. 注意截止阀的节流阀的装配和调节。

c. 保持油杯和视油帽清洁，以便观察。

(3) 油雾器的工作原理　压缩空气从输入口进入后，通过立杆 1 上的小孔进入截止阀座 4 的腔内，在截止阀的阀芯 2 上下表面形成压力差，此压力差被弹簧 3 的部分弹簧力所平衡，而使阀芯处于中间位置，因而压缩空气就进入储油杯 5 的上腔 c，油面受压，压力油经吸油管 6 将单向阀 7 的阀芯托起，阀芯上部管道有一个边长小于阀芯（钢球）直径的四方孔，使阀芯不能将上部管道封死，压力油能不断地流入视油口 9 内，再滴入立杆 1 中，被通道中的气流从小孔中引射出来，雾化后放输出口输出。视油器上部的节流阀 8 用以调节滴油量，可在 0～200 滴/min 范围内调节。

普通型油雾器能在进气状态下加油，这时只要拧松油塞 10 后，储油杯上腔便通大气，同时输入进来的压缩空气将阀芯 2 压在截止阀座 4 上，切断压缩空气进入 c 腔的通道。又由于吸油管 6 中单向阀 7 的作用，压缩空气也不会从吸油管倒灌到储油杯中，所以就可以在不停气状态下向油塞口加油。加油完毕，拧上油塞。由于截止阀稍有泄漏，储油杯上腔的压力又逐渐上升到将截止阀打开，油雾器又重新开始工作，油塞上开有半截小孔，当油塞向外拧出时，并不等油塞全打开，小孔已经与外界相通，油杯中的压缩空气逐渐向外排空，以免在油塞打开的瞬间产生压缩空气突然排放现象。

储油杯一般由透明的聚碳酸酯制成，能清楚地看到杯中的储油量和清洁程度，以便及时补充与更换。视油器用透明的有机玻璃制成，能清楚地看到油雾器的滴油情况。

4. 气动三联件的认识

如图 4-4-3 所示是多数气动设备必不可少的气源装置。大多数情况下，三大件组合使用，应安装在用气设备的近处。其安装次序如图 4-4-3（b）所示，依进气方向为空气过滤器、减压阀和油雾器。

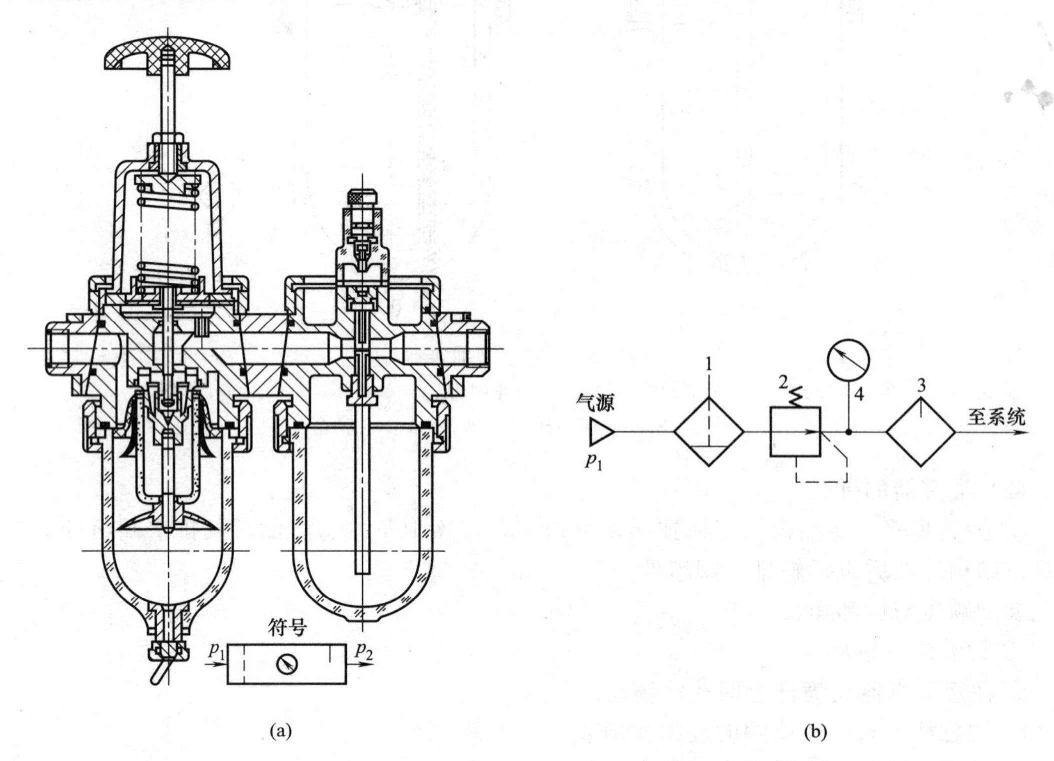

图 4-4-3 气动三联件结构示意图及图形符号

1—空气过滤器；2—减压阀；3—油雾器

5. 消声器的认识

图 4-4-4 为吸收型消声器结构示意，主要利用吸声材料（玻璃纤维、毛毡、泡沫塑料、烧结材料等）来降低噪声。在气体流动的管道内固定吸声材料，或按一定方式在管道中排列，当气流流过时，一部分声音能被吸收材料吸收，起到消声作用。

6. 气动辅助元件的选用

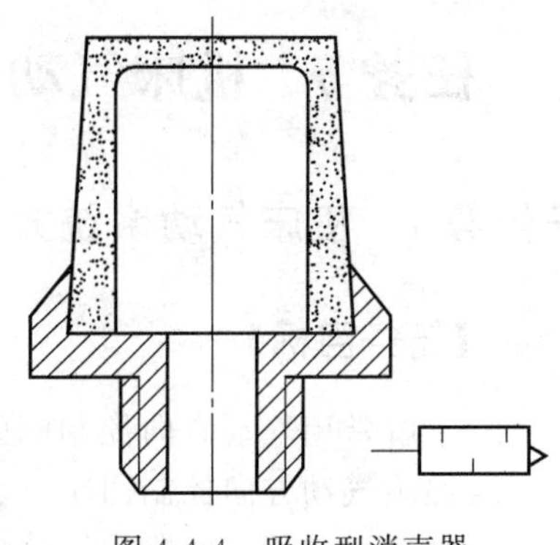
图 4-4-4 吸收型消声器

空气过滤器要根据气动设备要求的过滤精度和自由空气流量来选用。

油雾器根据气动系统所需额定流量及油雾粒径大小来选择，所需油雾粒径在 20～35μm 左右选用一次油雾器，若需油雾粒径很小，可选用二次油雾器，油雾粒径可达 5μm。

气动三联件根据管路通径、流量大小、调压范围及过滤精度等技术参数选择。

选择消声器的要求是，在噪声频率范围内消声效果要好，排气阻力小，结构耐用，便于清洗。通常根据换向阀的连接口径来选取消声器的规格。

【知识拓展】

1. 管道

气动系统中的管道可分为硬管和软管两种。硬管有铁管、紫铜管、黄铜管和硬塑料管等，硬管以钢管和紫铜管为主，常用于高温高压和固定不动的部件之间连接，如总气管和支气管等。软管有塑料管、尼龙管、橡胶管、金属编织塑料管以及挠性金属导管等，连接运动部件和临时使用、希望装拆方便的管路应使用软管，其特点是经济、拆装方便、密封性好，但应避免在高温、高压和有辐射场合使用。

2. 管接头

气动系统中使用的管接头的结构及工作原理与液压管接头基本相似，分为卡套式、扩口螺纹式、卡箍式、插入快换式等。对于通径较大的气动设备、元件、管道等可采用法兰连接。

3. 管道安装注意事项

① 管道安装前要彻底清理管道内的粉尘及杂物。

② 管道支架要牢固，工作时不得产生震动。

③ 接管时要充分注意密封性，防止漏气，尤其注意接头处及焊接处。

④ 管路尽量平行布置，减少交叉，力求最短，转弯最少，并考虑到能自由拆装。

⑤ 安装软管要有一定的弯曲半径，不允许有拧扭现象，且应远离热源或安装隔热板。

【思考与练习】

1. 简述普通过滤器的结构及工作原理。
2. 油雾器的作用是什么？试简述其工作原理。
3. 什么是气动三大件？各起什么作用？连接次序如何？为什么这样连接？
4. 简要说明气动系统管道安装的注意事项。

任务5　机床气动系统控制阀与基本回路组建与分析

子任务1　机床气动系统方向控制阀与方向控制回路的组建与分析

【任务目标】

1. 了解常用气动方向控制阀的种类及应用场合。
2. 熟悉气动方向控制回路，会分析其工作原理。
3. 掌握气动基本回路的组建方法。

【任务描述】

认识气动方向控制阀的种类、组建调试机床气动系统方向控制回路，分析控制原理，回路性能特点及应用。学会识读气动系统原理图的方法，了解常见的故障现象及排除方法。

【知识准备】

在气压传动系统中的控制元件是控制和调节压缩空气的压力、流量、流动方向和发送信号的重要元件，利用它们可以组成各种气动控制回路，使气动执行元件按设计的程序正常地进行工作。控制元件按功能和用途可分为方向控制阀、压力控制阀和流量控制阀三大类。此外，还有通过控制气流方向和通断实现各种逻辑功能的气动逻辑元件等。

1. 方向控制阀

方向控制阀是气压传动系统中通过改变压缩空气的流动方向和气流的通断，来控制执行元件启动、停止及运动方向的气动元件。气动方向控制阀和液压方向控制阀相似，分类方法也大致相同。

根据方向控制阀的功能、控制方式、结构方式、阀内气流的方向及密封形式等，可将方向控制阀分为几类。见表4-5-1。

表4-5-1　方向控制阀的分类

分类方式	形　式
按阀内气体的流动方向	单向阀、换向阀
按阀芯的结构形式	截止阀、滑阀
按阀的密封形式	硬质密封、软质密封
按阀的工作位数及通路数	二位三通、二位五通、三位五通等
按阀的控制操纵方式	气压控制、电磁控制、机械控制、手动控制

2. 方向控制回路

方向控制回路主要有单作用气缸换向回路和双作用气缸换向回路。

【任务实施】

1. 场地与设备

（1）场地　液压实训室、实训基地。

（2）设备 气动方向控制阀实物、透明元件、气动综合实验台。

2. 认识气动方向控制阀

（1）气压控制换向阀 气压控制换向阀是以压缩空气为动力切换气阀，使气路换向或通断的阀类。气压控制换向阀的用途很广，多用于组成全气阀控制的气压传动系统或易燃、易爆以及高净化等场合。

① 单气控加压式换向阀 图 4-5-1 为单气控加压截止式换向阀的工作原理。即 4-5-1（a）是无气控信号 K 时的状态（即常态），此时，阀芯 1 在弹簧 2 的作用下处于上端位置，使阀 A 与 O 相通，A 口排气。图 4-5-1（b）是在有气控信号 K 时阀的状态（即动力阀状态）。由于气压力的作用，阀芯 1 压缩弹簧 2 下移，使阀口 A 与 O 断开，P 与 A 接通，A 口有气体输出。

图 4-5-2 为二位三通单气控截止式换向阀的结构。这种结构简单、紧凑、密封可靠、换向行程短，但换向力大。若将气控接头换成电磁头（即电磁先导阀），可变气控阀为先导式电磁换向阀。

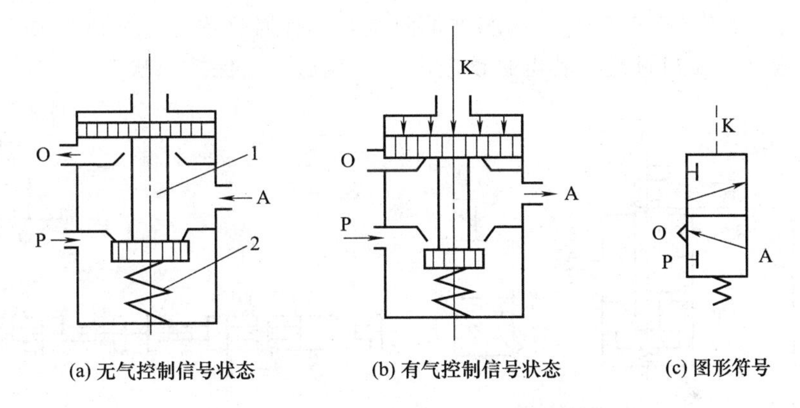

图 4-5-1 单气控加压截止式换向阀的工作原理图

1—阀芯；2—弹簧

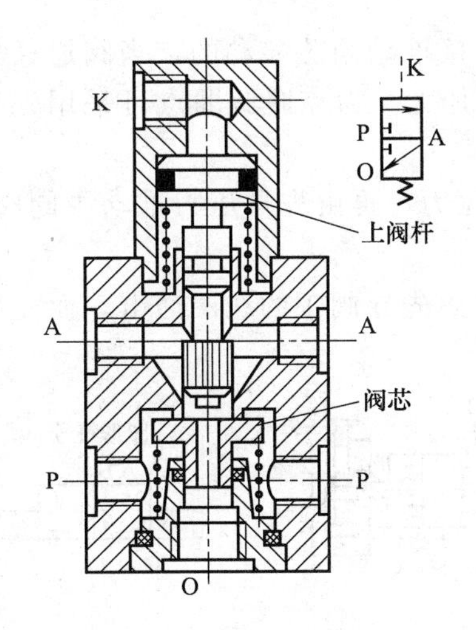

图 4-5-2 二位三通单气控截止式换向阀的结构

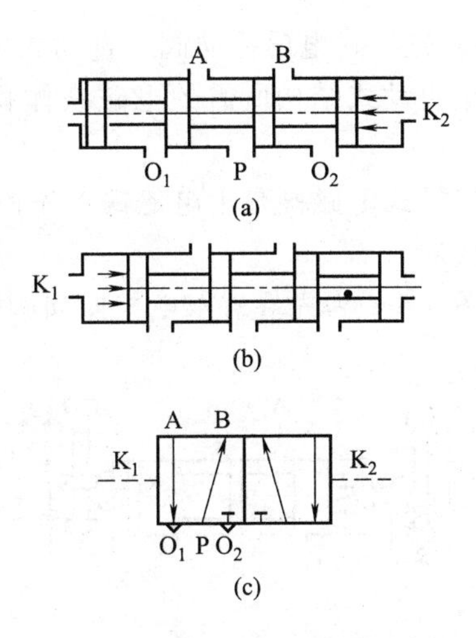

图 4-5-3 双气控滑阀式换向阀的工作原理图

② 双气控加压式换向阀　图 4-5-3 为双气控滑阀式换向阀的工作原理图。图 4-5-3（a）为有气控信号 K_2 时阀的状态，此时阀停在左边，其通路状态是 P 与 A、B 与 O 相通。图 4-5-3（b）为有气控信号 K_1 时阀的状态（此时信号 K_2 已不存在），阀芯换位，其通路状态变为 P 与 B、A 与 O 相通。双气控滑阀具有记忆功能，即气控信号消失后，阀仍能保持在有信号时的工作状态。

（2）电磁控制换向阀　电磁换向阀是利用电磁力的作用来实现阀的切换以控制气流的流动方向。常用的电磁换向阀有直动式和先导式两种。

① 直动式电磁换向阀　图 4-5-4 为直动式单电控电磁阀的工作原理图。它只有一个电磁铁。图 4-5-4（a）为常态情况，即激励线圈不通电，此时阀在复位弹簧的作用下处于上端位置。其通路状态为 A 与 T 相通，A 口排气。当通电时，电磁铁 1 推动阀芯向下移动，气路换向，其通路为 P 与 A 相通，A 口进气，见图 4-5-4（b）。

图 4-5-5 为直动式双电控电磁阀的工作原理图。它有两个电磁铁，当电磁铁 1 通电、2 断电［见图 4-5-5（a）］，阀芯被推向右端，其通路状态是 P 口与 A 口、B 口与 O_2 口相通，A 口进气、B 口排气。当电磁铁 1 断电时，阀芯仍处于原有状态，即具有记忆性。当电磁铁 2 通电、1 断电［见图 4-5-5（b）］，阀芯被推向左端，其通路状态是 P 口与 B 口、A 口与 O_1 口相通，B 口进气、A 口排气。若电磁铁断电，气流通路仍保持原状态。

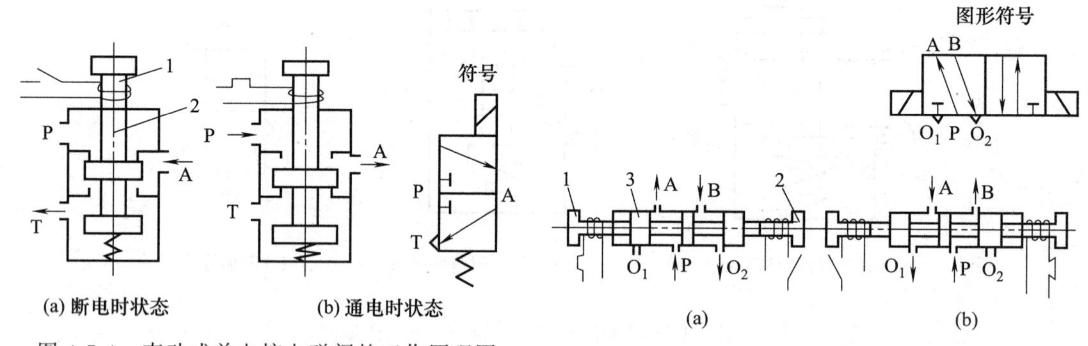

图 4-5-4　直动式单电控电磁阀的工作原理图
1—电磁铁；2—阀芯

图 4-5-5　直动式双电控电磁阀的工作原理图
1，2—电磁铁；3—阀芯

② 先导式电磁换向阀　直动式电磁阀是由电磁铁直接推动阀芯移动的，当阀通径较大时，用直动式结构所需的电磁铁体积和电力消耗都必然加大，为克服此弱点可采用先导式结构。

先导式电磁阀是由电磁铁首先控制气路，产生先导压力，再由先导压力推动主阀阀芯，使其换向。

图 4-5-6 为先导式双电控换向阀的工作原理图。当电磁先导阀 1 的线圈通电，而先导阀

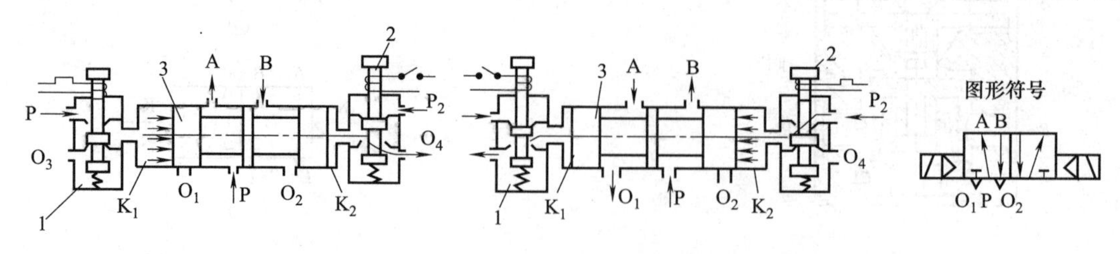

图 4-5-6　先导式双电控换向阀的工作原理图

2 断电时［见图 4-5-6（a）］，由于主阀 3 的 K_1 腔进气，K_2 腔排气，使主阀阀芯向右移动。此时 P 与 A、B 与 O_2 相通，A 口进气、B 口排气。当电磁先导阀 2 通电，而先导阀 1 断电时见图 4-5-6（b），主阀的 K_2 腔进气，K_1 腔排气，使主阀阀芯向左移动。此时 P 与 B、A 与 O_1 相通，B 口进气、A 口排气。先导式双电控电磁阀具有记忆功能，即通电换向，断电保持原状态。为保证主阀正常工作，两个电磁阀不能同时通电，电路中要考虑互锁。

先导式电磁换向阀便于实现电、气联合控制，所以应用广泛。

（3）机械控制换向阀　机械控制换向阀又称行程阀，多用于行程程序控制，作为信号阀使用。常依靠凸轮、挡块或其他机械外力推动阀芯，使阀换向。

图 4-5-7 为机械控制换向阀的一种结构形式。当机械凸轮或挡块直接与滚轮 1 接触后，通过杠杆 2 使阀芯 5 换向。其优点是减少了顶杆 3 所受的侧向力；同时，通过杠杆传力也减少了外部的机械压力。

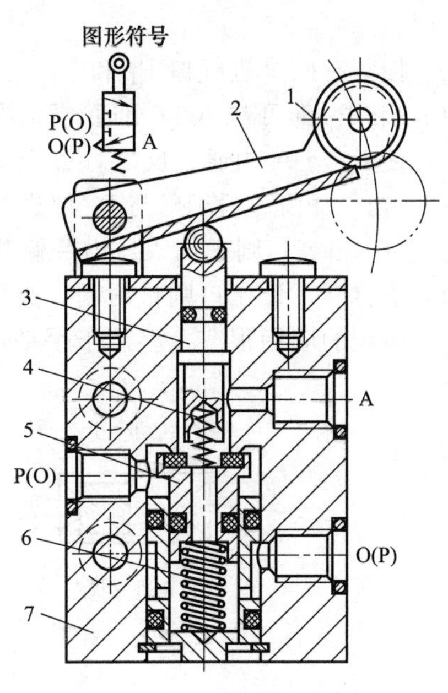

图 4-5-7　机械控制换向阀

1—滚轮；2—杠杆；3—顶杆；4—缓冲弹簧；5—阀芯；6—密封弹簧；7—阀体

（4）人力控制换向阀　有手动及脚踏两种操纵方式。阀的主体部分与气控阀类似，图 4-5-8 为按钮式手动阀的工作原理和结构图。当按下按钮时［见图 4-5-8（b）］阀芯下移，则 P 与 A 相通、A 与 T 断开。当松开按钮时，弹簧力使阀芯上移，关闭阀口，则 P 与 A 断开、A 与 T 相通。

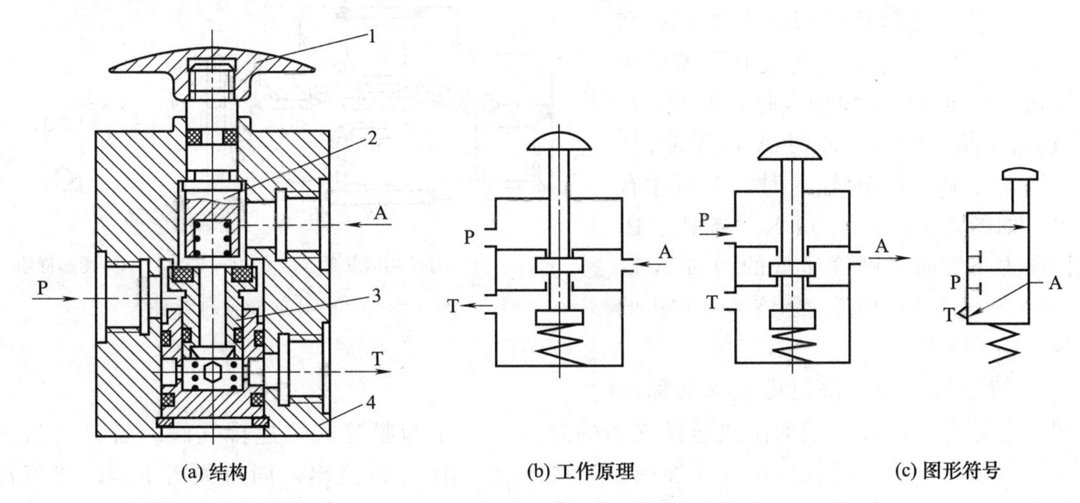

图 4-5-8　二位三通按钮式手动换向阀

1—按钮；2—上阀芯；3—下阀芯；4—阀体

（5）单向型控制阀

① 或门型梭阀　在气压传动系统中，当两个通路 P_1 和 P_2 均与另一通路 A 相通，而不允许 P_1 与 P_2 相通时，就要用或门型梭阀，如图 4-5-9 所示。由于阀芯像织布梭子一样来回运动，因而称之为梭阀，该阀相当于两个单向阀的组合。在逻辑回路中，它起到或门的

作用。

梭阀有两个进气口 P_1 和 P_2，一个工作口 A，阀芯 1 在两个方向上起单向阀的作用，其中 P_1 和 P_2 都可与 A 口相通。如图 4-5-9（a）所示，当 P_1 进气时，阀芯 1 右移，封住 P_2 口，使 P_1 与 A 相通。反之，如图 4-5-9（b）所示，P_2 进气时，阀芯 1 左移，封住 P_1 口，使 P_2 与 A 相通。若 P_1 与 P_2 都进气时，主要看压力加入的先后顺序和压力的大小而定，若 P_1 与 P_2 相等，则先加入压力一侧与 A 相通，后加入一侧关闭；若 P_1 与 P_2 不等，则高压口的通道打开，低压口则被封闭，高压气流从 A 口输出。

梭阀的应用很广，多用于手动与自动控制的并联回路中。

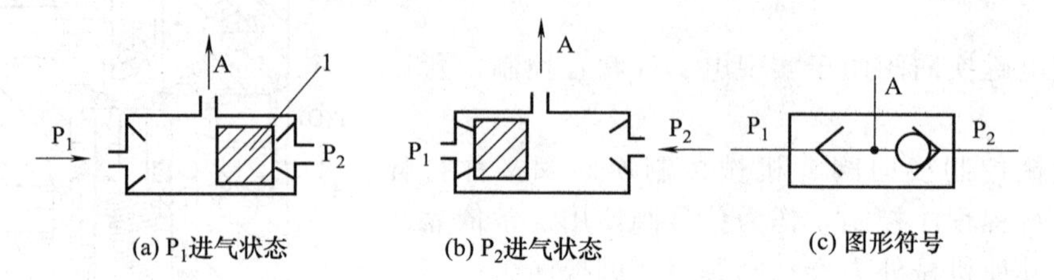

图 4-5-9　或门型梭阀

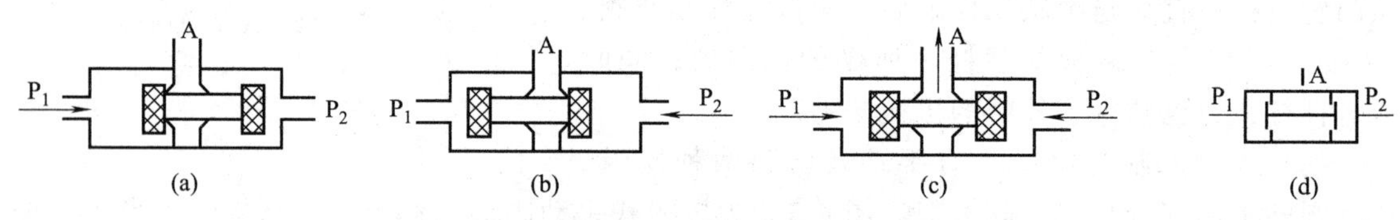

图 4-5-10　与门型梭阀

② 与门型梭阀　如图 4-5-10 所示为与门型梭阀，又称双压阀，该阀只有当两个输入口 P_1、P_2 同时进气时，A 口才能输出。P_1 或 P_2 单独输入时，如图 4-5-10（a）、（b）所示，此时 A 口无输出，只有当 P_1、P_2 同时有输入时，A 口才有输出，如图 4-5-10（c）所示。当 P_1、P_2 气体压力不等时，则气压低的通过 A 口输出。图 4-5-10（d）为该阀的图形符号。

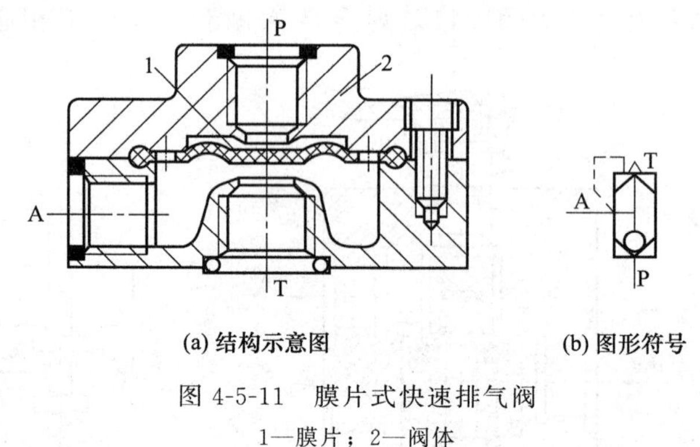

图 4-5-11　膜片式快速排气阀

1—膜片；2—阀体

③ 快速排气阀　快速排气阀又称快排阀。它是为加快气缸运动作快速排气用的。图 4-5-11 为膜片式快速排气阀。当 P 口进气时，膜片被压下封住排气口，气流经膜片四周小孔，由 A 口流出，同时关闭下口。当气流反向流动时，A 口气压将膜片顶起封住 P 口，A 口气体经 T 口迅速排掉。

3. 方向控制回路的组建与分析

组建步骤：

① 选取换向阀、单出杆气缸等气动元件组成换向回路。

② 将气动元件用管路正确地连接起来。

③ 操作电磁阀，观察气缸的运动方向。

（1）单作用气缸换向回路

图 4-5-12（a）是用二位三通电磁阀控制的单作用气缸上、下回路，当电磁铁得电时，气缸向上伸出，失电时气缸在弹簧作用下返回。

图 4-5-12（b）所示为三位四通电磁阀控制的单作用气缸上、下和停止的回路，该阀在两电磁铁均失电时能自动对中，使气缸停于任何位置，但定位精度不高，且定位时间不长。

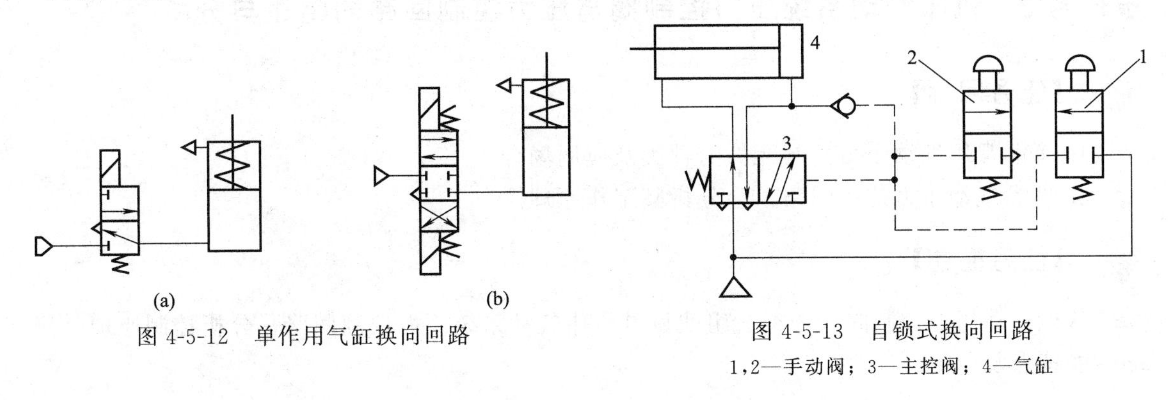

图 4-5-12　单作用气缸换向回路

图 4-5-13　自锁式换向回路

1，2—手动阀；3—主控阀；4—气缸

（2）双作用气缸换向回路　图 4-5-13 所示为自锁式换向回路，主控阀采用无记忆作用的单控换向阀，是一个手控换向回路。当按下手动阀 1 按钮后，主控阀右位接入，气缸活塞杆向左伸出，这时即使手动阀 1 的按钮松开，主控阀也不会换向。只有当手动阀 2 的按钮压下后，控制信号消失，主控阀换向复位，左位接入，气缸活塞杆向右退回。这种回路要求控制管路和手动阀不能有漏气现象。

如图 4-5-14 所示为各种双作用气缸的换向回路。图 4-5-14（a）是比较简单的换向回路。图 4-5-14（b）的回路中，当 A 有压缩空气时气缸推出，反之气缸退回。图 4-5-14（c）、（d）、（e）的两端控制电磁铁线圈或按钮不能同时操作，否则将出现误动作。图 4-5-14（f）还有中停位置，但中停定位精度不高。

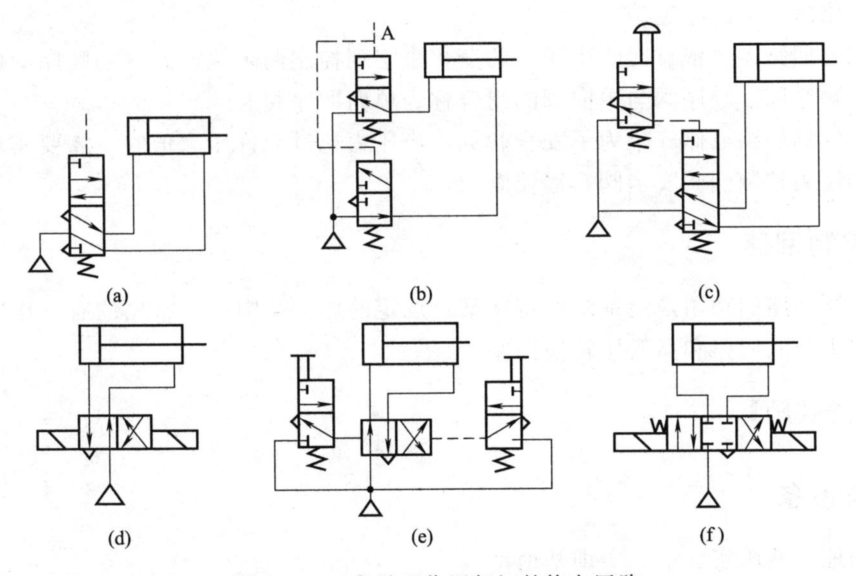

图 4-5-14　各种双作用气缸的换向回路

【思考与练习】

1. 气动方向控制阀有哪些类型？各自具有什么功能？
2. 气动换向阀与液压换向阀的区别是什么？
3. 简要说明气动换向回路的特点。

子任务2　机床气动系统压力控制阀与压力控制回路的组建与分析

【任务目标】

1. 了解常用气动压力控制元件的种类及应用场合。
2. 熟悉气动压力控制回路，会分析其工作原理。

【任务描述】

认识气动压力控制阀的种类、组建调试机床气动系统压力控制回路，分析控制原理，回路性能特点及应用。

【知识准备】

1. 压力控制阀

气动压力控制阀主要有减压阀、溢流阀和顺序阀。

压力控制阀都是利用作用于阀芯上的流体（空气）压力和弹簧力相平衡的原理来进行工作的。气动系统不同于液压系统，一般每一个液压传动系统都自带液压源（液压泵）；而在气动传动系统中，一般都是由空气压缩机将空气压缩后储存于储气罐中，然后经管路输送给各传动装置使用，储气罐提供的空气压力高于每台装置所需的压力，而且压力波动值也较大。因此需要在每台装置入口处设置一减压阀（调压阀）将其压力减到每台装置所需的压力，并保持该压力值的稳定。

有些气动回路需要依靠回路中压力的变化来实现控制两个执行元件的顺序动作，所用的这种阀就是顺序阀。顺序阀与单向阀的组合称为单向顺序阀。

所有的气动回路或储气罐为了安全起见，当压力超过允许压力值时，需要实现自动向外排气，这种压力控制阀叫安全阀（溢流阀）。

2. 压力控制回路

压力控制回路的功用是使系统保持在某一规定的压力范围内。常用的有一次压力控制回路、二次压力控制回路和高低压转换回路。

【任务实施】

1. 场地与设备

（1）场地　液压实训室、实训基地。

（2）设备　气动压力控制阀实物、透明元件、气动综合实验台。

2. 气动压力控制阀的认识

（1）减压阀（调压阀）　图 4-5-15 为 QTY 型直动式减压阀结构。其工作原理是当阀处于工作状态时，调节手柄 1、压缩弹簧 2、3 及膜片 5，通过阀杆 6 使阀芯 8 下移，进气阀口被打开，有压气流从左端输入，经阀口节流减压后从右端输出。输出气流的一部分由阻尼管 7 进入膜片气室，在膜片 5 的下方产生一个向上的推力，这个推力总是企图把阀口开度关小，使其输出压力下降。当作用于膜片上的推力与弹簧力相平衡后，减压阀的输出压力便保持一定。

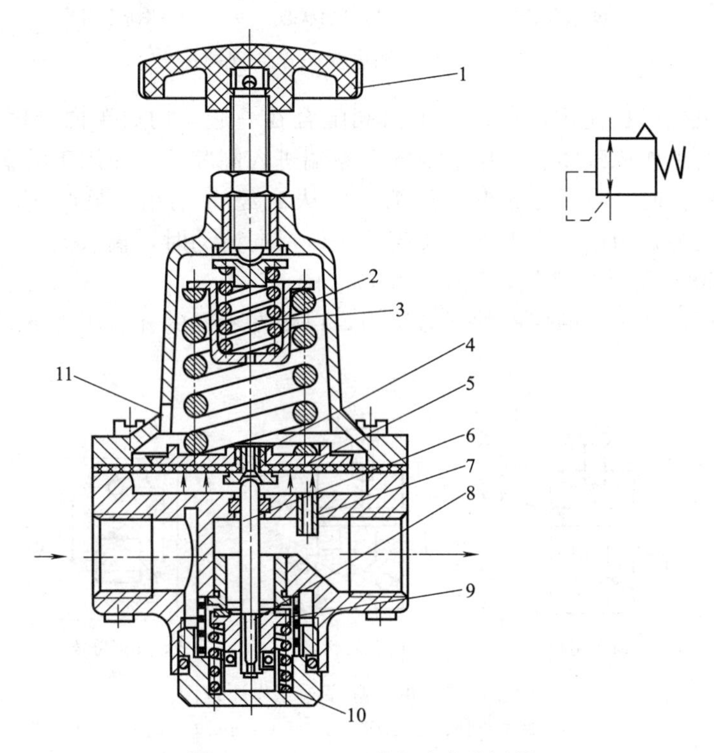

图 4-5-15　QTY 型直动式减压阀

1—调节手柄；2,3—压缩弹簧；4—溢流口；5—膜片；
6—阀杆；7—阻尼管；8—阀芯；9—阀口；10—复位弹簧；11—排气孔

当输入压力发生波动时，如输入压力瞬时升高，输出压力也随之升高，作用于膜片 5 上的气体推力也随之增大，破坏了原来的力的平衡，使膜片 5 向上移动，有少量气体经溢流口 4、排气孔 11 排出。在膜片上移的同时，因复位弹簧 10 的作用，使输出压力下降，直到新的平衡为止。重新平衡后的输出压力又基本上恢复至原值。反之，输出压力瞬时下降，膜片下移，进气口开度增大，节流作用减小，输出压力又基本上回升至原值。

调节手柄 1 使弹簧 2、3 恢复自由状态，输出压力降至零，阀芯 8 在复位弹簧 10 的作用下，关闭进气阀口，这样，减压阀便处于截止状态，无气流输出。

QTY 型直动式减压阀的调压范围为 0.05～0.63MPa。为限制气体流过减压阀所造成的压力损失，规定气体通过阀内通道的流速在 15～25m/s 范围内。

安装减压阀时，要按气流的方向和减压阀上所示的箭头方向，依照分水滤气器→减压阀→油雾器的安装次序进行安装。调压时应由低向高调，直至规定的调压值为止。阀不用时应把手柄放松，以免膜片经常受压变形。

（2）顺序阀　顺序阀是依靠气路中压力的作用而控制执行元件按顺序动作的压力控制阀，如图 4-5-16 所示，它根据弹簧的预压缩量来控制其开启压力。当输入压力达到或超过开启压力时，顶开弹簧，于是 P 到 A 才有输出；反之 A 无输出。

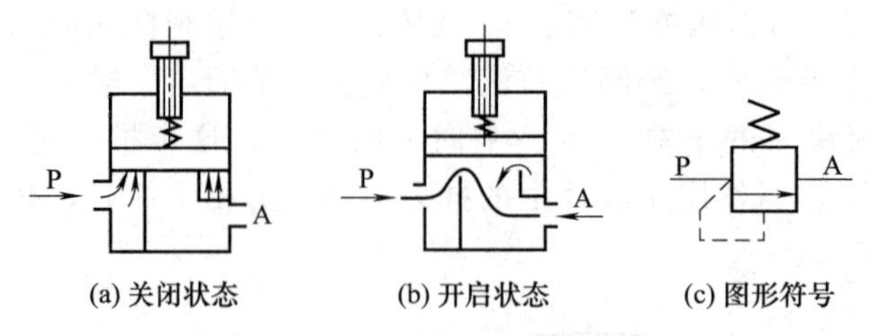

图 4-5-16　顺序阀工作原理图

顺序阀一般很少单独使用，往往与单向阀配合在一起，构成单向顺序阀。图 4-5-17 所示为单向顺序阀的工作原理图。当压缩空气由左端进入阀腔后，作用于活塞 3 上的气压力超过压缩弹簧 3 上的力时，将活塞顶起，压缩空气从 P 经 A 输出，见图 4-5-17（a），此时单向阀 4 在压差力及弹簧力的作用下处于关闭状态。反向流动时，输入侧变成排气口，输出侧压力将顶开单向阀 4 由 O 口排气，见图 4-5-17（b）。

调节旋钮就可改变单向顺序阀的开启压力，以便在不同的开启压力下，控制执行元件的顺序动作。

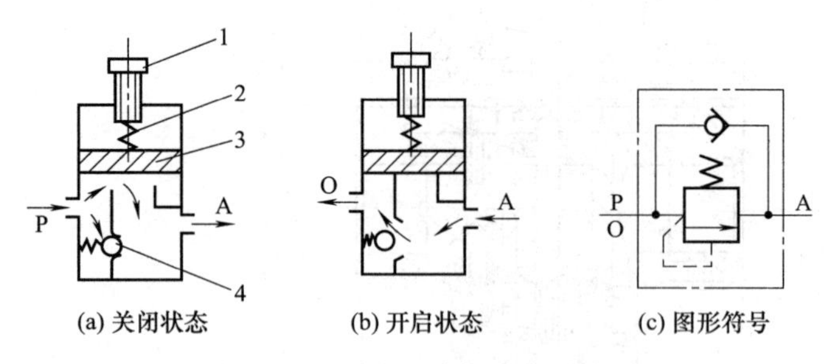

图 4-5-17　单向顺序阀工作原理图

1—调节手柄；2—弹簧；3—活塞；4—单向阀

（3）安全阀　当储气罐或回路中压力超过某调定值，要用安全阀向外放气，安全阀在系统中起过载保护作用。

图 4-5-18 是安全阀工作原理图。当系统中气体压力在调定范围内时，作用在活塞 3 上的压力小于弹簧 2 的力，活塞处于关闭状态，如图 4-5-18（a）所示。当系统压力升高，作用在活塞 3 上的压力大于弹簧的预定压力时，活塞 3 向上移动，阀门开启排气，如图 4-5-18（b）所示。直到系统压力降到调定范围以下，活塞又重新关闭。开启压力的大小与弹簧的

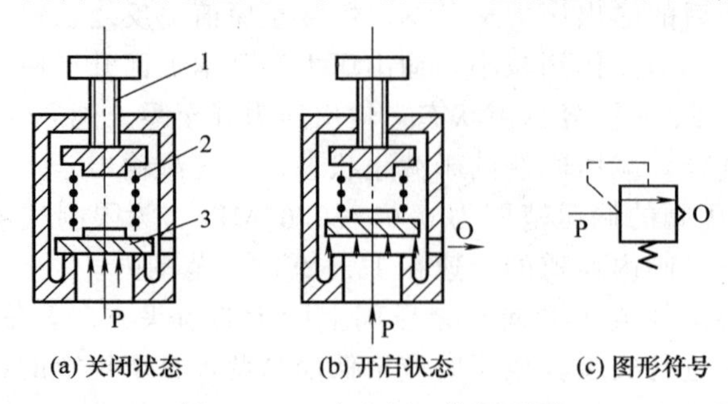

图 4-5-18　安全阀工作原理图

预压量有关。

3. 压力控制阀压力控制回路的组建与分析

组建步骤：

①选取气缸、电磁换向阀、单向节流阀、单向减压阀、气缸等组成压力控制回路。

②将气动元件用管路正确地连接起来。

③操作电磁阀，观察气缸的运动方向和运动速度。

（1）二次压力控制回路组建分析　如图 4-5-19 所示，当电磁阀 1 通电时，左位接入回路，气缸活塞杆向右伸出，气缸无杆腔压力由系统提供；当电磁阀 1 断电时，右位接入，气缸活塞杆向左退回，气缸有杆腔压力由单向减压阀 2 提供。

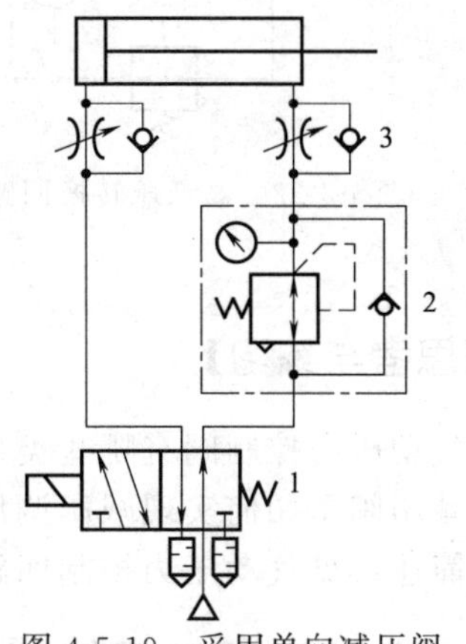

图 4-5-19　采用单向减压阀的双压驱动回路

1—二位五通电磁换向阀；2—单向减压阀；3—单向节流阀

常用二次压力控制回路如图 4-5-20 所示。图 4-5-20（a）由气动三大件组成，主要由溢流减压阀来实现压力控制；图 4-5-20（b）是由减压阀和换向阀构成的对同一系统实现输出高低压力 p_1、p_2 的控制；图 4-5-20（c）是由减压阀来实现对不同系统输出不同压力 p_1、p_2 的控制。为保证气动系统使用的气体压力为一稳定值，多用空气过滤器、减压阀、油雾器（气动三大件）组成的二次压力控制回路，但要注意，供给逻辑元件的压缩空气不要加入润滑油。

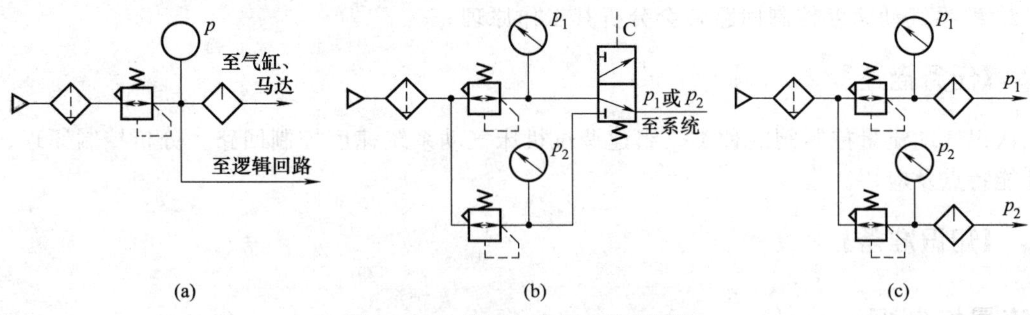

图 4-5-20　常用二次压力控制回路

（2）一次压力控制回路　如图 4-5-21 所示为一次压力控制回路，用于控制储气罐的压力不超过规定的压力值。通常在储气罐上安装一溢流阀 1，当罐内压力超过规定压力可向外放气。也常在储气罐上安装一电接点压力表 2，当罐内压力超过规定压力时，可控制空气压缩机的启停，使储气罐内压力保持在规定范围内。采用溢流阀，结构简单，工作可靠，但气量浪费大；采用电接点压力表对电动机及控制要求较高，常用于对小型空压机的控制。

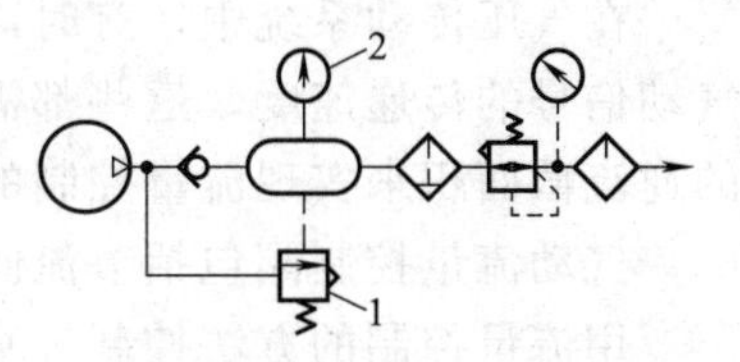

图 4-5-21　一次压力控制回路

1—溢流阀；2—电接点压力表

（3）高低压转换回路　如图 4-5-22 所示为高低压转换回路。此回路利用两个减压阀和一个换向阀，或输出低压或高压气源。若去掉换向阀，就可同时输出高、低压两种压缩空气。

（4）增压回路　如图 4-5-23 所示为气液增压缸增压回路。是利用气液增压缸 1 把较低的气压变为较高的液压力，使气液缸 2 的活塞在高压下向右运动。

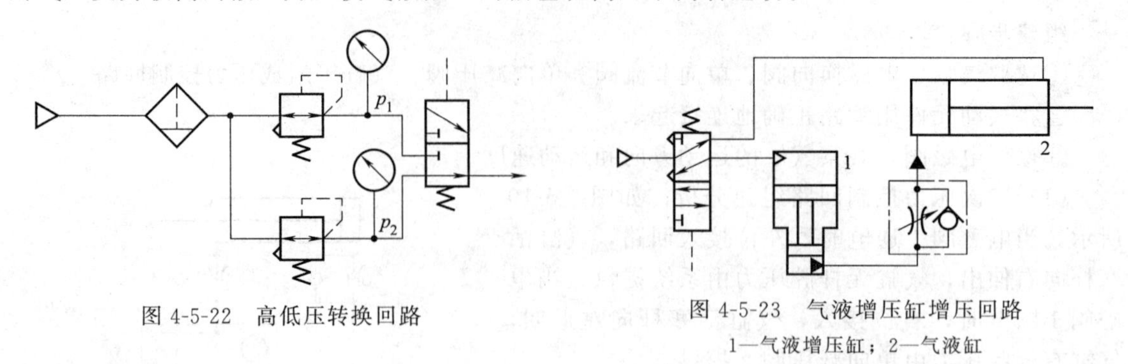

图 4-5-22　高低压转换回路

图 4-5-23　气液增压缸增压回路
1—气液增压缸；2—气液缸

【思考与练习】

1. 气动压力控制阀有哪些类型？各自具有什么功能？图形符号有什么区别？
2. 减压阀是如何实现减压调压的？
3. 简述常见气动压力控制回路及其功用。

子任务 3　机床气动系统流量控制阀与速度控制回路的组建与分析

【任务目标】

1. 了解常用气动流量控制阀的种类及应用场合。
2. 熟悉气动速度控制回路，会分析其工作原理。

【任务描述】

认识气动流量控制阀的种类，组建调试机床气动系统速度控制回路，分析控制原理、回路性能特点及应用。

【知识准备】

1. 流量控制阀

在气压传动系统中，有时需要控制气缸的运动速度，有时需要控制换向阀的切换时间和气动信号的传递速度，这些都需要调节压缩空气的流量来实现。流量控制阀就是通过改变阀的通流截面积来实现流量控制的元件。

气动流量控制阀包括节流阀、单向节流阀、排气节流阀和快速排气阀等。

用流量控制的方法控制气缸内活塞的运动速度，采用气动比采用液压困难。特别是在极低速控制中，要按照预定行程变化来控制速度，只用气动很难实现。在外部负载变化很大时，仅用气动流量阀也不会得到满意的调速效果。为提高其运动平稳性，建议采用气液联动。

气液联动是以气压为动力，利用气液转换器把气压传动变为液压传动，或采用气液阻尼缸来获得更为平稳的和更为有效地控制运动速度的气压传动，或使用气液增压器来使传动力增大等。气液联动回路装置简单，经济可靠。

2. 速度控制回路

气动系统使用的功率都不大，所以调速方法主要是节流调速。主要有单向调速回路、双向调速回路、气液调速回路、速度换接回路、缓冲回路。

【任务实施】

1. 场地与设备

（1）场地　液压实训室、实训基地。

（2）设备　气动综合实验台。

2. 气动流量控制阀的认识

（1）节流阀　图 4-5-24 所示为圆柱斜切型节流阀的结构。压缩空气由 P 口进入，经过节流后，由 A 口流出。旋转阀芯螺杆，就可改变节流口的开度，这样就调节了压缩空气的流量。由于这种节流阀的结构简单、体积小，故应用范围较广。

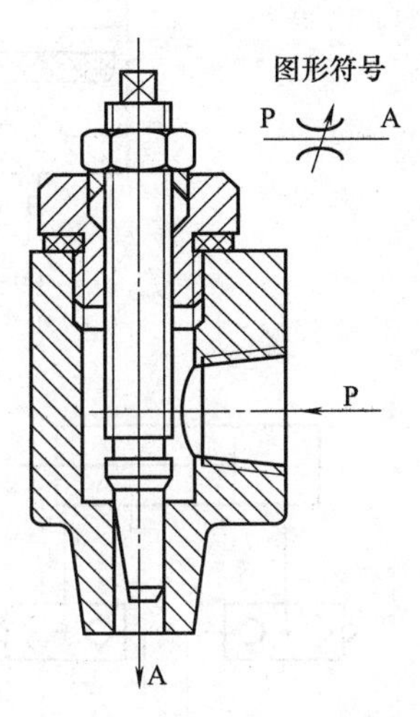

图 4-5-24　节流阀工作原理图

（2）单向节流阀　单向节流阀是由单向阀和节流阀并联而成的组合式流量控制阀，如图 4-5-25 所示。当气流沿着一个方向，例如 P→A［见图 4-5-25（a）］流动时，经过节流阀节流；反方向［见图 4-5-25（b）］流动，由 A→P 时单向阀打开，不节流，单向节流阀常用于气缸的调速和延时回路。

（3）排气节流阀　排气节流阀是装在执行元件的排气口处，调节进入大气中气体流量的一种控制阀。它不仅能调节执行元件的运动速度，还常带有消声器件，所以也能起降低排气噪声的作用。

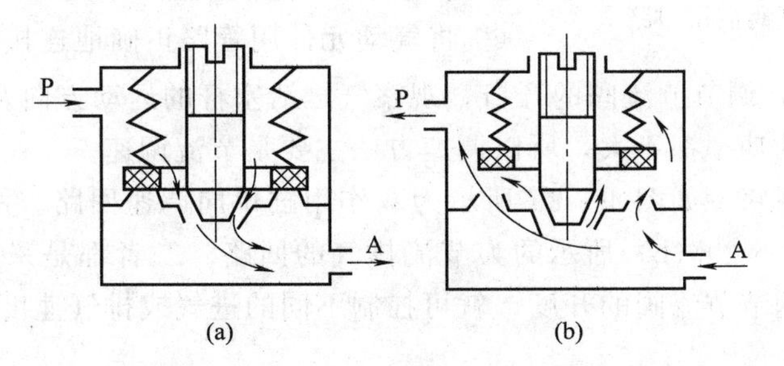

图 4-5-25　单向节流阀工作原理图

图 4-5-26 为排气节流阀工作原理图。其工作原理和节流阀类似，靠调节节流口 1 处的通流面积来调节排气流量，由消声套 2 来减小排气噪声。

（4）快速排气阀　图 4-5-27 为快速排气阀工作原理图。进气口 P 进入压缩空气，并将密封活塞迅速上推，开启阀口 2，同时关闭排气口 O，使进气口 P 和工作口 A 相通［见图 4-5-27（a）］。图 4-5-27（b）是 P 口没有压缩空气进入时，在 A 口和 P 口压差作用下，密封活塞迅速下降，关闭 P 口，使 A 口通过 O 口快速排气。

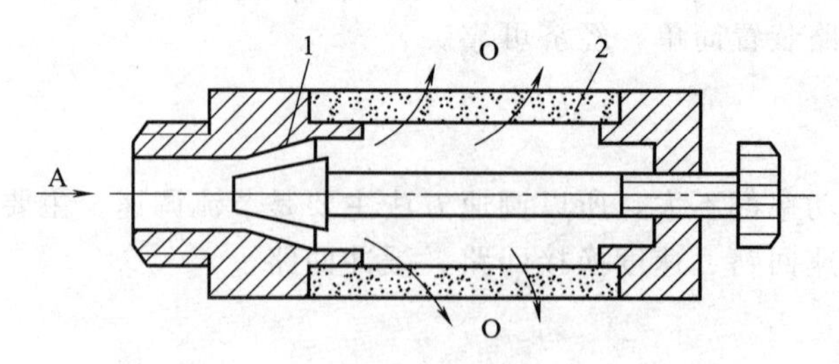

图 4-5-26　排气节流阀工作原理图

1—节流口；2—消声套

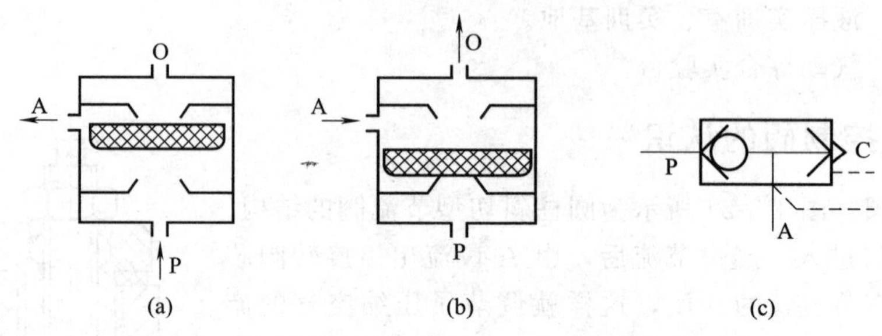

图 4-5-27　快速排气阀工作原理图

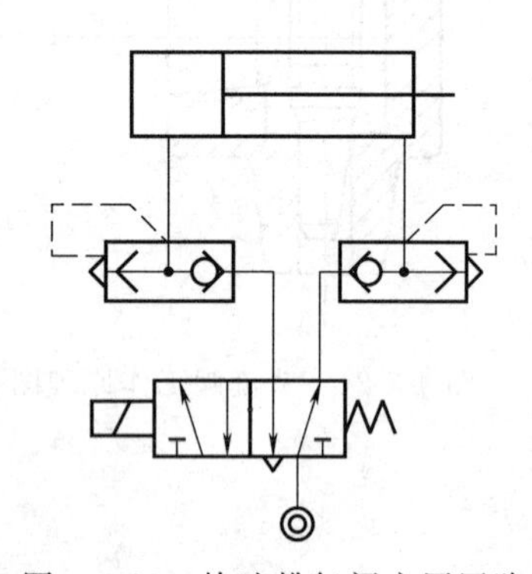

图 4-5-28　快速排气阀应用回路

快速排气阀常安装在换向阀和气缸之间。图 4-5-28 为快速排气阀在回路中的应用。它使气缸的排气不用通过换向阀而快速排出，从而加速了气缸往复的运动速度，缩短了工作周期。

3. 速度控制回路的组建与分析

组建步骤：

① 选取电磁换向阀、快速排气阀、单向节流阀和单出杆气缸等气动元件组成调速回路。

② 将气动元件用管路正确地连接起来。

③ 操作电磁阀，调节节流阀的开口，观察气缸活塞杆的运动方向及运动速度变化。

气动系统使用的功率都不大，所以调速方法主要是节流调速。

（1）单向调速回路　如图 4-5-29 所示为双作用缸单向调速回路。图 4-5-29（a）为供气节流调速回路，图 4-5-29（b）所示的为节流排气的回路。二者都是采用单向节流阀，控制供气量或排气量。调节节流阀的开度，就可控制不同的进气或排气速度，也就控制了活塞的运动速度。

（2）双向调速回路　图 4-5-30 为双向节流调速回路。在气缸的进、排气口都安装节流阀，就可控制活塞的两个方向上的速度。图 4-5-30（a）所示为采用单向节流阀式的双向节流调速回路。图 4-5-30（b）所示为采用排气节流阀的双向节流调速回路。

（3）气液调速回路　如图 4-5-31 所示，当电磁阀处于下位接通时，气压作用在气缸无杆腔活塞上，有杆腔内的液压油经机控换向阀进入气液转换器，活塞杆快速伸出。当活塞杆压下机控换向阀时，有杆腔油液只能通过节流阀到气液转换器，从而使活塞杆伸出速度减慢，而当电磁阀处于上位时，活塞杆快速返回。此回路可实现快进、工进、快退工况。因

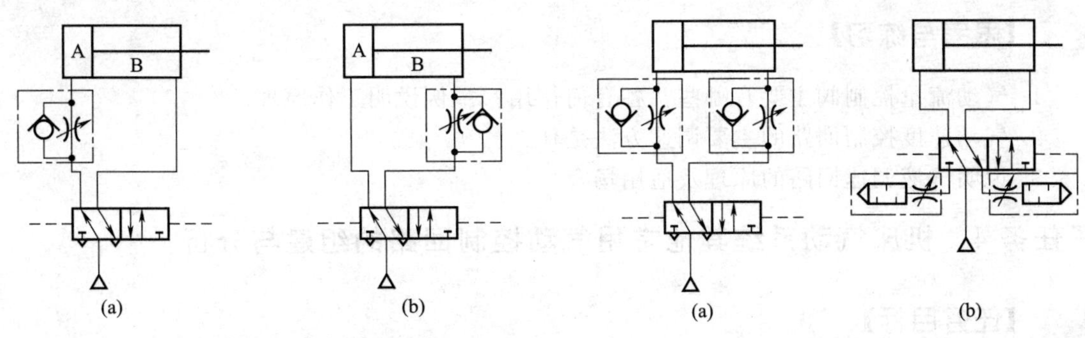

图 4-5-29　双作用缸单向调速回路　　　　图 4-5-30　双向节流调速回路

此，在要求气缸具有准确而平稳的速度时（尤其是在负载变化较大场合），就要采用气液相结合的调速方式。

（4）速度换接回路　如图 4-5-32 所示，利用两个二位二通阀与单向节流阀并联，当撞块压下行程开关时，发出电信号，使二位二通阀换向，改变排气通路，从而使气缸速度改变。行程开关的位置，可根据需要选定。图中二位二通阀也可改用行程阀。

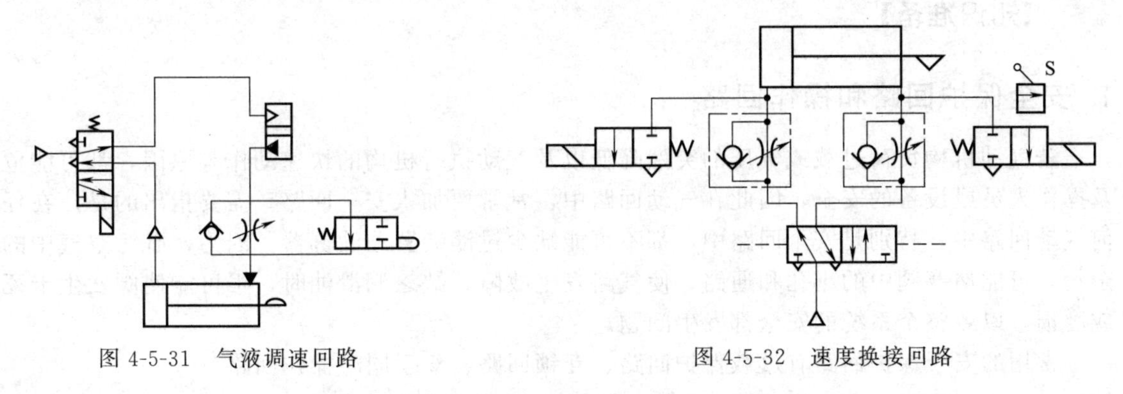

图 4-5-31　气液调速回路　　　　图 4-5-32　速度换接回路

（5）缓冲回路　要获得气缸行程末端的缓冲，除采用带缓冲的气缸外，特别在行程长、速度快、惯性大的情况下，往往需要采用缓冲回路来满足气缸运动速度的要求，常用的方法如图 4-5-33 所示。图 4-5-33（a）所示回路能实现快进—慢进缓冲—停止快退的循环，行程阀可根据需要来调整缓冲开始位置，这种回路常用于惯性力大的场合。图 4-5-33（b）所示回路，当活塞返回到行程末端时，其左腔压力已降至顺序阀 2 规定的压力以下，余气只能经节流阀 1 排出，因此活塞得到缓冲，若两侧均安装此回路，可实现双向缓冲。

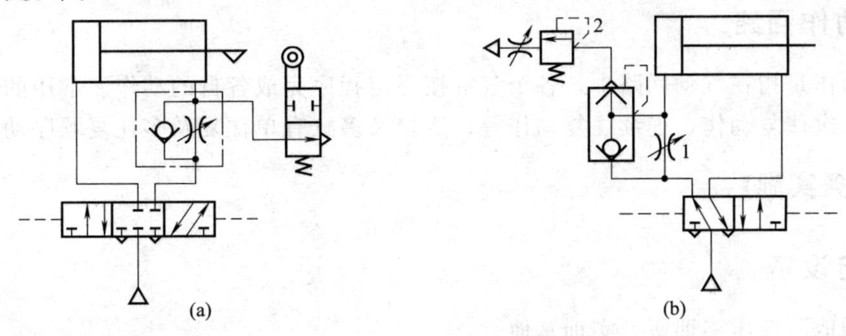

图 4-5-33　缓冲回路

【思考与练习】

1. 气动流量控制阀主要有哪些？各有何作用？举例说明工作原理。

2. 气动速度控制回路的主要调速方法是什么？

3. 说明气液调速回路的原理及适用场合。

子任务4　机床气动系统其他常用气动控制回路的组建与分析

【任务目标】

1. 了解常用其他气动控制回路的原理及应用场合。

2. 熟悉气动速度控制回路，会分析其工作原理。

【任务描述】

组建调试机床气动系统其他常用气动控制回路，分析控制原理、回路性能特点及应用。

【知识准备】

1. 安全保护回路和操作回路

若气动机构负荷过载或气压的突然降低以及气动执行机构的快速动作等原因，都可能危及操作人员或设备的安全，因此在气动回路中，常常要加入安全回路。需要指出的是，在任何气动回路中，特别是安全回路中，都不可能缺少过滤装置和油雾器。因为，脏污空气中的杂物，可能堵塞阀中的小孔和通路，使气路发生故障。缺乏润滑油时，很可能使阀发生卡死或磨损，以致整个系统的安全都发生问题。

常用的安全保护回路有过载保护回路、互锁回路、双手同时操作回路。

2. 延时回路

利用阻容回路形成的时间控制单往复回路。

3. 气液缸同步动作回路

采用将油液密封在回路之中，油路和气路串接，同时驱动两个缸，使两缸运动速度相同。

4. 顺序动作回路

顺序动作是指在气动回路中，各个气缸按一定程序完成各自的动作。常用的有单缸单往复动作、二次往复动作、连续往复动作等；双缸及多缸有单往复及多往复顺序动作等。

【任务实施】

1. 场地与设备

(1) 场地　液压实训室、实训基地。

(2) 设备　气动综合实验台。

2. 机床气动系统其他常用基本回路的组建与分析

组建步骤：

① 选取换向阀、单出杆气缸等气动元件组成换向回路。

② 将气动元件用管路正确地连接起来。

③ 操作电磁阀，观察气缸的运动方向。

（1）常用的安全保护回路

① 过载保护回路　如图 4-5-34 所示为过载保护回路。按下手动换向阀 1，在活塞杆伸出的过程中，若遇到障碍物 6，无杆腔压力升高，打开顺序阀 3，使阀 2 换向，阀 4 随即复位，活塞立即退回，实现过载保护。若无障碍物 6，气缸向前运动时压下阀 5，活塞即刻返回。

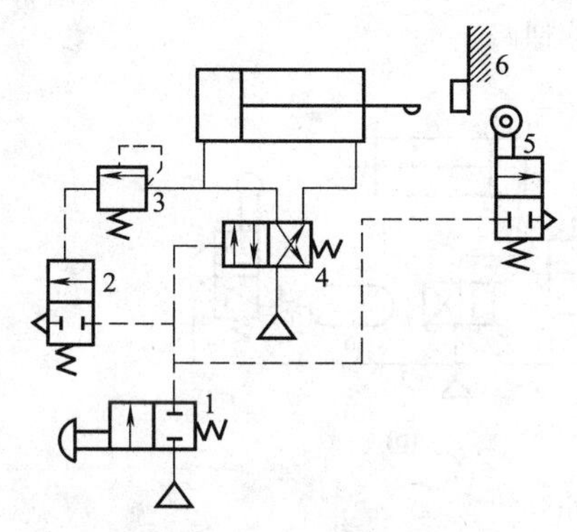

图 4-5-34　过载保护回路

1—手动换向阀；2—气控换向阀；3—顺序阀；
4—二位四通换向阀；5—机控换向阀；6—障碍物

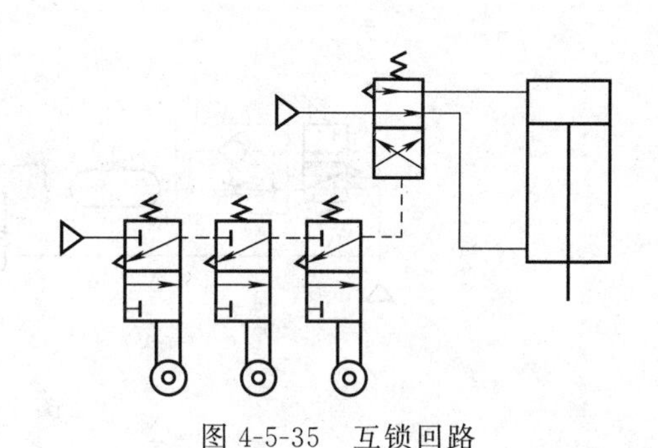

图 4-5-35　互锁回路

② 互锁回路　如图 4-5-35 所示为互锁回路。此回路中，四通阀的换向受三个串联的机动三通阀控制，只有三个阀都接通，主阀才能换向。

③ 双手同时操作回路　所谓双手同时操作回路就是使用两个启动阀的手动阀，只有同时按动两个阀才动作的回路。这种回路可确保安全，常用在锻造、冲压机械上，可避免产生误动作，以保护操作者的安全。

如图 4-5-36 所示为双手同时操作回路。图 4-5-36（a）为使用逻辑“与”回路，为使主控阀 3 换向，必须使压缩空气信号进入阀 3 左侧，为此必须使两只三通手动阀 1 和 2 同时换向，而且，这两只阀必须安装在单手不能同时操作的位置上。在操作时，如任何一只手离开时则控制信号消失，主控阀复位，则活塞杆后退。图 4-5-36（b）所示的是使用三位主控阀的双手同时操作回路。把此主控阀 1 的信号 A 作为手动阀 2 和 3 的逻辑“与”回路，亦即只有手动阀 2 和 3 同时动作时，主控阀 1 换向到上位，活塞杆前进；把信号 B 作为手动阀 2 和 3 的逻辑“或非”回路，即当手动阀 2 和 3 同时松开时（图示位置），主控制阀 1 换向到下位，活塞杆返回，若手动阀 2 或 3 任何一个动作，将使主控阀复位到中位，活塞杆处于停止状态。

（2）延时回路　如图 4-5-37 所示为延时回路。图 4-5-37（a）为延时输出回路，当控制信号切换阀 4 后，压缩空气经单向节流阀 3 向储气罐 2 充气。当充气压力经过延时升高致使阀 1 换位时，阀 1 就有输出。图 4-5-37（b）为延时接通回路，按下阀 8，则气缸向外伸出，当气缸在伸出行程中压下阀 5 后，压缩空气经节流阀到储气罐 6，延时后才将阀 7 切换，气

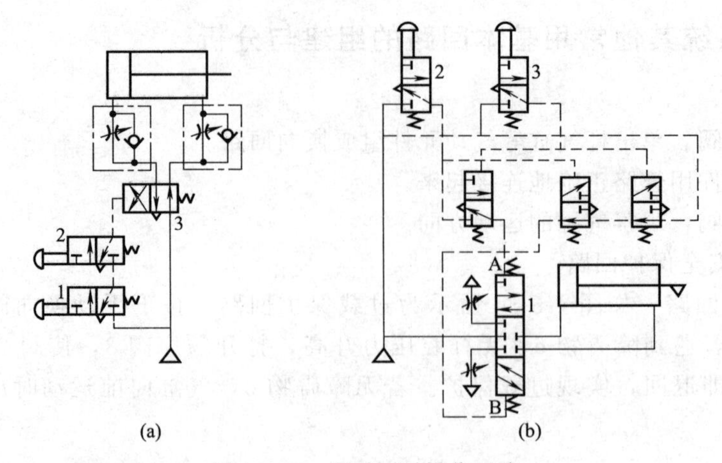

图 4-5-36　双手同时操作回路

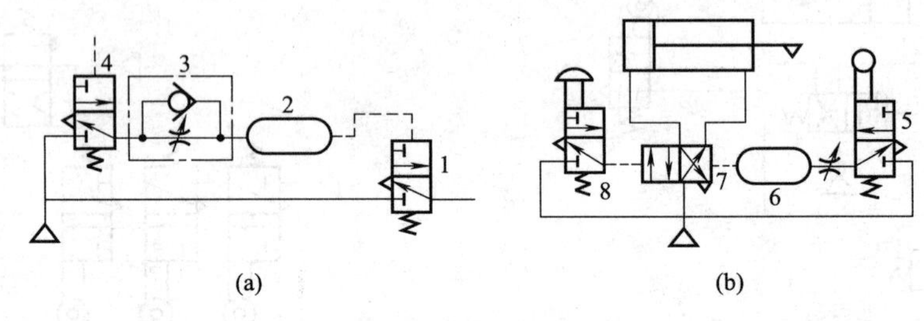

图 4-5-37　延时回路

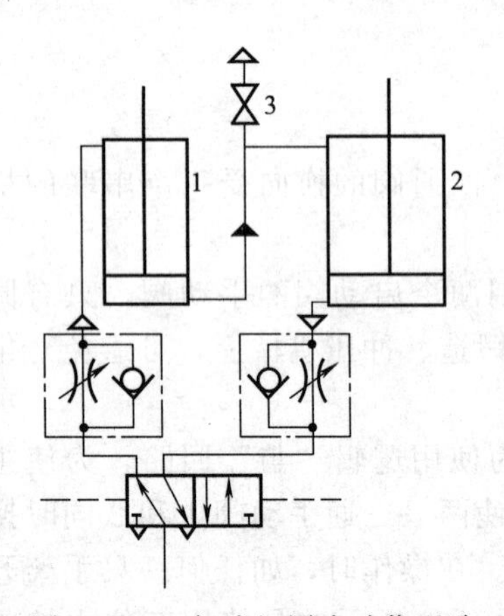

图 4-5-38　气液缸同步动作回路

缸退回。

(3) 气液缸同步动作回路　如图 4-5-38 所示为气液缸同步动作回路。缸 1 下腔和缸 2 下腔串连，并注入液压油，要求缸 1 无杆腔的有效面积必须和缸 2 的有杆腔面积相等，可使两缸运动速度同步。回路中的截止阀 3 与放气口相接，用于放掉混入油液中的气体。

(4) 顺序动作回路　顺序动作是指在气动回路中，各个气缸按一定顺序完成各自的动作。例如，单缸有单往复动作、二次往复动作和连续往复动作等；多缸按一定顺序进行单往复或多往复顺序动作等。

① 单缸往复动作回路　图 4-5-39 所示为三种单往复动作回路。图 4-5-39 (a) 是行程阀控制的单往复回路，当按下阀 1 的手动按钮后压缩空气使阀 3 换向，活塞杆向前伸出，当活塞杆上的挡铁碰到行程阀 2 时，阀 3 复位，活塞杆返回。图 4-5-39 (b) 是压力控制的往复动作回路，当按下阀 1 的手动按钮后，阀 3 阀芯右移，气缸无杆腔进气使活塞杆伸出（右行），同时气压还作用在顺序阀 4 上。当活塞到达终点后，无杆腔压力升高并打开顺序阀，使阀 3 又切换至右位，活塞杆就缩回（左行）。图 4-5-39 (c) 是利用延时回路形成的时间控制单往复动作回路，当按下阀 1 的手动按钮后，阀 3 换向，气缸活塞杆伸出，当压下行程阀 2 后，延时一段时间后，阀 3 才能换向，然后活塞杆再缩回。由以上可知，在单往复动作回路中，每按下一次按钮，气缸就完成一次往复动作。

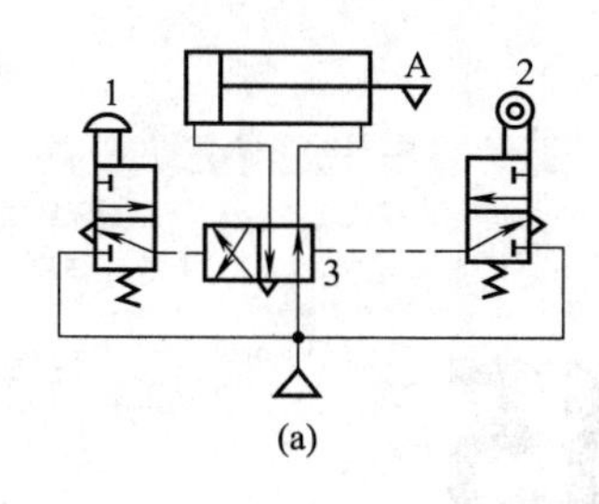

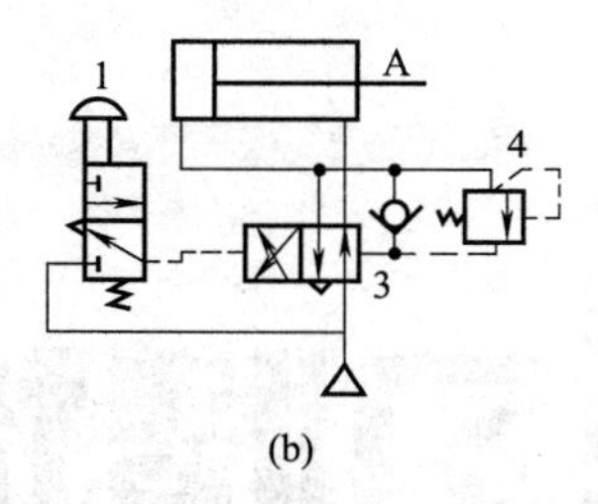

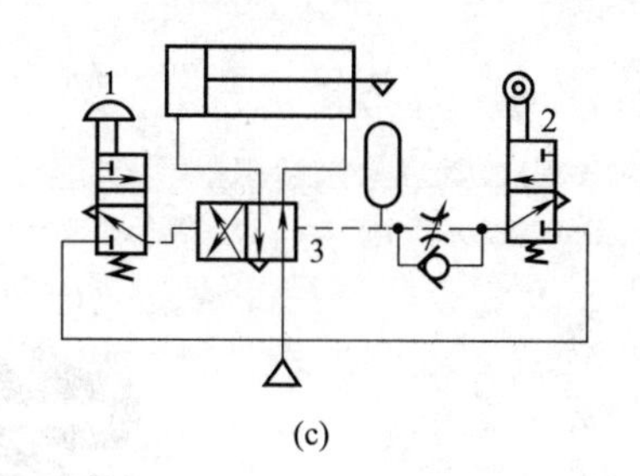

图 4-5-39 单缸往复动作回路

② 连续往复动作回路 图 4-5-40 所示为连续往复动作回路，能完成连续的动作循环。当按下阀 1 的按钮后，阀 4 换向，活塞向前运动，这时由于阀 3 复位而将气路封闭，使阀 4 不能复位，活塞继续前进。到行程终点压下行程阀 2，使阀 4 控制气路排气，在弹簧作用下阀 4 复位，气缸返回，在终点压下阀 3，在控制压力下阀 4 又被切换到左位，活塞再次前进。就这样一直连续往复，只有提起阀 1 的按钮后，阀 4 复位，活塞返回而停止运动。

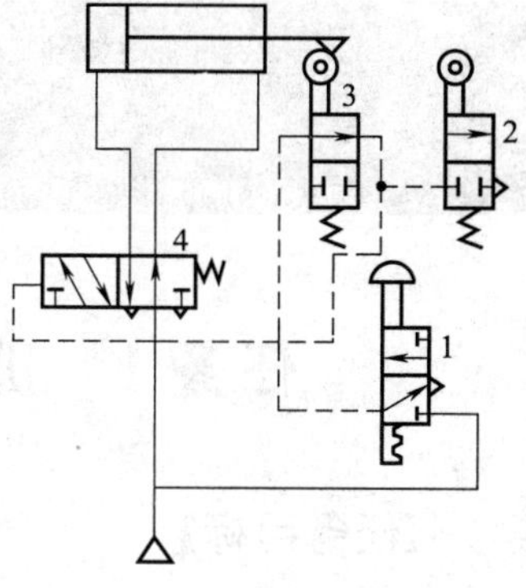

图 4-5-40 连续往复动作回路

【思考与练习】

1. 什么是延时回路？它相当于电气元件中的什么元件？
2. 说明气液阻尼缸的速度控制回路原理及回路的特点。
3. 如题 3 图中的双手操作回路为什么能起到保护操作者的作用？

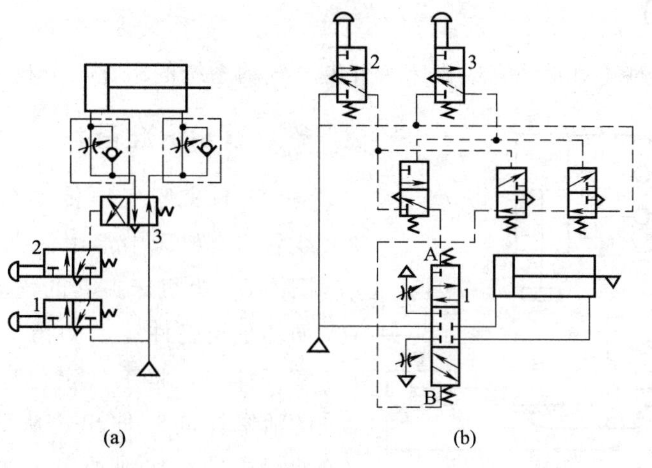

题 3 图

学习情境5

典型气动系统分析

任务1 机床工件夹紧气动系统组建与分析

【任务目标】

1. 掌握机床工件夹紧气动系统的工作原理和特点。
2. 分析机床工件夹紧气动系统所使用的元件及在该系统中的作用。
3. 根据图纸完成机床工件夹紧气动系统的组建。

【任务描述】

用实验台配置的气动元件完成机床工件夹紧气动系统的组建，分析工作原理和特点。

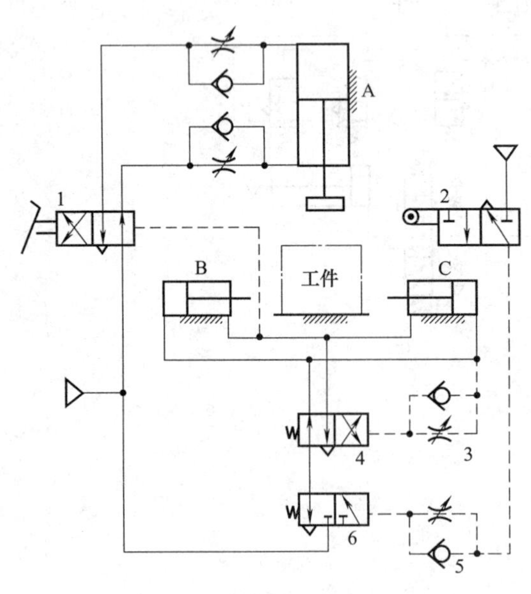

图 5-1-1 机床夹具的气动夹紧系统
1—脚踏阀；2—行程阀；3,5—单向节流阀；4,6—换向阀

【知识准备】

工件夹紧气压传动系统是机械加工自动线和组合机床中常用的夹紧装置的驱动系统。图 5-1-1 为机床夹具的气动夹紧系统，其动作循环是当工件运动到指定位置后，气缸 A 活塞杆伸出，将工件定位后两侧的气缸 B 和 C 的活塞杆同时伸出，从两侧面对工件夹紧，然后再进行切削加工，加工完后各夹紧缸退回，将工件松开。

【任务实施】

1. 场地与设备

（1）场地　液压实训室、实训基地。

（2）设备　气动综合实验台及相关辅助元件。

2. 机床工件夹紧气动系统组建与分析

（1）组建步骤

① 根据图纸选用相应的气动元件。

② 将气动元件用管路正确地连接起来。

③ 操作气动控制阀测试系统功能。

（2）工作原理分析

用脚踏下阀 1，压缩空气进入缸 A 的上腔。使活塞下降定位工件；当压下行程阀 2 时，压缩空气经单向节流阀 5 使二位三通气控换向阀 6 换向（调节节流阀开口可以控制阀 6 的延时接通时间），压缩空气通过阀 4 进入两侧气缸 B 和 C 的无杆腔，使活塞杆前进而夹紧工件。然后钻头开始钻孔，同时流过换向阀 4 的一部分压缩空气经过单向节流阀 3 进入换向阀 4 右端，经过一段时间（由节流阀控制）后换向阀 4 右位接通，两侧气缸后退到原来位置。同时，一部分压缩空气作为信号进入脚踏阀 1 的右端，使阀 1 右位接通，压缩空气进入缸 A 的下腔，使活塞杆退回原位。活塞杆上升的同时使机动行程阀 2 复位，气控换向阀 6 也复位（此时主阀 3 右位接通），由于气缸 B、C 的无杆腔通过阀 6、阀 4 排气，换向阀 6 自动复位到左位，完成一个工作循环。该回路只有再踏下脚踏阀 1 才能开始下一个工作循环。

【思考与练习】

在工件夹紧气压传动系统中，工件夹紧的时间是怎样调节的？

任务2　气动机械手气压传动系统组建与分析

【任务目标】

1. 掌握机床工件夹紧气动系统的工作原理和特点。
2. 分析机床工件夹紧气动系统所使用的元件及在该系统中的作用。
3. 根据图纸完成机床工件夹紧气动系统的组建。

【任务描述】

用实验台配置的气动元件完成机床工件夹紧气动系统的组建，分析工作原理和特点。

【知识准备】

气动机械手是机械手的一种，它具有结构简单、重量轻、动作迅速、平稳可靠、不污染工作环境、成本低等优点。并可以根据各种自动化设备的工作需要，按照设定的控制程序动作。因此，它在自动生产设备和生产线上被广泛采用。图 5-2-1 为一种简单的可移动式气动机械手的结构示意图。它由 A、B、C、D 四个气缸组成，

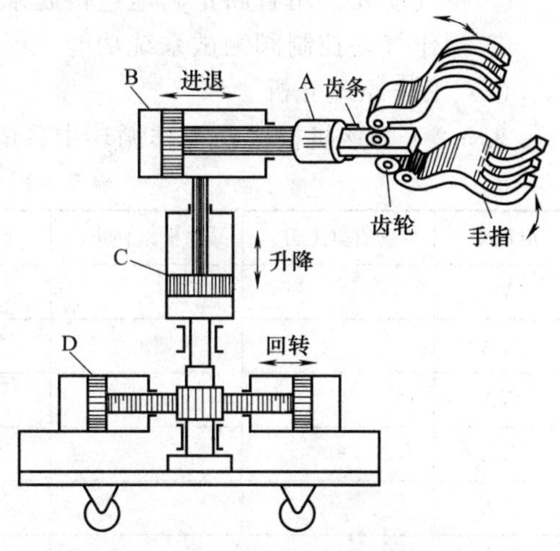

图 5-2-1　气动机械手的结构示意图

能实现手指夹持、手臂伸缩、立柱升降、回转四个动作。

图 5-2-2 为通用机械手的气动系统工作原理图（手指部分为真空吸头，即 A 气缸部分），要求其工作循环为立柱上升→伸臂→立柱顺时针转→真空吸头取工件→立柱逆时针转→缩臂→立柱下降。

三个气缸均有三位四通双电控换向阀 1、2、7 和单向节流阀 3、4、5、6 组成换向、调速回路。各气缸的行程位置均有电气行程开关进行控制。

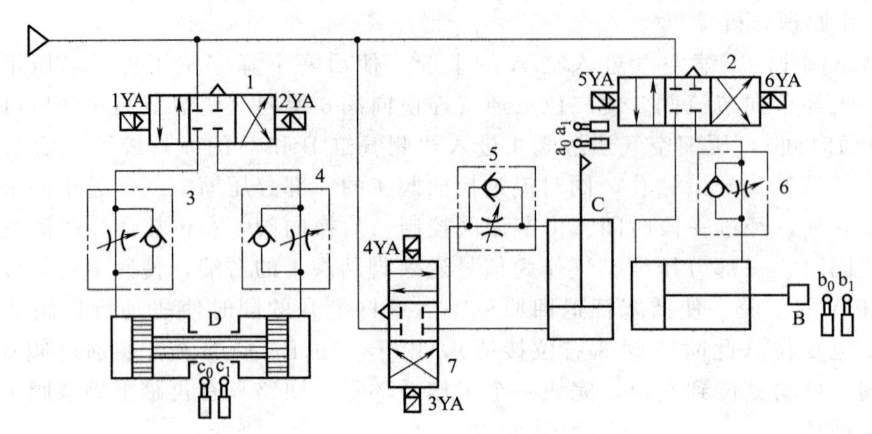

图 5-2-2　通用机械手的气动系统工作原理图

【任务实施】

1. 场地与设备

（1）场地　液压实训室、实训基地。

（2）设备　气动综合实验台及相关辅助元件。

2. 机械手气动系统组建与分析

（1）组建步骤

① 根据图纸选用相应的气动元件。

② 将气动元件用管路正确地连接起来。

③ 操作气动控制阀测试系统功能。

（2）工作原理分析

表 5-2-1 为该机械手在工作循环中各电磁铁的动作顺序表。

表 5-2-1　电磁铁动作顺序表

电磁铁	垂直缸上升	水平缸伸出	回转缸转位	回转缸复位	水平缸退回	垂直缸下降
1YA			+	−		
2YA				+	−	
3YA						+
4YA	+	−				
5YA		+	−			
6YA					+	−

下面结合表5-2-1来分析工作循环。

按下它的启动按钮，4YA通电，阀7处于上位，压缩空气进入垂直气缸C下腔，活塞杆上升。

当缸C活塞上的挡块碰到电气行程开关a_1时，4YA断电，5YA通电，阀2处于左位，水平气缸B活塞杆伸出，带动真空吸头进入工作点并吸取工件。

当缸B活塞上的挡块碰到电气开关b_1时，5YA断电，1YA通电，阀1处于左位，回转缸D顺时针方向回转，使真空吸头进入下料点下料。

当回转缸D活塞杆上的挡块压下电器行程开关c_1时，1YA断电，2YA通电，阀1处于右位，回转缸b复位。

回转缸复位时，其上挡块碰到电气程开关c_0时，6YA通电，2YA断电，阀2处于右位，水平缸B活塞杆退回。

水平缸退回时，挡块碰到b_0，6YA断电，3YA通电，阀7处于下位，垂直缸活塞杆下降，到原位时，碰上电气行程开关a_0，3YA断电，至此完成一个工作循环，如再给启动信号。可进行同样的工作循环。

根据需要只要改变电气行程开关的位置，调节单向节流阀的开度，即可改变各气缸的运动速度和行程。

【思考与练习】

在图5-2-1中，要求该机械手的工作循环是：立柱下降→伸臂→立柱逆时针转→(真空吸头取工件)→立柱顺时针转→缩臂→立柱上升。试画出电磁铁动作顺序表，分析它的工作循环。

任务3 数控加工中心气动换刀系统组建与分析

【任务目标】

1. 掌握数控加工中心气动换刀系统的工作原理和特点。
2. 分析数控加工中心气动换刀系统所使用的元件及在该系统中的作用。
3. 根据图纸完成数控加工中心气动换刀系统的组建。

【任务描述】

用实验台配置的气动元件完成数控加工中心气动换刀系统的组建，分析工作原理和特点。

【知识准备】

图5-3-1所示为某数控加工中心气动系统原理图，该系统主要实现加工中心的自动换刀功能，在换刀过程中实现主轴定位、主轴松刀、拔刀、向主轴锥孔吹气排屑和插刀动作。

【任务实施】

1. 场地与设备

(1) 场地　液压实训室、实训基地。

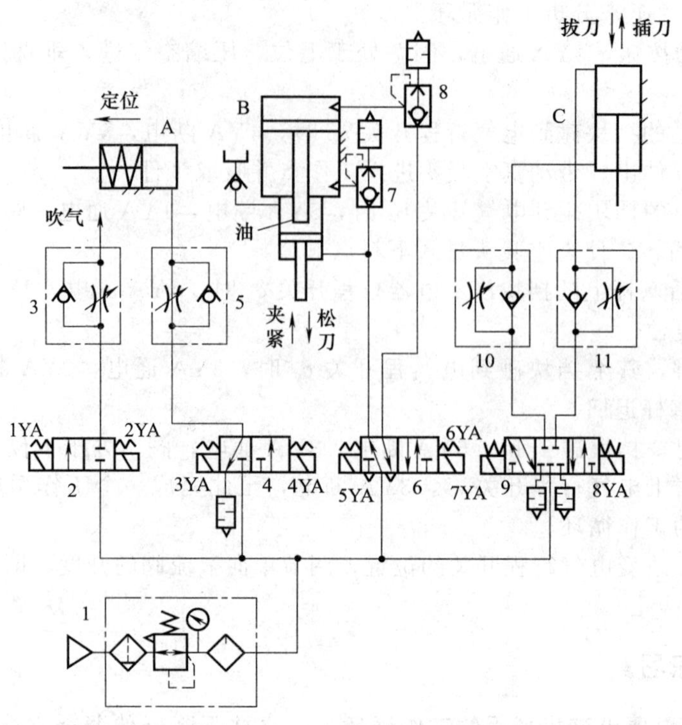

图 5-3-1　数控加工中心气动系统原理图

（2）设备　气动综合实验台。

2. 数控加工中心气动换刀系统组建与分析

（1）组建步骤

① 根据图纸选用相应的气动元件。

② 将气动元件用管路正确地连接起来。

③ 操作气动控制阀测试系统功能。

（2）工作原理分析

当数控系统发出换刀指令时，主轴停止旋转，同时 4YA 通电，压缩空气经气动三联件 1、换向阀 4、单向节流阀 5 进入主轴定位缸 A 的右腔，缸 A 的活塞左移，使主轴自动定位。定位后压下开关，使 6YA 通电，压缩空气经换向阀 6、快速排气阀 8 进入气液增压器 B 的上腔，增压腔的高压油使活塞伸出，实现主轴松刀，同时使 8YA 通电，压缩空气经换向阀 9、单向节流阀 11 进入缸 C 的上腔，缸 C 下腔排气，活塞下移实现拔刀。由回转刀库交换刀具，同时 1YA 通电，压缩空气经换向阀 2、单向节流阀 3 向主轴锥孔吹气。稍后 1YA 断电、2YA 通电，停止吹气，8YA 断电、7YA 通电，压缩空气经换向阀 9、单向节流阀 10 进入缸 C 的下腔，活塞上移，实现插刀动作。6YA 断电、5YA 通电，压缩空气经阀 6 进入气液增压器 B 的下腔，使活塞退回，主轴的机械机构使刀具夹紧。4YA 断电、3YA 通电，缸 A 的活塞在弹簧力的作用下复位，回复到开始状态，换刀结束。

【思考与练习】

简述数控加工中心气动系统工作原理。

附　录

液压与气压传动常用图形符号（摘自GB/T 786.1—2009）

附表1　基本要素、功能要素、管路及连接

描述	图形	描述	图形
供油管路，回油管路元件外壳和外壳符号		组合元件框线	
内部和外部先导（控制）管路，泄油管路，冲洗管路，放气管路		两个流体管路的连接	0.75M
两个流体管路的连接（在一个符号内表示）	0.5M	软管管路	2.5M 4M
封闭管路或接口	1M 1M	流体流过阀的路径和方向	4M 4M
流体流过阀的路径和方向	4M 2M 4M 2M	阀内部的流动路径	2M 4M 2M 2M 2M

续表

描述	图形	描述	图形
阀内部的流动路径	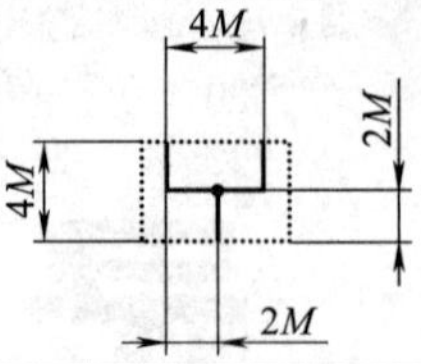 4M 2M 4M 2M	阀内部的流动路径	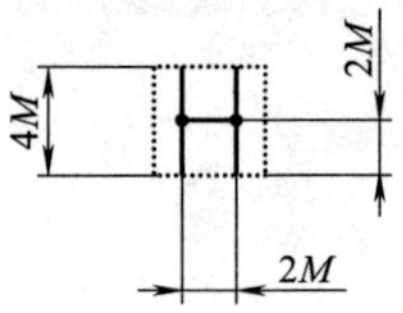 2M 4M 2M
阀内部的流动路径	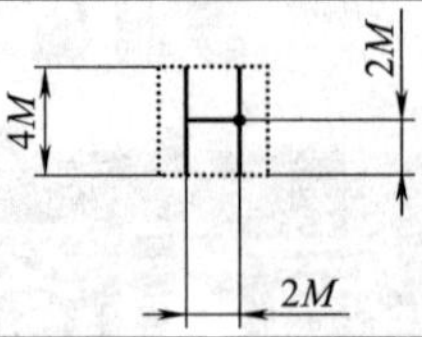 2M 4M 2M	流体流动的方向	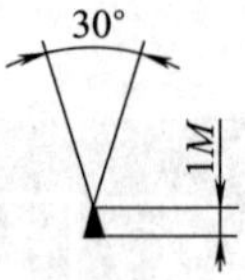 30° 1M
缸的活塞	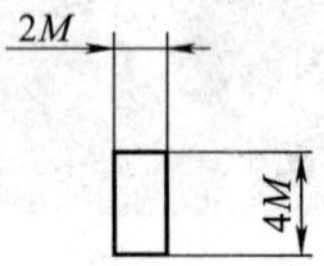 2M 4M	活塞杆	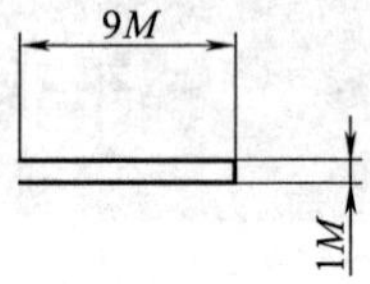 9M 1M
元件：压力容器；蓄能器；波纹管执行	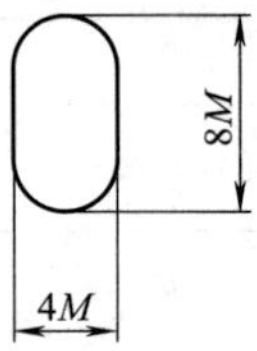 8M 4M	液压源	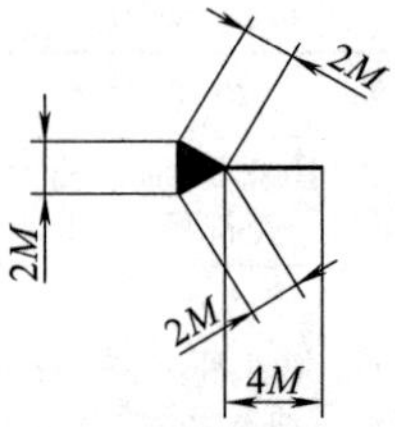 2M 2M 2M 4M
回到油箱	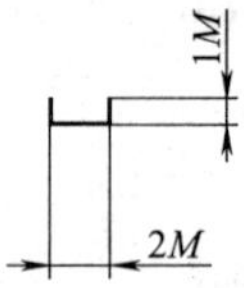 1M 2M	两条管路交叉没有节点，表明它们之间没有连接	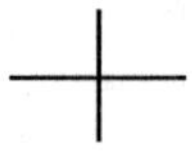

附表 2 控制机构和控制方法

描述	图形	描述	图形
带有分离把手和定位销的控制机构	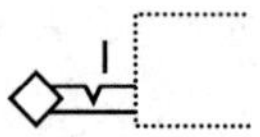	具有可调行程限制装置的顶杆	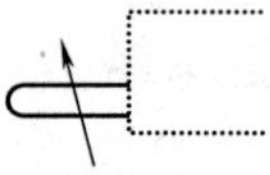
带有定位装置的推拉控制机构	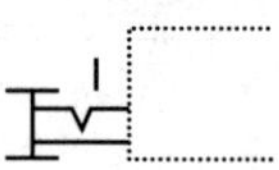	手动锁定控制机构	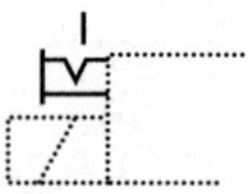
具有 5 个锁定位置的调节控制机构	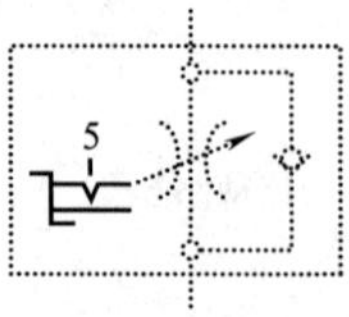 5	用作单方向行程操纵的滚轮杠杆	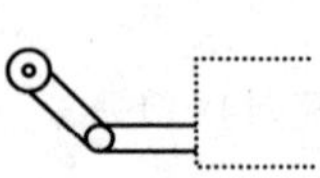
使用步进电机的控制机构	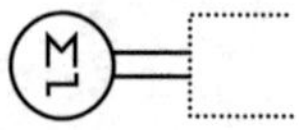 M	单作用电磁铁，动作指向阀芯	

续表

描述	图形	描述	图形
单作用电磁铁，动作背离阀芯		双作用电气控制机构，动作指向或背离阀芯	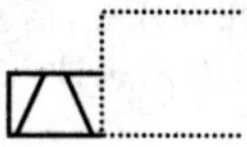
单作用电磁铁，动作指向阀芯，连续控制	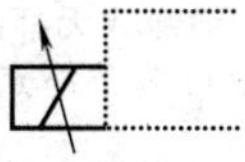	单作用电磁铁，动作背离阀芯，连续控制	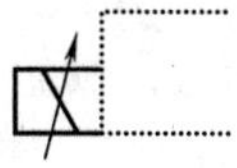
双作用电气控制机构，动作指向或背离阀芯，连续控制	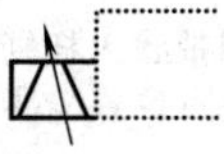	电气操纵的气动先导控制机构	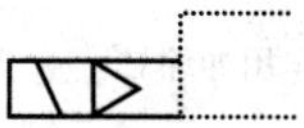
电气操纵的带有外部供油的液压先导控制机构	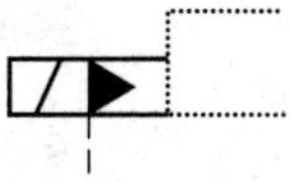	机械反馈	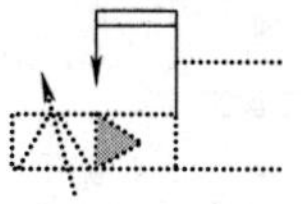

附表 3 泵、马达和缸

描述	图形	描述	图形
变量泵	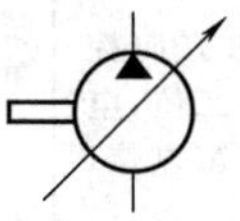	单向旋转的定量泵或马达	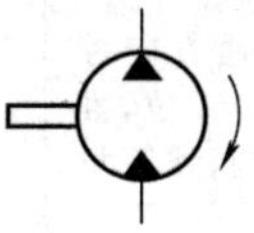
双向变量泵或马达单元，双向流动，带外泄油路，双向旋转	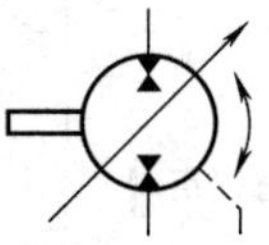	双向流动，带外泄油路单向旋转的变量泵	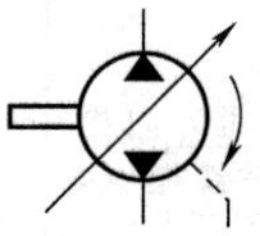
操纵杆控制，限制转盘角度的泵	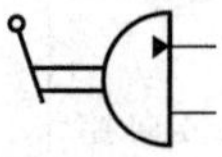	单作用的半摆动执行器或旋转驱动	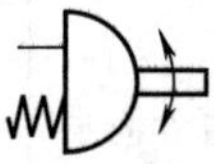
限制摆动角度，双向流动的摆动执行器或旋转驱动	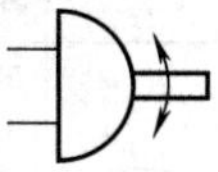	单作用单杆缸，靠弹簧力返回行程，弹簧腔带连接口	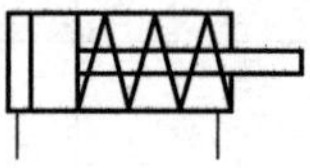
双作用单杆缸	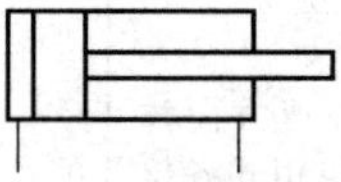	单作用伸缩缸	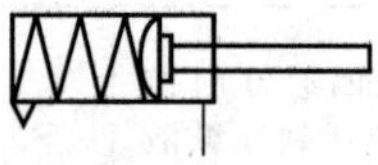

续表

描述	图形	描述	图形
双作用双杆缸，活塞杆直径不同，双侧缓冲，右侧带调节	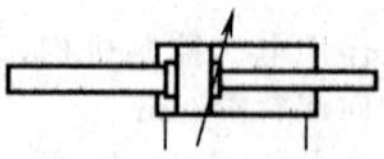	行程两端定位的双作用缸	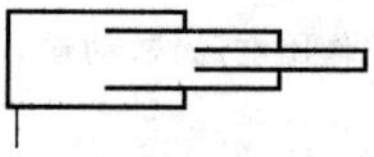
单作用缸，柱塞缸	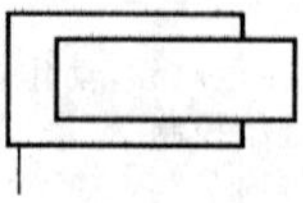	双作用缆绳式无杆缸，活塞两端带可调节终点位置缓冲	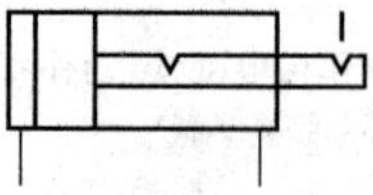
双作用伸缩缸	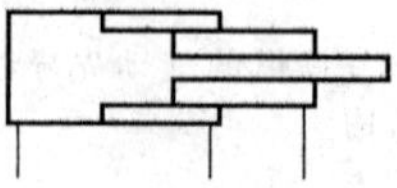	双作用带状无杆缸，活塞两端带终点位置缓冲	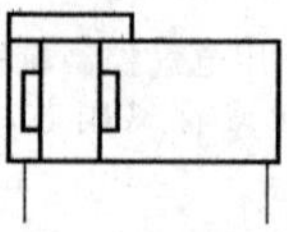
波纹管缸	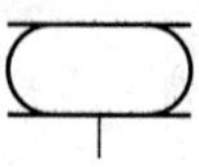	软管缸	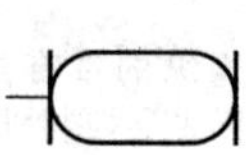

附表 4　控制元件

描述	图形	描述	图形
二位二通方向控制阀，两通，二位，推压控制机构，弹簧复位，常闭	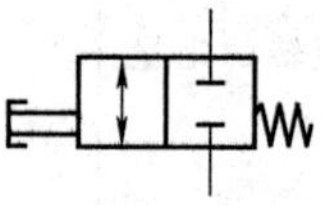	二位二通方向控制阀，二通，二位，电磁铁操纵弹簧复位，常开	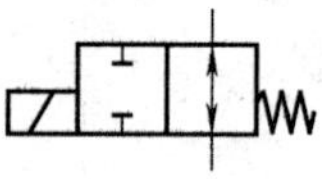
二位四通方向控制阀，电磁铁操纵，弹簧复位	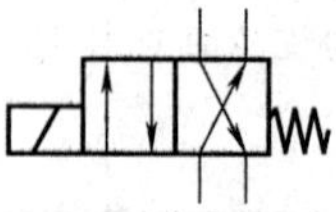	二位三通锁定阀	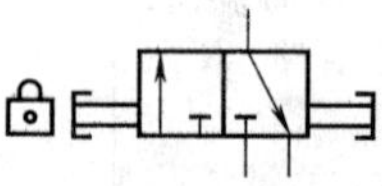
二位三通方向控制阀，滚轮杠杆控制，弹簧复位	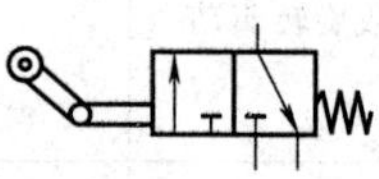	二位三通方向控制阀，电磁铁操纵，弹簧复位，常闭	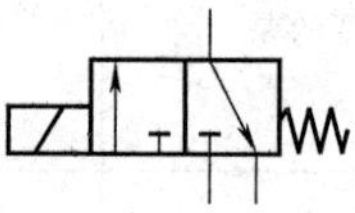
二位三通方向控制阀	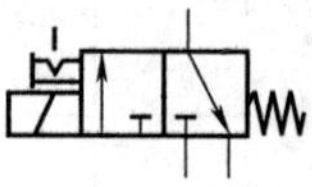	二位四通方向控制阀，单电磁铁操纵	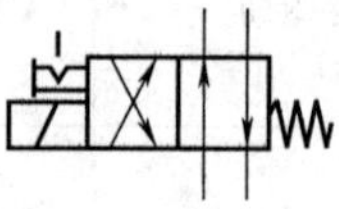
二位四通方向控制阀，电磁铁操纵液压先导控制，弹簧复位	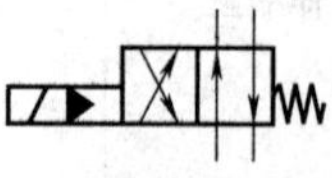	三位五通方向控制阀，定位销式各位置杠杆控制	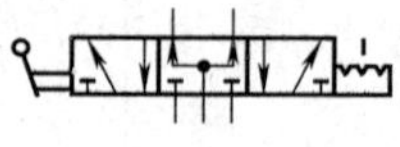

续表

描述	图形	描述	图形
三位四通方向控制阀，电磁铁操纵先导级和液压操作主阀，主阀及先导级弹簧对中，外部先导供油和先导回油		三位四通方向控制阀，弹簧对中，双电磁铁直接操纵，不同中位机能的类别	
溢流阀，直动式，开启压力由弹簧调节			
顺序阀，带有旁通阀		顺序阀，手动调节设定值	
防气蚀溢流阀，用来保护两条供给管道		二通减压阀，直动式，外泄型	
二通减压阀，先导式，外泄型		电磁溢流阀，先导式，电气操纵预设定压力	
可调节流量控制阀		蓄能器充液阀，带有固定开关压差	
三通流量控制阀，可调节，将输入流量分成固定流量和剩余流量		可调节流量控制阀，单向自由流动	

续表

描述	图形	描述	图形
流量控制阀，滚轮杠杆操纵，弹簧复位	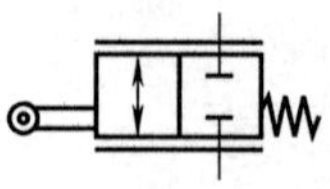	二通流量控制阀，可调节，带旁通阀，固定设置，单向流动，基本与黏度和压力差无关	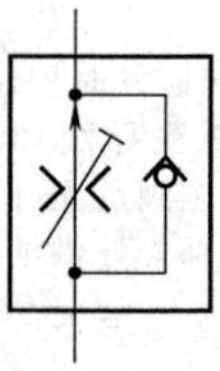
集流阀，保持两路输入流量相互恒定	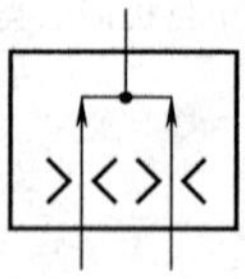	分流器，将输入流量分成两路输出	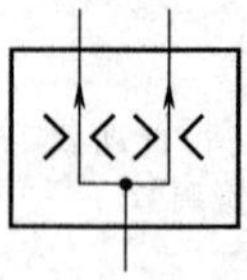
单向阀，带有复位弹簧，只能在一个方向流动，常闭		单向阀，只能在一个方向自由流动	
先导式液控单向阀，带有复位弹簧，先导压力允许在两个方向自由流动	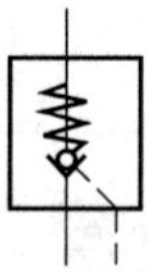	双单向阀，先导式	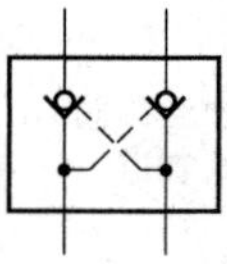
直动式比例方向控制阀	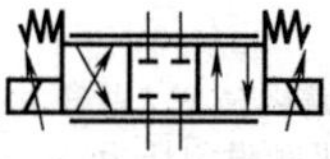	梭阀（"或"逻辑），压力高的入口自动与出口接通	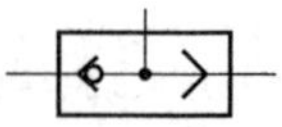
先导式比例方向控制阀，带主级和先导级的闭环位置控制，集成电子器件	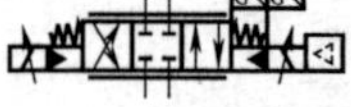	比例方向控制阀直接控制	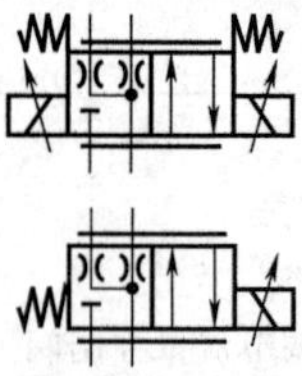
先导式伺服阀，先导级带双线圈电气控制机构，双向连续控制，阀芯位置机械反馈到先导装置，集成电子器件	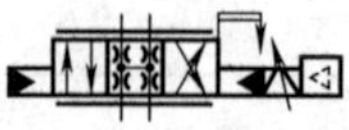	伺服阀，内置电反馈和集成电子器件，带预设动力故障装置	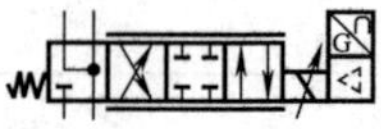
比例溢流阀，直控式，通过电磁铁控制弹簧工作长度来控制液压电磁换向座阀	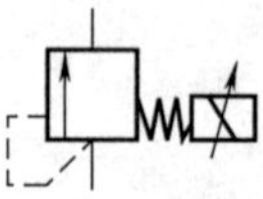	先导式伺服阀，带主级和先导级的闭环位置控制，集成电子器件，外部先导供油和回油	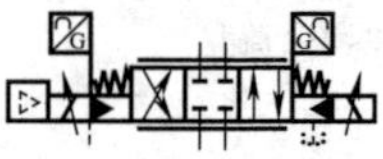

续表

描述	图形	描述	图形
比例溢流阀，直控式，带电磁铁位置闭环控制，集成电子器件	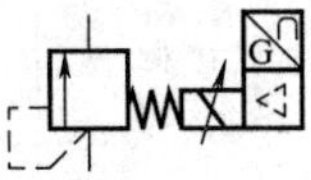 G	比例溢流阀，直控式，电磁力直接作用在阀芯上，集成电子器件	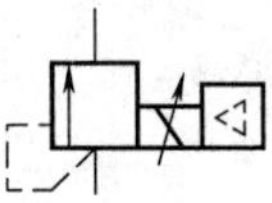
比例流量控制阀，直控式	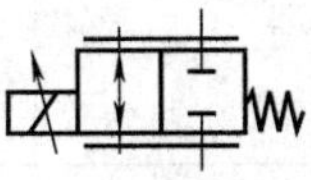	比例溢流阀，先导控制，带电磁铁位置反馈	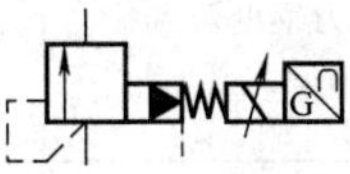 G
压力控制和方向控制插装阀插件，座阀结构，面积比 1∶1	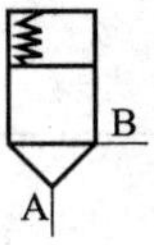 B A	流量控制阀，用双线圈比例电磁铁控制，节流孔可变，特性不受黏度变化影响	
方向控制插装阀插件，座阀结构，面积比例≤0.7	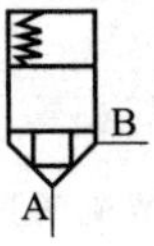 B A	压力控制和方向控制插装阀插件，座阀结构，常开，面积比 1∶1	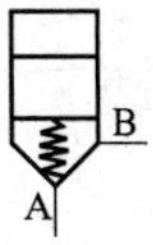 B A
主动控制的方向控制插装阀插件，座阀结构，由先导压力打开	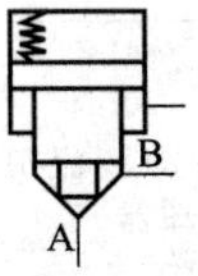 B A	方向控制插装阀插件，座阀结构，面积比例>0.7	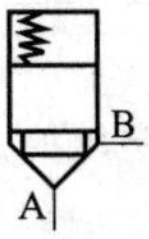 B A
比例溢流阀，直控式，带电磁铁位置闭环控制，集成电子器件	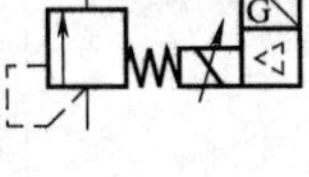 G	主动控制插件，B 端无面积差	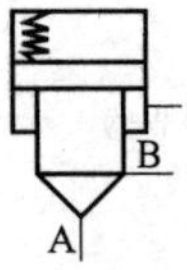 B A
不同中位流路的三位五通气动方向控制阀，弹簧复位至中位	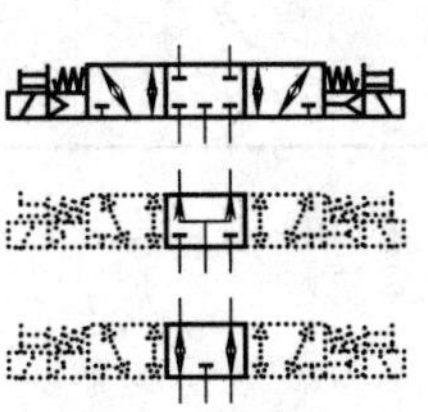	比例溢流阀，先导控制，带电磁铁位置反馈	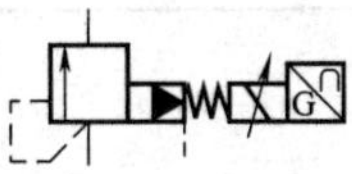 G

附表 5　辅助元件

描述	图形	描述	图形
软管总成		三通旋转接头	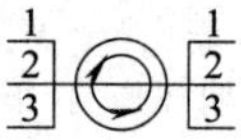 1 2 3 1 2 3
可调节的机械电子压力继电器	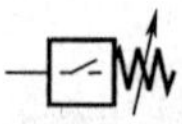	模拟信号输出压力传感器	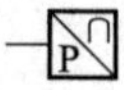 P
液位指示器（液位计）		流量指示器（流量计）	
压力测量单元（压力表）		温度计	
过滤器	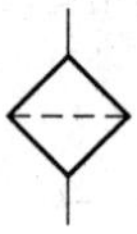	带旁路节流的过滤器	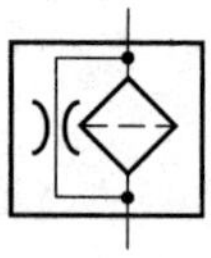
液体冷却的冷却器	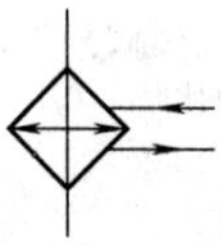	不带冷却液流道指示的冷却器	
温度调节器	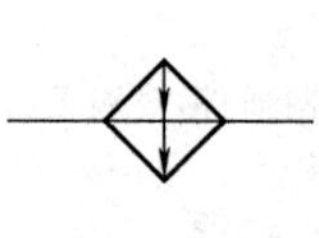	加热器	
活塞式蓄能器	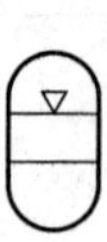	隔膜式蓄能器	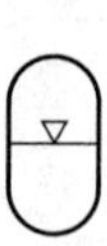

参 考 文 献

[1] 张宏友. 液压与气动技术. 第 2 版. 大连：大连理工大学出版社，2006.
[2] 兰建设. 液压与气压传动. 北京：高等教育出版社，2002.
[3] 姜佩东. 液压与气动技术. 北京：高等教育出版社，2000.
[4] 牟志华，张海军. 液压与气动技术. 北京：中国铁道出版社，2010.
[5] 王益民，钱炳芸，周家领. 液压与气压传动. 长春：东北师范大学出版社，2012.
[6] 金英姬. 液压气动技术及应用. 北京：化学工业出版社，2009.
[7] 胡海清，陈庆胜. 气动与液压传动控制技术. 第 2 版. 北京：北京理工大学出版社，2009.
[8] 邱国庆. 液压技术与应用. 第 2 版. 北京：人民邮电出版社，2008.
[9] 章宏甲，黄谊. 液压传动. 北京：机械工业出版社，2000.
[10] 孙成通. 液压传动. 北京：化学工业出版社，2005.